大学受験

東進ハイスクール・河合塾
松田聡平［著］

東大文系数学

系統と分析

技術評論社

目　次

- はじめに　　　　　　　　　　　　　　　　　　　　4
- 本書の使い方　　　　　　　　　　　　　　　　　　5
- 東京大学（文科）の数学入試の概要　　　　　　　　6
- 最近15年の出題傾向　　　　　　　　　　　　　　　8
  - §1　方程式・不等式・関数　　　　　　　　　　9
  - §2　微積分　　　　　　　　　　　　　　　　　41
  - §3　図形　　　　　　　　　　　　　　　　　　75
  - §4　整数・数列　　　　　　　　　　　　　　　137
  - §5　場合の数・確率　　　　　　　　　　　　　183

はじめに

- なぜ，自分は解けなかったのか
- どうすれば，解けるようになるか
- 何を，その問題を通して学べるのか

　東京大学の数学入試を突破するためには，この3つの姿勢が大切です．
　模擬試験を受けた直後などに，解答冊子を見て「落ち着いて考えれば解けたはずなのに」などと嘆いた経験はありませんか．また，数学の学習というと「問題を考えて，解けなかったら解答を読む．読んで納得したら終了」という形式を当然のことと考えている人も多いのではないでしょうか．
　"ワカラナイ"から"ワカル"の状態にすることだけが目的であるなら，その学習法も正解かもしれません．しかし，受験生は東大入試において"デキル"状態でなければなりません．"ワカル"けど"デキナイ"状態こそ，模試の後の後悔の正体なのです．
　ただただ問題を解き，解答を理解することを繰り返すのだけでなく，対峙する全ての問題の本質に迫り，その数学的価値を身体化するつもりで，本書の『実戦力をつけるための100問』に挑んでください．「なぜ」「どうすれば」「何を」を意識しながら経験した100問は，何万問もの問題に対応できる真の数学力を構築してくれるはずです．

　　　　　　　　　　　　　　　　　　　東進ハイスクール・河合塾　数学講師
　　　　　　　　　　　　　　　　　　　　　　　　　松田　聡平

本書の使い方

■ 問題選抜について

東京大学の数学入試として出題された過去問全てを対象に良問を選抜しました．現行の数学ⅠAⅡB範囲で解けるもので，実力養成のために効果的である良問であるならば，理科で出題された問題でも採用しました．また，問題・解説を見開き2ページに収め，使いやすさを追求しました．これは，数学の解法は流れや構造が大切であり，ページを跨ぐと，それが捉えにくくなるという理由からです．

■「系統」と「分析」

東大数学の「系統」を認識するべく，各章はじめには問題テーマをまとめ，章末にはその分野の傾向・対策，学習のポイントをまとめました．

また，各問題の解説部分最後には 分析 の項目を設置し，発展的内容，拡張できる知識体系，背景となる概念，参考となる類題など，解答 の理解だけに留まらないために配慮しました．この「系統」と 分析 は，本書の核ともいえる部分ですので，読み飛ばさずに積極的に吸収してください．

■ 難易度と制限時間

難易度 は5段階で表示しました．■□□□□（レベル1）の問題であっても，ただ簡単なだけの問題ではなく，その問題を通して学ぶことがあることがある良問ですので，積極的に学習してください．また，制限時間（時間）は5分単位で，現実的なものを表示しました．回答時間の目安にしてください．

東京大学（文科）の数学入試の概要

1. 形式

東京大学の数学入試（文科）は，例年

$$\text{制限時間：100 分}$$
$$\text{大問数　：　4 問}$$
$$\text{配点　　：　80 点}$$

です．単純計算では，1 問あたり 25 分で解くことになりますが，もちろん問題毎に難易度もボリュームも異なるので，たとえ満点をとるような人でも均等配分で解いてはいません．自分の実力で解ける問題をきちんと見極め，その問題を確実に最後まで解ききることが重要です．もし完答できるならば，その問題に 30 分以上かけることも，場合によっては適切な戦略となることもあります．

2. 特徴と傾向

東京大学の数学入試（文科）では，原則的に数学ⅠAⅡB 範囲を対象に，偏りなく出題されます．ただし，近年のおおまかな傾向としては，

　　　　　図形的解法が有効となるような問題
　　　　　整数問題，数列問題，またそれらの融合の問題
　　　　　複雑な設定で題意の把握に労力を要する問題

などには特に注意しておきたいところです．また，「ベクトル分野からの出題がやや少ない」という傾向もありますが，標準的な問題がベクトル分野から出題されたとしても，対応できるような力は十分に用意しておきましょう．

3. 試される力

東京大学の数学入試（文科）において受験生が試される力は，

    A 典型解法力
    B 処理能力
    C 発展的思考力

の3つです．詳しく説明すると以下のとおりです．

A 典型解法力：
「定数分離」や「線形計画法」など，あらゆる汎用問題集でも学べるような典型的な解法を運用できる力．また，それを応用できる力．

B 処理能力：
計算や式変形などの数式処理を確実に遂行する力．ただし，思考を必要としないものとは限らず，きちんと方針を踏まえた上での数式処理が要求される．

C 発展的思考力：
問題の設定に応じて特殊性を利用する力．典型解法の原理から延長されるような解法をその場で思いつく力．

4. 学習法

問題に挑んでみて，解けないことは悪いことではありません．その後が重要です．解答を眺めて理解するだけで終わるのではなく，

    ・なぜ，自分は解けなかったのか
    ・どうすれば，解けるようになるか
    ・何を，その問題を通して学べるのか

についてきちんと考えるようにしてください．

この姿勢で，本書『東大文系数学　系統と分析』に掲載された100問を経験することで，合格は大幅に近づくはずです．

最近 15 年の出題傾向（文科）

		2002	2003	2004	2005	2006	2007	2008	2009	2010	2011	2012	2013	2014	2015	2016
方程式・不等式・関数	方程式・不等式	●		○	●										○	
	関数			○												
微積分	微分法			○		●							●	●		
	積分法	●	●		●		●	●	●	●	●	○			○	●
図形	図形と計量					●						○				
	図形と方程式		●	●●	●	●	●	●	●	●	●	●●	●●		●●	●
	ベクトル															
整数・数列	整数	○○	○			●	●	●	●	●	○				○	○
	数列	○○	○		●		●	●		○	○	○	●	○○	○	○
場合の数・確率	場合の数	○									●					
	確率		●	○	●	●	●	●	●	○		○	●	○	○	●

●は単独範囲の問題／○は複数範囲にまたぐ問題

§1 方程式・不等式・関数

	内容	出題年	難易度	時間
1	2次不等式	1970年	■□□□□	5分
2	実数解の近似値	1982年	■■■□□	15分
3	解の配置問題①	1962年	■■□□□	10分
4	解の配置問題②	1996年	■■■□□	20分
5	2次方程式の虚数解	1992年	■■■□□	15分
6	3次方程式の実数解	1990年	■■■□□	15分
7	複2次方程式の実数解	2005年	■■■■□	25分
8	三角関数と方程式	2002年	■□□□□	5分
9	三角関数の加法定理	1999年	■■■□□	20分
10	存在条件と最大最小	2012年	■■□□□	10分
11	多変数関数の最大最小	2000年	■■■■□	25分
12	2変数不等式	1995年	■■■□□	20分
13	2次離散関数	1997年	■■■□□	30分
14	合成関数による方程式①	2004年	■■■□□	20分
15	合成関数による方程式②	1998年	■■■■□	30分

1 2次不等式

難易度
時間　5分

すべての実数 x に対して $x^2 - 2ax + 1 \geq \dfrac{1}{2}(x-1)^2$ …(※) が成り立つためには，実数 a が $\boxed{ア} \leq a \leq \boxed{イ}$ を満足することが必要かつ十分である．また，(※)の不等式がすべての実数 x に対して成り立ち，かつ x のある正の値に対して等号が成り立つのは $a = \boxed{ウ}$ の場合であって，その x の値は $\boxed{エ}$ である．　　　(1970年　文科)

ポイント

- 2次不等式
    ⇨　出来る限りグラフで考え，x 軸との共有点についての条件に言い換える．
- 「すべての」「ある」
    ⇨　全称命題と存在命題の差異を，グラフと x 軸の位置関係で処理する．
- 定数を含む方程式
    ⇨　定数が絡む部分を分離して，図形的な処理が可能なことも．

解答1

$x^2 - 2ax + 1 \geq \dfrac{1}{2}(x-1)^2 \iff x^2 - 2(2a-1)x + 1 \geq 0$ …①

この式がすべての実数 x に対して成り立つためには，
$$y = f(x) = x^2 - 2(2a-1)x + 1$$
のグラフが x 軸と接する，あるいは共有点をもたなければいいので，$f(x) = 0$ の判別式を D とすると，

$$D/4 = (2a-1)^2 - 1 = 4a(a-1) \leq 0$$
$$\iff 0 \leq a \leq 1 \quad \cdots ②$$

以上より，(ア) 0　(イ) 1．

①の等号が，ある正の実数 x に対して成り立つとき，②の等号が成り立つので，
$$a = 0, 1$$
であることが必要．

←　必要条件

（ⅰ） $a=0$ のとき
$$f(x) = x^2 + 2x + 1 = (x+1)^2$$
となるので，等号が成り立つときの x の値は $x=-1$.
題意より不適．

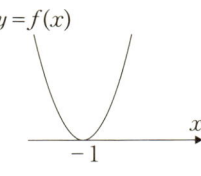

（ⅱ） $a=1$ のとき
$$f(x) = x^2 - 2x + 1 = (x-1)^2$$
となるので，等号が成り立つときの x の値は $x=1$. これは題意をみたす．

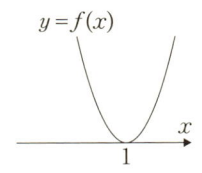

以上より，（ウ） 1 　（エ） 1.

解答2

$x^2 - 2ax + 1 \geq \dfrac{1}{2}(x-1)^2 \Leftrightarrow x^2 - 2(2a-1)x + 1 \geq 0$ …①
この式がすべての実数 x に対して成り立つためには，
①を変形して，
「すべての実数 x で $x^2 + 2x + 1 \geq 4a$」
が成り立てばよい．

←定数絡み分離

$y = x^2 + 2x + 1$ と $y = 4ax$
の共有点を考える．
これらが接するとき，$a = 0, 1$.
また，それぞれのときの接点の x 座標は $x = -1, 1$.

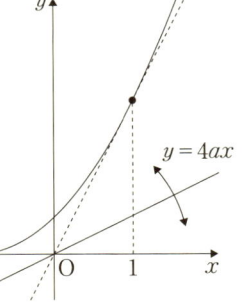

← 方程式を解いた

よって，右図を参考に，
（ア） 0 　（イ） 1 　（ウ） 1 　（エ） 1.

分析

* 前半は「$\forall x \in R$, $f(x) \geq 0$」なる a の条件
  後半は，「$(\forall x \in R$, $f(x) \geq 0) \wedge (\exists x \in R^+$, $f(x) = 0)$」なる a の条件
* 解答2 は定数 a に絡む部分を分離して，2つの図形の共有点として処理している．
* 本問は，非常に簡単な問題ではあるが，解答2 まで確実に構成できるようにしておきたい．

2 実数解の近似値

a, b を整数として，x の 4 次方程式 $x^4+ax^2+b=0$ の 4 つの解を考える．
いま，4 つの解の近似値

$$-3.45 \quad -0.61 \quad 0.54 \quad 3.42$$

がわかっていて，これらの近似値の誤差の絶対値は 0.05 以下であるという．
真の解を小数第 2 位まで正しく求めよ． （1982 年　文科）

ポイント

- 高次方程式　　　⇨　解を求めるときは，因数定理，変数置換などによる．
- 複 2 次方程式（偶数次の項のみで構成される方程式）　⇨　$t=x^2$ と置換．
- $t=x^2$ と置換　　⇨　解の個数対応に注意．（変域は $x \in R \to t \geqq 0$）
- 4 次複 2 次方程式が異なる 4 実数解をもつ

　　　　　　　　⇨　4 実数解は，$-\sqrt{\beta}$, $-\sqrt{\alpha}$, $\sqrt{\alpha}$, $\sqrt{\beta}$
- 近似値，四捨五入 ⇨　定義に従い，評価の不等式を立式する．

解答

$x^4+ax^2+b=0$ が異なる 4 つの実数解を持つので，
$t=x^2$ とした

$$t^2+at+b=0$$

は異なる正の実数解を 2 つもつ． ← ＊

これらを，α, β とおく．（$0<\alpha<\beta$）

このとき $x^4+ax^2+b=0$ の 4 解は小さいものから順に

$$-\sqrt{\beta},\ -\sqrt{\alpha},\ \sqrt{\alpha},\ \sqrt{\beta}$$

となる．
与条件から，

$$\begin{cases} -0.66 \leqq -\sqrt{\alpha} \leqq -0.56 \\ 0.49 \leqq \sqrt{\alpha} \leqq 0.59 \end{cases} \begin{cases} -3.5 \leqq -\sqrt{\beta} \leqq -3.4 \\ 3.37 \leqq \sqrt{\beta} \leqq 3.47 \end{cases} \cdots ①$$

$$\therefore \quad 0.3136 \leqq \alpha \leqq 0.3481,\ 11.56 \leqq \beta \leqq 12.0409$$

よって，

$$11.8 < \alpha+\beta < 12.4,\ 3.6 < \alpha\beta < 4.2 \quad \cdots ②$$

$\alpha+\beta=-a$, $\alpha\beta=b$ であり， ← 解と係数

a, b は整数であるので,
$$a = -12, \ b = 4$$
よって元の方程式は,
$$t^2 - 12t + 4 = 0 \quad \cdots ③$$
$$\therefore \quad t = 6 \pm 4\sqrt{2}$$

← 解の公式

よって,
$$x = \pm\sqrt{6 \pm 4\sqrt{2}} = \pm(2 \pm \sqrt{2}) \quad (複号任意) \quad \cdots ④$$
$\sqrt{2} = 1.4142\cdots$ であることより,
真の解を小数第 2 位まで求めると,
$$-3.41, \ -0.58, \ 0.58, \ 3.41$$

分析

* $t = x^2$ の変数置換における解の個数対応は下表の通りである.

	t	x
$t > 0$	1 コ	2 コ
$t = 0$	1 コ	1 コ
$t < 0$	1 コ	0 コ

* ①は,問題の「近似値の誤差の絶対値は 0.05 以下」より立式.

* ②は,全て計算せず小数第 1 位までで概算して考えている.

* ③は,解と係数の関係から,2 次方程式を復元している.

* ④の「複号任意」とは,2 つの「±」がそれぞれ独立に変わることを示しているので,4 通りに値を表すことになる.

2 実数解の近似値

3 解の配置問題①

2次方程式 $x^2 - 2x\log_a b + \log_b a = 0$ が実数解 α, β をもち，$0 < \alpha < 1 < \beta$ となるものとする．
このとき，a, b, 1 の大きさの順序はどのようになるか．ただし a, b はいずれも 1 と異なる正の数とする． (1962年 文理共通)

ポイント

・2次方程式の解の配置
  ⇨ $y = f(x)$ のグラフを描いて「D・軸・端点」の3ポイントを考える．
・$\log_a X < \log_a Y$ ⇨ $0 < a < 1$ のとき $X > Y$，$1 < a$ のとき $X < Y$
・2次方程式 $f(x) = 0$ が，$\alpha < x < \beta$ に実数解を1つだけもつ
  ⇨ $f(\alpha)$ と $f(\beta)$ は異符号．($f(\alpha) \cdot f(\beta) < 0$)

解答

$\log_a b = t$ とおくと，$\log_b a = \dfrac{1}{t}$.

$$x^2 - 2x\log_a b + \log_b a = 0$$
$$\Leftrightarrow \quad x^2 - 2tx + \dfrac{1}{t} = 0$$

$f(x) = x^2 - 2tx + \dfrac{1}{t}$ とすると軸は，$x = t$. ← ＊

$x^2 - 2tx + \dfrac{1}{t} = 0$ の判別式を D として，解の配置を考えると，

$$\begin{cases} D/4 = t^2 - \dfrac{1}{t} > 0 \\ 0 < t \\ f(0) > 0 \quad かつ \quad f(1) < 0 \end{cases}$$

$$\Leftrightarrow \begin{cases} D/4 = t^2 - \dfrac{1}{t} > 0 \\ 0 < t \\ \dfrac{1}{t} > 0 \quad かつ \quad 1 - 2t + \dfrac{1}{t} < 0 \end{cases} \quad \cdots ①$$

$t^2 - \dfrac{1}{t} > 0$ の両辺に $t(>0)$ をかけて，
$$t^3 - 1 > 0$$
$$\Leftrightarrow \quad t^3 > 1$$

よって，$t > 0$ より $1 < t$

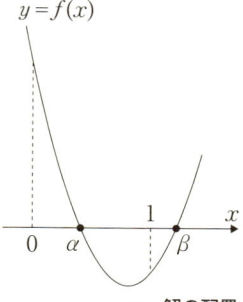

← 解の配置

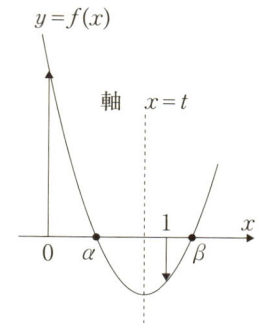

軸 $x = t$

$1-2t+\dfrac{1}{t}<0$ の両辺に $t(>0)$ をかけて，

$$t-2t^2+1<0$$
$$\Leftrightarrow \quad (2t+1)(t-1)>0$$

よって，$t>0$ より　$1<t$

以上より，① $\Leftrightarrow$　$t>1$

$$t>1$$
$$\Leftrightarrow \quad \log_a b > 1 = \log_a a$$

底 a に注目して，

$1<a$ のとき　　$1<a<b$

$0<a<1$ のとき　$b<a<1$

分析

* 一般に，2次関数 $y=ax^2+bx+c$ の軸は，

$$x=-\dfrac{b}{2a}$$

である．

* 一般に，対数の性質として，

$$a^{\log_a b}=b$$
$$\log_a b=\dfrac{1}{\log_b a} \text{（底と真数が入れ替わると逆数になる）}$$

が成り立つ．

* $A \cdot B > 0 \Leftrightarrow A$ と B は同符号

  $A \cdot B = 0 \Leftrightarrow A$ と B の少なくとも一方は 0

  $A \cdot B < 0 \Leftrightarrow A$ と B は異符号

類題

k が実数のとき，2次方程式　$7x^2-(k+13)x+k^2-k-2=0$ が2実数解をもち，開区間 $(0, 1)$，開区間 $(1, 2)$ にそれぞれ1つずつあるための必要十分条件を求めよ．

(1950年 理科)

$$-2<k<-1,\ 3<k<4$$

§1 方程式・不等式・関数

3 解の配置問題① 15

4 解の配置問題②

a, b, c, d を正の数とする．不等式 $\begin{cases} s(1-a)-tb>0 \\ -sc+t(1-d)>0 \end{cases}$ を同時に満たす正の数 s, t があるとき，2次方程式 $x^2-(a+d)x+(ad-bc)=0$ は $-1<x<1$ の範囲に異なる2つの実数解をもつことを示せ． （1996年　文理共通）

ポイント

- 2次方程式の解の配置
  ⇨ $y=f(x)$ のグラフを描いて「D・軸・端点」の3ポイントを考える．
- 複雑な題意の証明　⇨　示すべき式を先にまとめる．
- 不等式の証明　⇨　対象の不等式の十分条件となるような不等式を示す．
- 「正の数 s, t がある」　⇨　s, t を a, b, c, d で表現して用いる．

解答

$f(x)=x^2-(a+d)x+(ad-bc)$ とおく．
$f(x)=0$ が $-1<x<1$ の範囲に異なる2つの実数解をもつことを示すには，

$$\begin{cases} f(x)=0 \text{ の判別式 } D>0 \quad \cdots ① \\ -1<\dfrac{a+d}{2}<1 \quad \cdots ② \\ f(1)>0 \quad \cdots ③ \quad \text{かつ} \quad f(-1)>0 \quad \cdots ④ \end{cases}$$

← 解の配置

であることを示せば十分．

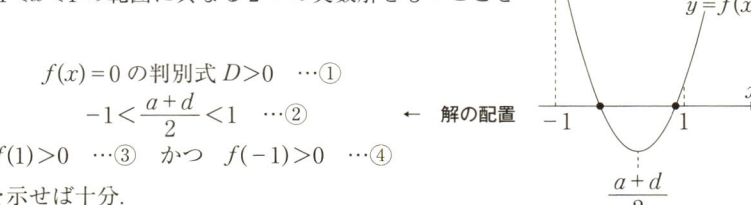

まず，
$$D=(a+d)^2-4(ad-bc)=(a-d)^2+4bc>0 \quad (\because \ b>0, \ c>0)$$
よって①は示せた．

次に，条件より
　　$s(1-a)>tb$ において，$s>0, t>0, b>0$ から　$a<1$　∴　$0<a<1$
　　$t(1-d)>sc$ において，$t>0, s>0, c>0$ から　$d<1$　∴　$0<d<1$
以上より，$0<\dfrac{a+d}{2}<1$　…⑤
よって②は示せた．

ここで，
$y=f(x)$ の軸について，
⑤より $0<\dfrac{a+d}{2}<1$ であるから，$f(-1)>f(1)$．…⑥
よって，③④を示すには，$f(1)>0$ を示せば十分．

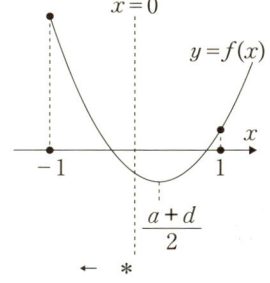

← ＊

← $0<d<1$ より $d\neq 1$

次に，条件より
$$s(1-a)>tb \Leftrightarrow \dfrac{1-a}{b}>\dfrac{t}{s}$$
$$t(1-d)>sc \Leftrightarrow \dfrac{c}{1-d}<\dfrac{t}{s}$$

正の数 s, t が存在するので，$\dfrac{1-a}{b}>\dfrac{c}{1-d}$．

$$\dfrac{1-a}{b}>\dfrac{c}{1-d} \Leftrightarrow (1-a)(1-d)>bc \Leftrightarrow 1-(a+d)+ad-bc>0 \quad \text{…⑦}$$

⑦より，
$$f(1)=1-(a+d)+ad-bc>0$$

よって③④は示せた．

以上より，題意は証明された．

分析

* $\begin{cases} s(1-a)-tb>0 \\ -sc+t(1-d)>0 \end{cases}$ が s, t の同次式であることから，

 $\dfrac{t}{s}$ を a, b, c, d で表現する

 ことを考える．

* ⑥は，放物線は軸対称であり，また軸が $-1<x<1$ の間で右寄りなので，$f(-1)>f(1)$ であることを考えている．

4 解の配置問題②

5 2次方程式の虚数解

難易度 ■■□□□
時間 15分

x についての方程式 $px^2+(p^2-q)x-(2p-q-1)=0$ が解をもち，すべての解の実部が負となるような実数の組 (p, q) の範囲を pq 平面上に図示せよ． (1992年　文科)

ポイント

- 方程式 $px^2+(p^2-q)x-(2p-q-1)=0$ ⇨ $p=0$, $p\neq 0$ の場合分けが必要．
- $p\neq 0$ のとき2次方程式 ⇨ 実数解の有無で場合分けをして考える．
- 実数係数の2次方程式が虚数解をもつ
  ⇨ 2解は必ず共役な複素数になる（$a+bi$, $a-bi$）．

解答

$$px^2+(p^2-q)x-(2p-q-1)=0 \quad \cdots ①$$

（ i ） $p=0$ のとき　　　　　　　　　　　　　　　　　　　　　　　← 係数に注意

①は1次方程式 $-qx+q+1=0$.

解をもつためには，$q\neq 0$ が必要であり，解は $x=\dfrac{q+1}{q}$

よって題意は，$\dfrac{q+1}{q}<0 \iff -1<q<0 \quad \cdots ②$

（ ii ） $p\neq 0$ のとき

①は2次方程式であり，判別式を D，2解を α, β とする．

- $D\geqq 0$ のとき

  $\alpha<0$, $\beta<0$ であるから，

  $\alpha+\beta<0$ かつ $\alpha\beta>0 \quad \cdots ③$　　　　　　　　　　　← ＊

- $D<0$ のとき

  $\alpha=a+bi$, $\beta=a-bi$ とすると，$\cdots ④$　　　　　　　　　　← 共役

  $\alpha+\beta=(a+bi)+(a-bi)=2a<0$

  また　$\alpha\beta=(a+bi)(a-bi)=a^2+b^2>0$　（∵ $a<0$, b：実数）$\cdots ⑤$

③④⑤はまとめて，$\begin{cases}\alpha+\beta<0\\ \alpha\beta>0\end{cases}$ としてよい．

解と係数の関係より，

$$\begin{cases} \alpha+\beta<0 \\ \alpha\beta>0 \end{cases}$$

$$\Leftrightarrow \begin{cases} \alpha+\beta=-\dfrac{p^2-q}{p}<0 \\ \alpha\beta=\dfrac{-(2p-q-1)}{p}>0 \end{cases}$$

$$\therefore \begin{cases} p(p^2-q)>0 \\ p(2p-q-1)<0 \end{cases} \quad \cdots ⑥$$

⑥ $\Leftrightarrow \begin{cases} p>0 \wedge p^2-q>0 \text{ または } p<0 \wedge p^2-q<0 \\ p>0 \wedge 2p-q-1<0 \text{ または } p<0 \wedge 2p-q-1>0 \end{cases} \quad \cdots ⑦$

（ⅰ）（ⅱ）より，②または⑦を図示して，求める (p, q) の範囲は，右図の斜線部．ただし，境界線上の点は $p=0 (-1<q<0)$ のみ含む．

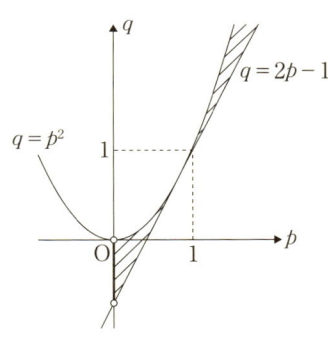

分析

* ⑥は，不等式の両辺に $p^2>0$ をかけることで，同値な変形を行っている．（p の正負が分からないので，両辺に p をかけると，不等号が定まらない．）

* ⑦のうち，「$p<0 \wedge q>p^2 \wedge q<2p-1$」を満たす (p, q) の範囲は存在しない．

* ③の部分は，$f(x)=px^2+(p^2-q)x-(2p-q-1)$ としてグラフを考えて，「解の配置問題」として処理してもよいが，非常にメンドウになる．

* 一般に，虚数解をもつ２次方程式を扱うときは，解と係数の関係が有効となることが多い．

6　3次方程式の実数解

3次方程式　$x^3+3x^2-1=0$ の1つの解を α とする．
(1)　$(2\alpha^2+5\alpha-1)^2$ を $a\alpha^2+b\alpha+c$ の形の式で表せ．ただし，a, b, c は有理数とする．
(2)　上の3次方程式の α 以外の2つの解を(1)と同じ形の式で表せ．(1990年　文科)

ポイント

・「$x^3+3x^2-1=0$ の解が α」　⇨　$\alpha^3+3\alpha^2-1=0$　⇔　$\alpha^3=-3\alpha^2+1$

・$\alpha^3=-3\alpha^2+1$ の式
　　　　　⇨　次数下げに利用（全ての n 次式は2次以下の式に変形できる）．

・3次方程式と解　⇨　「解と係数の関係」「因数定理」「解の代入」などを考える．

解答 1

(1)　$\alpha^3+3\alpha^2-1=0$　⇔　$\alpha^3=-3\alpha^2+1$　　　　　　　　　　　← 次数下げの式
$(2\alpha^2+5\alpha-1)^2=4\alpha^4+20\alpha^3+21\alpha^2-10\alpha+1$
$=4\alpha(-3\alpha^2+1)+20(-3\alpha^2+1)+21\alpha^2-10\alpha+1$　…①
$=-12\alpha^3-39\alpha^2-6\alpha+21$
$=-12(-3\alpha^2+1)-39\alpha^2-6\alpha+21$　…②
$=-3\alpha^2-6\alpha+9$

(2)　α 以外の解を β, γ とする．
解と係数の関係より，
$$\begin{cases} \alpha+\beta+\gamma=-3 \\ \alpha\beta+\beta\gamma+\gamma\alpha=0 \\ \alpha\beta\gamma=1 \end{cases}$$
∴　$\beta+\gamma=-3-\alpha$，$\beta\gamma=-\alpha\beta-\gamma\alpha=\alpha(\alpha+3)$　…③

解と係数の関係より，β, γ は，
$$t^2+(\alpha+3)t+\alpha(\alpha+3)=0 \quad \cdots ④$$
の2解．

解の公式より，
$$t = \frac{-(\alpha+3) \pm \sqrt{(\alpha+3)^2 - 4\alpha(\alpha+3)}}{2}$$
$$= \frac{-(\alpha+3) \pm \sqrt{-3\alpha^2 - 6\alpha + 9}}{2}$$

ここで(1)より，$-3\alpha^2 - 6\alpha + 9 = (2\alpha^2 + 5\alpha - 1)^2$ なので，
$$t = \frac{-(\alpha+3) \pm (2\alpha^2 + 5\alpha - 1)}{2}$$

よって，α 以外の2解は，
$$\alpha^2 + 2\alpha - 2, \quad -\alpha^2 - 3\alpha - 1$$

解答2

(1) $(2\alpha^2 + 5\alpha - 1)^2$ を $\alpha^3 + 3\alpha^2 - 1$ でわる．
$(2\alpha^2 + 5\alpha - 1)^2 = 4\alpha^4 + 20\alpha^3 + 21\alpha^2 - 10\alpha + 1$
$= (4\alpha + 8)(\alpha^3 + 3\alpha^2 - 1) - 3\alpha^2 - 6\alpha + 9$ ← 除法の実行
$= -3\alpha^2 - 6\alpha + 9$

分析

* ①②は，$\alpha^3 = -3\alpha^2 + 1$ として計算している．（次数下げ）

* ④は，③をもとに解と係数の関係から，2次方程式を復元している．

類題

3次方程式 $x^3 + ax^2 + 25x - 26 = 0$ の1つの解が2であるとき，a の値を求めよ．また，この方程式の他の解を求めよ． (1957年 文科)

$x=2$ を代入し，$a = -8$．因数分解して，解の公式より，他の解は，$x = 3 \pm 2i$

7 複 2 次方程式の実数解

0 以上の実数 s, t が $s^2+t^2=1$ を満たしながら動くとき，
方程式 $x^4-2(s+t)x^2+(s-t)^2=0$ の解のとる値の範囲を求めよ．

(2005年　文科)

ポイント

- 基本対称式による置換　⇨　存在条件を付加して考える必要がある．
- 係数 p の範囲から解 x の範囲
  - ⇨　x を定数係数とする p の方程式とみて，p の存在条件を考える．　解答 1
- 「$0\leqq s$, $0\leqq t$, $s^2+t^2=1$」　⇨　$s=\sin\theta$, $t=\cos\theta\left(0\leqq\theta\leqq\dfrac{\pi}{2}\right)$　解答 2

解答 1

$p=s+t$, $q=st$ とおく．

$$s^2+t^2=1 \iff p^2-2q=1 \quad \therefore \quad q=\dfrac{1}{2}(p^2-1) \quad \cdots ①$$

s, t を 2 解とする 2 次方程式は

$$u^2-pu+\dfrac{1}{2}(p^2-1)=0 \quad \cdots ②$$

← 解と係数

$s^2+t^2=1$ かつ $s\geqq 0$ かつ $t\geqq 0$ から，②の 2 解はともに 0 以上 1 以下．
$f(u)=u^2-pu+\dfrac{1}{2}(p^2-1)$ とし，②の判別式を D とすると，

$$\begin{cases} D=p^2-2(p^2-1)\geqq 0 \\ 0\leqq \dfrac{p}{2}\leqq 1 \\ f(0)\geqq 0 \text{ かつ } f(1)\geqq 0 \end{cases} \iff \begin{cases} -\sqrt{2}\leqq p\leqq \sqrt{2} \\ 0\leqq p\leqq 2 \\ p\leqq -1, \ 1\leqq p \end{cases} \quad \therefore \quad 1\leqq p\leqq \sqrt{2} \quad \cdots ③$$

← 解の配置

与えられた方程式は①を用いて　$x^4-2px^2+2-p^2=0$　と変形できる．　…④
p の 2 次方程式とみると，

$$g(p)=p^2+2x^2 p-(x^4+2)=0$$

この方程式が③の範囲に解をもつような x の値の範囲を求める．
$y=g(p)$ の軸は $p=-x^2\leqq 0$ なので，$g(p)$ は $p\geqq 0$ で単調増加．
よって，求める条件は，$g(1)\leqq 0$ かつ $g(\sqrt{2})\geqq 0$．

$$\therefore \quad -\sqrt{2\sqrt{2}}\leqq x\leqq \sqrt{2\sqrt{2}}$$

解答2

(①まで解答1と同様)

また，$0 \leq s$，$0 \leq t$，$s^2+t^2=1$ より，
$s=\sin\theta$，$t=\cos\theta \left(0 \leq \theta \leq \dfrac{\pi}{2}\right)$ とおける．　　　← 円関数置換

ここで，$p=s+t=\sin\theta+\cos\theta=\sqrt{2}\sin\left(\theta+\dfrac{\pi}{4}\right)$ となるので，$1 \leq p \leq \sqrt{2}$

(以下解答1④以降)

解答3

$p=s+t$，$r=s-t$ とおく．$s=\dfrac{p+r}{2}$，$t=\dfrac{p-r}{2}$

$$s^2+t^2=1 \Leftrightarrow p^2+r^2=2 \quad \cdots ⑤$$

$0 \leq s \leq 1$，$0 \leq t \leq 1$ より，$0 \leq \dfrac{p+r}{2} \leq 1$，$0 \leq \dfrac{p-r}{2} \leq 1$ $\cdots ⑥$

⑤と⑥より，$1 \leq p \leq \sqrt{2}$

(以下解答1④以降)

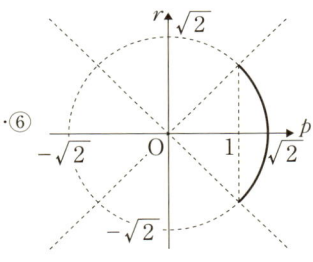

分析

* ②③の部分は，基本対称式置換により必要となる「s, t の存在条件」を考えている．(78 参照)

* $X=x^2$ とおくと，X の解は $X=(\sqrt{s}\pm\sqrt{t})^2$．
  $a=\sqrt{s}$，$b=\sqrt{t}$ として，
  「$a^4+b^4=1$，$a \geq 0$，$b \geq 0$」のもとで，
  $a+b$，$a-b$ の取りうる値の範囲をグラフから考えてもよい．

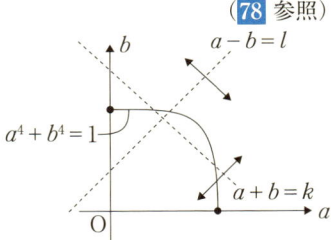

* 一般に，「実数 x，y が $x^2+y^2=r^2$ をみたす」という条件のときは，
$$x=r\cos\theta, \quad y=r\sin\theta$$
という置換が有効なこともある．
(存在条件を包含しているため基本対称式置換より便利．)

8 三角関数と方程式

2つの放物線 $y=2\sqrt{3}(x-\cos\theta)^2+\sin\theta$, $y=-2\sqrt{3}(x+\cos\theta)^2-\sin\theta$ が相異なる2点で交わるような一般角 θ の範囲を求めよ． (2002年 理科)

ポイント

- 2つの図形が共有点をもつ ⇒ 連立した方程式が実数解をもつ．
- 「相異なる2点で交わる」 ⇒ 放物線は x の値が決まれば y も一意的に決まるので，2つの図形の連立方程式が異なる2実数解をもつ条件を考える．
- $y=2\sqrt{3}(x-\cos\theta)^2+\sin\theta$ ⇒ $y-\sin\theta=2\sqrt{3}(x-\cos\theta)^2$ と変形して，平行移動後の放物線と考えることができる．解答2

解答1

y を消去すると，
$$2\sqrt{3}(x-\cos\theta)^2+\sin\theta = -2\sqrt{3}(x+\cos\theta)^2-\sin\theta$$
$$\Leftrightarrow \quad 4\sqrt{3}\,x^2 = -4\sqrt{3}\cos^2\theta - 2\sin\theta \quad \cdots\text{①}$$

題意は，
①が相異なる2つの解をもつ条件であるから，
$$-4\sqrt{3}\cos^2\theta - 2\sin\theta > 0 \qquad \leftarrow \text{（①の右辺）} > 0$$
$$\Leftrightarrow \quad -2\sqrt{3}(1-\sin^2\theta) - \sin\theta > 0$$
$$\Leftrightarrow \quad (2\sin\theta+\sqrt{3})(\sqrt{3}\sin\theta-2) > 0 \quad \cdots\text{②}$$

ここで $\sqrt{3}\sin\theta - 2 \leqq \sqrt{3} - 2 < 0$ であるから
$$\text{②} \Leftrightarrow \sin\theta < -\frac{\sqrt{3}}{2} \qquad \leftarrow 2\sin\theta + \sqrt{3} < 0 \text{ より}$$

よって $\dfrac{4}{3}\pi + 2n\pi < \theta < \dfrac{5}{3}\pi + 2n\pi$（$n$ は整数）

解答2

$C_1: y = 2\sqrt{3}\,(x-\cos\theta)^2 + \sin\theta \quad \Leftrightarrow \quad y - \sin\theta = 2\sqrt{3}\,(x-\cos\theta)^2$

$C_2: y = -2\sqrt{3}\,(x+\cos\theta)^2 - \sin\theta \quad \Leftrightarrow \quad y + \sin\theta = -2\sqrt{3}\,(x+\cos\theta)^2$

放物線 C_1 は $y = 2\sqrt{3}\,x^2$ を
x 方向に $+\cos\theta$, y 方向に $+\sin\theta$ 平行移動したもの.

放物線 C_2 は $y = -2\sqrt{3}\,x^2$ を
x 方向に $-\cos\theta$, y 方向に $-\sin\theta$ 平行移動したもの.

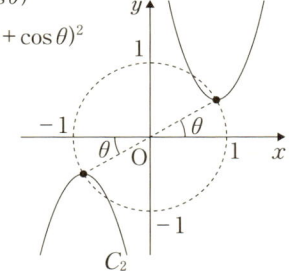

C_1 と C_2 は原点に関して対称.

θ を 0 から変化させていくとき, C_1 と C_2 が共有点をもつのは右図の (i) から (ii) の間である.

また, その共有点は原点である.

(i)(ii) のときの θ を求める.

C_1 に $(0,0)$ を代入すると,

$0 = 2\sqrt{3}\cos^2\theta + \sin\theta$

$\Leftrightarrow \quad 2\sqrt{3}\sin^2\theta - \sin\theta - 2\sqrt{3} = 0$

$\Leftrightarrow \quad (2\sin\theta + \sqrt{3})(\sqrt{3}\sin\theta - 2) = 0$

$\therefore \quad \sin\theta = -\dfrac{\sqrt{3}}{2}$ このとき, $\theta = \dfrac{4}{3}\pi + 2n\pi,\ \dfrac{5}{3}\pi + 2n\pi$

よって 相異なる 2 点で交わるのは, $\dfrac{4}{3}\pi + 2n\pi < \theta < \dfrac{5}{3}\pi + 2n\pi$ (n は整数)

分析

* 本問において, θ はあくまで「定数」であることに注意する. (変数は x のみ)

* ②は, ①の判別式 $D>0$ と同値である.

* 解答 2 では, 2 つの放物線を動かしながら共有点の個数を考えている.

* 一般に
  $f(x,y) = 0$ を x 方向に $+a$, y 方向に $+b$ 平行移動 $\rightarrow$ $f(x-a,\ y-b) = 0$

  $f(x,y) = 0$ を x 方向に $\times a$, y 方向に $\times b$ 拡大縮小 $\rightarrow$ $f\left(\dfrac{x}{a},\ \dfrac{y}{b}\right) = 0$

8 三角関数と方程式

9 三角関数の加法定理

難易度　□□□□
時間　20分

(1) 一般角 θ に対して $\sin\theta$, $\cos\theta$ の定義を述べよ．
(2) (1)で述べた定義にもとづき，一般角 α, β に対して
$$\sin(\alpha+\beta) = \sin\alpha\cos\beta + \cos\alpha\sin\beta,$$
$$\cos(\alpha+\beta) = \cos\alpha\cos\beta - \sin\alpha\sin\beta$$
を証明せよ．

(1999年　文理共通)

ポイント

- 公式の証明　⇨　できるだけ基本的な図形や数式だけで構成する．
- 三角関数の性質
　　　⇨　単位円を中心に初等幾何，座標幾何，ベクトル幾何の適用を考える．
- cos, sin の変換　⇨　θ を $\theta+90°$ に書き換えることで変換できる．

解答1

(1) 単位円周上の点 $P(x, y)$ に対して，OP と x 軸の正の向きとのなす角を θ とし，$\sin\theta = y$, $\cos\theta = x$ と定義する．

(2) $A(\cos(\alpha+\beta), \sin(\alpha+\beta))$, $B(1, 0)$ とする．
$$AB^2 = (1-\cos(\alpha+\beta))^2 + (0-\sin(\alpha+\beta))^2$$
$$= 2 - 2\cos(\alpha+\beta) \quad \cdots ①$$

2点 A, B を原点周りに $-\beta$ だけ回転した点をそれぞれ A′, B′ とする．

$A'(\cos\alpha, \sin\alpha)$, $B'(\cos\beta, -\sin\beta)$, となるから
$$A'B'^2 = (\cos\beta - \cos\alpha)^2 + (-\sin\beta - \sin\alpha)^2$$
$$= 2 - 2(\cos\alpha\cos\beta - \sin\alpha\sin\beta) \quad \cdots ②$$

△AOB ≡ △A′OB′ であるから　AB = A′B′．

①，② より　$\cos(\alpha+\beta) = \cos\alpha\cos\beta - \sin\alpha\sin\beta$ ■

この式において α を $\alpha+90°$ に書き換えると，
$$\cos(\alpha+\beta+90°) = \cos(\alpha+90°)\cos\beta - \sin(\alpha+90°)\sin\beta \quad \cdots ③$$

また，定義より，$\cos(\theta+90°) = -\sin\theta$, $\sin(\theta+90°) = \cos\theta$ であるから

③　⇔　$-\sin(\alpha+\beta) = -\sin\alpha\cos\beta - \cos\alpha\sin\beta$
　　⇔　$\sin(\alpha+\beta) = \sin\alpha\cos\beta + \cos\alpha\sin\beta$　■

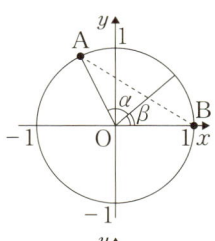

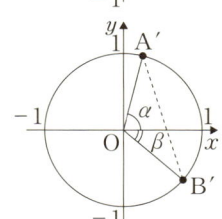

解答 2

(2) $A(\cos\theta, \sin\theta)$, $B(\cos\delta, \sin\delta)$ とする．

$$AB^2 = (\cos\theta - \cos\delta)^2 + (\sin\theta - \sin\delta)^2$$
$$= 2 - 2(\cos\theta\cos\delta + \sin\theta\sin\delta) \quad \cdots ④$$

△OBA に余弦定理を用いて，

$$AB^2 = OA^2 + OB^2 - 2\cdot OA\cdot OB\cdot\cos(\theta-\delta)$$
$$= 2 - 2\cos(\theta-\delta) \quad \cdots ⑤$$

④，⑤ より $\cos(\theta-\delta) = \cos\theta\cos\delta + \sin\theta\sin\delta \quad \cdots ⑥$

ここで，$\theta = \alpha$，$\delta = -\beta$ と書き換えると，

$\cos(-\beta) = \cos\beta$，$\sin(-\beta) = -\sin\beta$ より，

⑥ $\Leftrightarrow \cos(\alpha+\beta) = \cos\alpha\cos\beta - \sin\alpha\sin\beta$ ∎

(以下同様)

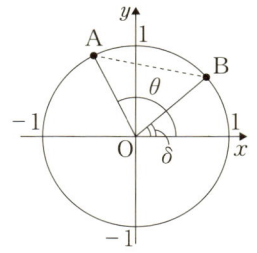

解答 3

(2) 右図のように，$A(\cos\alpha, \sin\alpha)$，$B(\cos\beta, -\sin\beta)$ を考える．

ここで，

$$\vec{OA}\cdot\vec{OB} = \cos\alpha\cdot\cos\beta + \sin\alpha(-\sin\beta) \quad \cdots ⑦$$

また，

$$\vec{OA}\cdot\vec{OB} = |\vec{OA}||\vec{OB}|\cos(\alpha+\beta) = 1\cdot 1\cdot\cos(\alpha+\beta) \quad \cdots ⑧$$

⑦，⑧ より $\cos(\alpha+\beta) = \cos\alpha\cos\beta - \sin\alpha\sin\beta$ ∎

(以下同様)

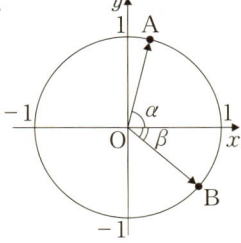

分析

* 解答 3 はベクトルの内積が 2 通りに表現できる性質を用いている．

* 三角関数の加法定理の証明は，これら以外にも数多くあるが，(2)問題文の「(1)で述べた定義にもとづき」をふまえ，単位円を用いた証明だけを採用した．

10 存在条件と最大最小

難易度 ■■□□
時間 10分

座標平面上の点 (x, y) が次の方程式を満たす.
$$2x^2 + 4xy + 3y^2 + 4x + 5y - 4 = 0$$
このとき，x のとりうる最大の値を求めよ.

(2012年 文科)

ポイント

- 2元2次方程式1つ ⇨ 一般に実数解 (x, y) は1つに定まらない.
- 「座標平面上の点 (x, y)」 ⇨ x, y は実数として存在する.
- $f(x, y) = 0$ における「x のとりうる値」 ⇨ 「y の存在条件」にのみ依存.
- 2変数の問題
  ⇨ 一文字を固定し（定数とする），他方の文字の関数・方程式と捉える.
- 「xy」の項を含む方程式 ⇨ ⅠAⅡB範囲では図示しにくいことが多い.

解答1

$$2x^2 + 4xy + 3y^2 + 4x + 5y - 4 = 0 \quad \cdots ①$$

① を y について整理すると

$$3y^2 + (4x+5)y + 2x^2 + 4x - 4 = 0 \quad \cdots ② \qquad \leftarrow y\text{の降べきの順}$$

座標平面上の点 (x, y) が①を満たすということは，①を満たす実数 x, y があるということであり，y についての2次方程式②が実数解をもつことと同値. ← 存在条件
そのための必要十分条件は，
②の判別式を D とすると，$D \geqq 0$ である.

$$D = (4x+5)^2 - 4 \cdot 3 \cdot (2x^2 + 4x - 4) = -8x^2 - 8x + 73$$

$D \geqq 0$ から

$$-8x^2 - 8x + 73 \geqq 0 \quad \Leftrightarrow \quad 8x^2 + 8x - 73 \leqq 0$$

これを解くと

$$\frac{-2 - 5\sqrt{6}}{4} \leqq x \leqq \frac{-2 + 5\sqrt{6}}{4}$$

よって，x のとりうる最大の値は $\dfrac{-2 + 5\sqrt{6}}{4}$

解答2

(②まで**解答1**と同様)

y についての2次方程式②の実数解は,

$$y = \frac{-(4x+5) \pm \sqrt{-8x^2 - 8x + 73}}{6}$$

← 解の公式

この式において, $\sqrt{-8x^2 - 8x + 73}$ が実数となる必要があるので,

← 存在条件

$$-8x^2 - 8x + 73 \geq 0$$

$$\Leftrightarrow \frac{-2 - 5\sqrt{6}}{4} \leq x \leq \frac{-2 + 5\sqrt{6}}{4}$$

逆に, 実数 x がこれを満たすとき, その x に対して実数 y が定まる.

よって, x のとりうる最大の値は $\dfrac{-2 + 5\sqrt{6}}{4}$

分析

* $f(x, y) = 0$ の形の関数表現を, 「陰関数表示」という.

* ちなみに y の最大値は, ①を x について整理して

$$2x^2 + (4y+4)x + 3y^2 + 5y - 4 = 0 \quad \cdots ③$$

x についての方程式③の判別式 $D \geq 0$ より, $-3 \leq y \leq 2$ ∴ y の最大値は2

* $2x^2 + 4xy + 3y^2 + 4x + 5y - 4 = 0$

を図示すると右図の楕円になる.（数Ⅲ範囲）

x の最大値 $\dfrac{-2 + 5\sqrt{6}}{4}$ は, 楕円上の点の中でもっとも大きい x 座標を表す.

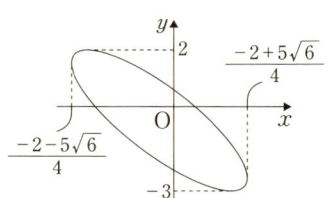

類題

座標平面上の点 (x, y) が $x^2 - 2xy + 2y^2 = 4$ を満たして動くとき $x + y$ の最大値を求めよ.

> $x + y = k$ （k は実数）とすると $y = -x + k$
> ①に代入すると $x^2 - 2x(-x+k) + 2(-x+k)^2 = 4$ $\Leftrightarrow$ $5x^2 - 6kx + 2k^2 - 4 = 0$
> x の実数条件 $D/4 = -k^2 + 20 \geq 0$ $\Leftrightarrow$ $-2\sqrt{5} \leq k \leq 2\sqrt{5}$
> ∴ $x + y$ の最大値は $2\sqrt{5}$.

11 多変数関数の最大最小

xy 平面内の領域 $-1 \leq x \leq 1$, $-1 \leq y \leq 1$ において $1-ax-by-axy$ の最小値が正となるような定数 a, b を座標とする点 (a, b) の範囲を図示せよ。　（2000年　文科）

ポイント

- 多変数関数の最小値 ⇨ 「1文字固定法（fix, move）」を利用.
- 1文字固定法
  ⇨ 一方の文字を固定して定数と見て（fix），まず「暫定的な max, min」を求め，その後，固定した文字を動かして（move），「全体の max, min」を求める.

解答 1

$$F(x, y) = 1 - ax - by - axy = -a(1+y)x + 1 - by$$

$y = Y\ (-1 \leq Y \leq 1)$ と y を固定し，　　　　　　　　　　　← fix

$$f(x) = -a(1+Y)x + 1 - bY$$　　　　　　　　　　　← x の関数

とおく．$-1 \leq Y \leq 1$ より，$1 + Y \geq 0$ であるから

(ⅰ) $a \geq 0$ のとき

　　$f(x)$ は単調減少，または一定．よって，$f(x)$ の最小値は

$$f(1) = -(a+b)Y - a + 1 \quad \cdots ①$$

　　ここで右辺を $g(Y)$ とおく．

  - $\underline{a + b \geq 0 \text{ のとき}}$

    $g(Y)$ は単調減少，または一定であるから，　　　　　　　　← move

    最小値は　$g(1) = -2a - b + 1 \quad \cdots ②$

  - $\underline{a + b < 0 \text{ のとき}}$

    $g(Y)$ は単調増加であるから，　　　　　　　　　　　　　　← move

    最小値は　$g(-1) = b + 1 \quad \cdots ③$

(ⅱ) $a < 0$ のとき

　　$f(x)$ は単調増加，または一定．よって，$f(x)$ の最小値は

$$f(-1) = (a-b)Y + a + 1 \quad \cdots ④$$

　　ここで右辺を $h(Y)$ とおく．

  - $\underline{a - b \geq 0 \text{ のとき}}$

    $h(Y)$ は単調増加，または一定であるから，　　　　　　　　← move

    最小値は　$h(-1) = b + 1 \quad \cdots ⑤$

- $a-b<0$ のとき

  $h(Y)$ は単調減少であるから,

  最小値は $h(1)=2a-b+1$ …⑥

②③⑤⑥より,

$a\geq 0$, $a+b\geq 0$ のとき $\quad -2a-b+1>0 \quad \Leftrightarrow \quad b<-2a+1$

$a\geq 0$, $a+b<0$ のとき $\quad b+1>0 \quad \Leftrightarrow \quad b>-1$

$a<0$, $a-b\geq 0$ のとき $\quad b+1>0 \quad \Leftrightarrow \quad b>-1$

$a<0$, $a-b<0$ のとき $\quad 2a-b+1>0 \quad \Leftrightarrow \quad b<2a+1$

求める範囲を図示すると右図のようになる．ただし，境界線は含まない．

解答2

$$F(x,y)=1-ax-by-axy$$

x を固定して y を動かせば y の1次関数であり，$y=-1$ or 1 で最小値．

y を固定して x を動かせば x の1次関数であり，$x=-1$ or 1 で最小値．

∴ 全体の min は,

$$\min\{F(1,1),\ F(1,-1),\ F(-1,1),\ F(-1,-1)\}$$

であるから，求める条件は，

$\quad F(1,1)>0 \quad \wedge \quad F(1,-1)>0 \quad \wedge \quad F(-1,1)>0 \quad \wedge \quad F(-1,-1)>0$

(以下同様)

分析

* ①④は「暫定的な min」であり，②③⑤⑥が「全体の min」である．

* 「暫定的な min」は，$\min\{F(1,Y),\ F(-1,Y)\}$ とまとめて表現することもできる．

* 求める点 (a,b) の範囲は，b 軸対称であるから，$a\geq 0$ のみを考えて，対称性から図示してもよい．

12 2変数不等式

難易度 ／ 時間 20分

すべての正の実数 x, y に対し $\sqrt{x}+\sqrt{y} \leq k\sqrt{2x+y}$ が成り立つような実数 k の最小値を求めよ。　　　　　　　　　　　　　　　　　　　　（1995年　文理共通）

ポイント

- x と y の同次式　　⇨　$t=\dfrac{y}{x}$ などと置換．（本問では $t=\sqrt{\dfrac{y}{x}}$ と置換）
- 不等式 $A<B$ の証明
    ⇨　（ⅰ）$B-A$ の式変形　（ⅱ）$B-A=f(t)$ のグラフ　（ⅲ）有名不等式
- 「すべての正の実数」で成立　⇨　特別な正の実数で成立することが必要条件．

解答1

まず，与式の左辺は正なので，$k>0$ であることが必要．　　　　← 必要条件

$\sqrt{x}+\sqrt{y} \leq k\sqrt{2x+y}$ の両辺を $\sqrt{x}$ で割ると $1+\sqrt{\dfrac{y}{x}} \leq k\sqrt{2+\dfrac{y}{x}}$

$t=\sqrt{\dfrac{y}{x}}$ とおくと，$1+t \leq k\sqrt{2+t^2}$．両辺を2乗すると，　　← 同次式なので

$$\dfrac{(t+1)^2}{t^2+2} \leq k^2 \quad \Leftrightarrow \quad (k^2-1)t^2-2t+(2k^2-1) \geq 0 \quad \cdots ①$$

x, y がすべての正の実数をとるとき，t もすべての正の実数をとるので，①が任意の正の実数 t で成り立つための k の最小値を考える．

$f(t)=(k^2-1)t^2-2t+(2k^2-1)$ のグラフを考えると，
$k^2-1>0$ が必要であり，また $k>0$ であるから，$1<k$．　$\cdots ②$
また，

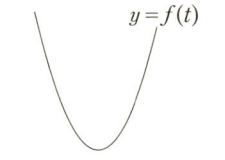

$$f(t)=0 \text{ の判別式 } D \leq 0$$
$$\Leftrightarrow \quad 1-(k^2-1)(2k^2-1) \leq 0$$
$$\Leftrightarrow \quad k^2\left(k^2-\dfrac{3}{2}\right) \geq 0$$
$$\therefore \quad k>0 \text{ より，} k \geq \dfrac{\sqrt{6}}{2}$$

よって k の最小値は $\dfrac{\sqrt{6}}{2}$

解答 2

$\vec{a} = \left(\dfrac{1}{\sqrt{2}}, 1\right)$, $\vec{b} = (\sqrt{2x}, \sqrt{y})$ とすると, …③ ← ※

一般に, $\vec{a} \cdot \vec{b} = |\vec{a}||\vec{b}|\cos\theta \leq |\vec{a}||\vec{b}|$ …④ が成り立つ.

$$\vec{a} \cdot \vec{b} = \dfrac{1}{\sqrt{2}} \cdot \sqrt{2x} + 1 \cdot \sqrt{y}$$

$$|\vec{a}||\vec{b}| = \sqrt{\left(\dfrac{1}{\sqrt{2}}\right)^2 + 1^2} \cdot \sqrt{(\sqrt{2x})^2 + (\sqrt{y})^2} = \sqrt{\dfrac{3}{2}}\sqrt{2x+y}$$

④に代入すると, $\sqrt{x} + \sqrt{y} \leq \sqrt{\dfrac{3}{2}}\sqrt{2x+y}$

(等号成立は $\cos\theta = 1 \Leftrightarrow \theta = 0$ のとき.)

また, このとき $\vec{a} \parallel \vec{b}$ であるから, $\sqrt{y} = \sqrt{2} \cdot \sqrt{2x} \Leftrightarrow \sqrt{y} = 2\sqrt{x}$ ← なす角が0

よって k の最小値は $\dfrac{\sqrt{6}}{2}$

解答 3

特別な値 $x=1$, $y=4$ でも成立することが必要であるから, 代入して,

$3 \leq \sqrt{6}\, k \Leftrightarrow \dfrac{\sqrt{6}}{2} \leq k$ であることが必要.   ← 必要条件

逆に, $k = \dfrac{\sqrt{6}}{2}$ のとき,

$(k\sqrt{2x+y})^2 - (\sqrt{x} + \sqrt{y})^2 \geq \left(\dfrac{\sqrt{6}}{2}\sqrt{2x+y}\right)^2 - (\sqrt{x} + \sqrt{y})^2 = 2x + \dfrac{1}{2}y - 2\sqrt{xy}$

$\phantom{(k\sqrt{2x+y})^2 - (\sqrt{x} + \sqrt{y})^2} = \left(\sqrt{2x} - \sqrt{\dfrac{y}{2}}\right)^2 \geq 0$

以上より十分性も示された. よって k の最小値は $\dfrac{\sqrt{6}}{2}$

分析

* ②の部分は, $y = f(t)$ のグラフは下に凸の放物線である必要があるので, t^2 の係数が正であることが必要である, と考えている.

* ③の2ベクトルは, $\sqrt{2x+y}$ が大きさとなるような $\vec{b}$ をまず設定し, その後, 左辺の $\sqrt{x} + \sqrt{y}$ が内積となるような $\vec{a}$ を設定している.

* ④は, コーシー・シュワルツの不等式
 $(x_1 x_2 + y_1 y_2)^2 \leq (x_1^2 + y_1^2)(x_2^2 + y_2^2)$ (等号成立は, $x_1 : y_1 = x_2 : y_2$ のとき)
 の証明にもなっている.

* 解答3は, 偶然性に助けられた発見的な解法である.

13　2次離散関数

n を正の整数，a を実数とする．すべての整数 m に対して $m^2-(a-1)m+\dfrac{n^2}{2n+1}a>0$ が成り立つような a の値の範囲を n を用いて表せ．　　　　(1997年　理科)

ポイント

- 「すべての整数 m に対して」
  ⇨ 実数を対象にした連続関数ではなく，離散関数を考える．
- 離散関数 $y=f(m)$ の増減
  ⇨ まず，実数対象の連続関数 $f(x)=x^2-(a-1)x+\dfrac{n^2}{2n+1}a$ として必要条件から考える．
- 「連続関数 $y=f(x)$ の (頂点の y 座標)>0」は十分条件
  ⇨ $y=f(x)$ の頂点が x 軸の下側にあるような実数 a であっても題意をみたすことがある．

解答

$$f(m)=m^2-(a-1)m+\dfrac{n^2}{2n+1}a$$
$$=\left(m-\dfrac{a-1}{2}\right)^2+\dfrac{(2n+1-a)\{(2n+1)a-1\}}{4(2n+1)}$$

とおくと，$m=0$, n で成り立つことが必要であるから　　　　← ＊

$$f(0)>0 \iff \dfrac{n^2}{2n+1}a>0$$
$$f(n)>0 \iff n^2-(a-1)n+\dfrac{n^2a}{2n+1}>0$$
$$\iff \dfrac{n(n+1)(2n+1-a)}{2n+1}>0$$

n は正の整数であるから

$$a>0,\ 2n+1-a>0$$
$$\therefore\ 0<a<2n+1$$

よって，題意の必要条件は，

$$0<a<2n+1 \quad \cdots ①$$ 　　　　← 必要条件

一方，

$$（頂点の y 座標）=\frac{(2n+1-a)\{(2n+1)a-1\}}{4(2n+1)}>0$$

$$\Leftrightarrow \frac{1}{2n+1}<a<2n+1$$

よって，①のうち，$\frac{1}{2n+1}<a<2n+1$ の範囲に関しては十分．…② ← 十分条件

$0<a\leq\frac{1}{2n+1}$ のとき，$0<a<2n+1$ $0<a<2n+1$
$y=f(x)$ の頂点は x 軸の下側になるが，$y=f(x)$ の軸 $x=\frac{a-1}{2}$
について，$n>0$ より

$$-\frac{1}{2}<\frac{a-1}{2}\leq-\frac{n}{2n+1}<0 \quad \text{…③}$$

$x=\frac{a-1}{2}$ に最も近い整数値 $x=0$ において調べると，

$$f(0)=\frac{n^2}{2n+1}a>0$$

であるから

$0<a\leq\frac{1}{2n+1}$ のとき，すべての整数 m に対して $f(m)>0$．よって，十分． …④

②，④から，求める a の値の範囲は $0<a<2n+1$ ← 必要十分条件

分析

* 解答は特別な m の値 $m=0$，n での成立から必要条件を求め，その範囲を2つに分けて，「$\frac{1}{2n+1}<a<2n+1$ のとき」「$0<a\leq\frac{1}{2n+1}$ のとき」，それぞれの十分性を調べている．

* a を含む項を分離して，$m^2+m>\left(m-\frac{n^2}{2n+1}\right)a$ とし，放物線 $y=x^2+x$ と直線 $y=a\left(x-\frac{n^2}{2n+1}\right)$ は，$a=2n+1$ のとき，点 (n, n^2+n) で接することから，$0<a<2n+1$ が必要十分であることを発見的に導いても良い．

13 2次離散関数

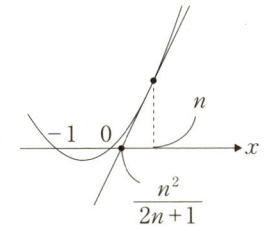

14 合成関数による方程式①

難易度
時間 20分

関数 $f(x)$, $g(x)$, $h(x)$ を次のように定める.
$$f(x) = x^3 - 3x, \quad g(x) = \{f(x)\}^3 - 3f(x), \quad h(x) = \{g(x)\}^3 - 3g(x)$$

(1) a を実数とする. $f(x) = a$ を満たす実数 x の個数を求めよ.
(2) $g(x) = 0$ を満たす実数 x の個数を求めよ.
(3) $h(x) = 0$ を満たす実数 x の個数を求めよ.

(2004年　文科)

ポイント

・$f(x) = a$ の形の方程式の実数解の個数
　⇨　$y = f(x)$ と $y = a$ の共有点の個数.（定数分離）
・$f(x)$, $g(x)$, $h(x)$ の式の形
　⇨　$g(x) = f(f(x))$, $h(x) = f(f(f(x)))$ が成り立つ合成関数.
・合成関数 ⇨ 値域が定義域になることに注意する.

解答

(1) $f'(x) = 3x^2 - 3 = 3(x+1)(x-1)$

x	$\cdots$	-1	$\cdots$	1	$\cdots$
$f'(x)$	$+$	0	$-$	0	$+$
$f(x)$	↗	2	↘	-2	↗

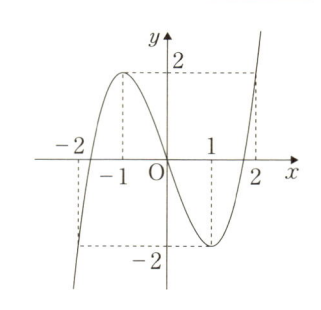

右のグラフより, $f(x) = a$ を満たす実数 x は
　$|a| > 2$ のとき 1個　…①
　$|a| = 2$ のとき 2個　…②
　$|a| < 2$ のとき 3個　…③

(2) $g(x) = 0$ のとき
$$f(x) = 0, \ -\sqrt{3}, \ \sqrt{3}$$
これらはすべて $|f(x)| < 2$.（(1)の③の対応）
よって, (1)から,
$f(x)$ のそれぞれの値について x の値が3個ずつ存在する.
$$\therefore \ 3 \times 3 = 9 \ (個)$$

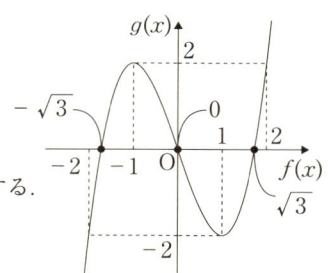

36

(3) $h(x)=0$ のとき
$$g(x)=0,\ -\sqrt{3},\ \sqrt{3}$$
このとき，(1)から，((1)の③の対応)
$g(x)$ のそれぞれの値について $f(x)$ の値が3個ずつ存在する．

よって，$f(x)$ の値は $3\times 3=9$（個）

これら9個の $f(x)$ の値は全て，
$|f(x)|<2$ を満たす．((1)の③の対応)
よって，対応する x は $9\times 3=27$（個）

よって，$h(x)=0$ を満たす実数 x の個数は 27（個）

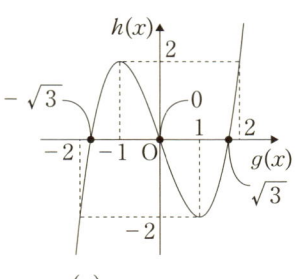

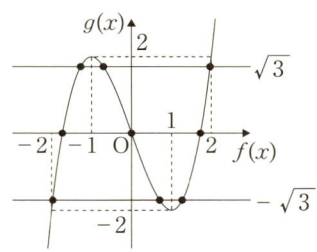

分析

* 定数分離では，
$$(\text{実数解の値})=(\text{共有点の}x\text{座標})$$
の対応に注意する．

* 3次関数のグラフの等間隔性を考えると，$y=x^3-3x$ のグラフは -2 と 2 を両端とする正方形に入るので，$y=a$（$-2<a<2$）と $y=x^3-3x$ の交点は必ず3つあり，それぞれの x 座標も，-2 より大きく 2 より小さいことが直観的にわかる．

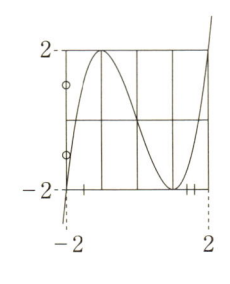

* 同年の理系では，本問の $f(x)=f_1(x)$ として，
「関数 $f_{n+1}(x)$ を $f_{n+1}(x)=\{f_n(x)\}^3-3f_n(x)$ で定める．n を3以上の自然数とするとき，$f_n(x)=0$ を満たす実数 x の個数は 3^n であることを示せ．」
という形で出題されている．

15 合成関数による方程式②

難易度　　　　　
時間　30分

(1) x は $0° \leq x \leq 90°$ を満たす角とする．
$$\begin{cases} \sin y = |\sin 4x| \\ \cos y = |\cos 4x| \\ 0° \leq y \leq 90° \end{cases}$$
となる y を x で表し，そのグラフを xy 平面上に図示せよ．

(2) α は $0° \leq \alpha \leq 90°$ を満たす角とする．$0° \leq \theta_n \leq 90°$ を満たす角 θ_n, $n=1, 2, \cdots\cdots$ を
$$\begin{cases} \theta_1 = \alpha \\ \sin \theta_{n+1} = |\sin 4\theta_n| \\ \cos \theta_{n+1} = |\cos 4\theta_n| \end{cases}$$
で定める．k を2以上の整数として，$\theta_k = 0°$ となる α の個数を k で表せ．

(1998 年　文科)

ポイント

・三角関数の方程式　⇨　三角関数の性質 $\sin(180°-\theta) = \sin\theta$, $\cos(180°-\theta) = -\cos\theta$ などを用いる．

・合成関数による方程式　⇨　グラフを描いて解の個数の対応を場合分けして考える．

解答

(1)(ⅰ) $0° \leq 4x \leq 90°$ ⇔ $0° \leq x \leq 22.5°$ のとき

$\sin y = \sin 4x$, $\cos y = \cos 4x$　$0° \leq y \leq 90°$ から　$y = 4x$

(ⅱ) $90° < 4x \leq 180°$ ⇔ $22.5° < x \leq 45°$ のとき

$\sin y = \sin 4x = \sin(180° - 4x)$,
$\cos y = -\cos 4x = \cos(180° - 4x)$

$0° \leq y \leq 90°$ から　$y = 180° - 4x$

(ⅲ) $180° < 4x \leq 270°$ ⇔ $45° < x \leq 67.5°$ のとき

$\sin y = -\sin 4x = \sin(4x - 180°)$,
$\cos y = -\cos 4x = \cos(4x - 180°)$

$0° \leq y \leq 90°$ から　$y = 4x - 180°$

(iv) $270° < 4x \leq 360°$ ⇔ $67.5° < x \leq 90°$ のとき
$\sin y = -\sin 4x = \sin(360° - 4x)$,
$\cos y = \cos 4x = \cos(360° - 4x)$
$0° \leq y \leq 90°$ から $y = 360° - 4x$

(ⅰ)～(ⅳ)より，グラフは右図．

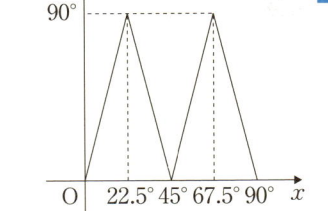

(2) (1)で y が与えられたときの x の解の個数の対応は，A～Cの3型に分かれる．

$\begin{cases} A : y = 90° \text{ なる } x \text{ は } x = 22.5°, \ 67.5° \text{ の2個．} \\ B : y = p° \ (0 < p < 90°) \text{ なる } x \text{ は(1)のグラフ} \\ \qquad \text{より 4個．} \\ \qquad (\text{ただし } x \neq 0°, \ 45°, \ 90°, \ 22.5°, \ 67.5°) \\ C : y = 0° \text{ なる } x \text{ は } x = 0°, \ 45°, \ 90° \text{ の3個．} \end{cases}$

$\theta_k = 0°$ となる θ_1 の個数を a_k と表すと，
$\theta_{k+1} = 0°$ となる θ_2 の個数が a_k 個．
その内訳は，0°（C型）と90°（A型）が1つずつと，
残り $a_k - 2$ 個は0°より大きく90°未満（B型）．
よって，それらの θ_2 に対する θ_1 の個数 a_{k+1} は

$$a_{k+1} = 3 + 2 + 4(a_k - 2) \text{ 個}$$

と表される．

$$a_{k+1} = 4a_k - 3 \quad \cdots ①$$

← 漸化式の解法

⇔ $a_{k+1} - 1 = 4(a_k - 1)$

∴ $a_k - 1 = 4^{k-2}(a_2 - 1) = 4^{k-2}(3-1) = 2 \cdot 4^{k-2}$

よって

$$a_k = 2 \cdot 4^{k-2} + 1 \quad (k \geq 2)$$

分析

* ① は $a_{n+1} = pa_n + q$ 型の漸化式であり，典型解法に基づき，一般項を導いている．
* たとえば，$\theta_k = 0°$ となる θ_{k-1} は3個（$\theta_{k-1} = 0°, \ 45°, \ 90°$）であり，
  $\theta_{k-1} = 90°$ はA型なので，θ_{k-2} は2個．
  $\theta_{k-1} = 45°$ はB型なので，θ_{k-2} は4個．
  $\theta_{k-1} = 0°$ はC型なので，θ_{k-2} は3個． より，θ_{k-2} は9個．
  この特徴的な増え方を捉えるために，漸化式の立式を試みている．

15 合成関数による方程式②

§1 方程式・不等式・関数　解説

傾向・対策

　「方程式・不等式・関数」分野は，大学入試数学において一般的な分野だと言えます．教科書の単元では「数と式（Ⅰ）」「2次関数（Ⅰ）」「式と証明（Ⅱ）」「複素数と方程式（Ⅱ）」に対応しますが，「三角関数（Ⅱ）」「指数関数・対数関数（Ⅱ）」「微積分（Ⅱ）」なども関連してきます．文科の入試では，高度な発想を必要とする問題は出題されにくいですが，係数に文字が多く登場したり，捉えにくい言い回しや，目新しい表現などによって，「"複雑さ"という意味での難しさ」を付加されることは少なくありません．本質的には，典型問題と大きくは異ならないので，平静を保って正しく処理したいところです．具体的には「解の配置」「解の存在」「解の個数」に関する問題が多く出題されます．

　対策としては，典型解法力をきちんと付けることが最重要になります．特に，「解の配置問題」や「解の個数」などには要注意です．その中でも，受験生が苦手とするものを挙げるとするならば，解の個数に関する問題です．変数置換自体は，問題なく行える受験生は多いのですが，その変数置換によって発生する解の個数の対応についてきちんと追える受験生は少ないのです．さらに，定数分離や定数絡み分離によって，解をグラフの共有点と考えるとき，「方程式の解が，図・グラフのどこの値に対応するのか」を意識することも重要です．また，文字や変数が2つ以上登場する問題は多く，「文字が実数として存在する条件」を考えることも高く意識すべきことです．本書の中でも別解としてできる限り提示しましたが，「図形的に捉えること」も積極的に考えるクセを付けておきたいところです．

学習のポイント

- 典型解法力をつける．
- 変数置換に伴う変域，個数の対応に注意する．
- 変数と定数の区別，存在条件を意識する．
- 多変数関数，多変数方程式に対応できるようにしておく．
- 図形的解法の可能性を探る．

§2 微積分

	内容	出題年	難易度	時間
16	極値をもつ条件	1993 年	■□□□	5 分
17	絶対値を含む 3 次関数	2006 年	■■□□	15 分
18	最大値の最小値	2014 年	■■□□	15 分
19	2 つの 3 次関数のグラフ	1989 年	■■□□	20 分
20	極値の差	1998 年	■■□□	15 分
21	定積分と面積	2007 年	■■□□	20 分
22	共通接線と面積	1997 年	■■□□	25 分
23	積分方程式①	2010 年	■□□□	5 分
24	積分方程式②	2011 年	■□□□	10 分
25	定積分と関数①	2009 年	■■□□	15 分
26	定積分と関数②	2008 年	■■□□	10 分
27	定積分と関数③	2003 年	■■□□	15 分
28	図形量と微積分	2000 年	■■□□	15 分
29	図形量と存在条件	1962 年	■■■□	20 分
30	4 次関数の決定	1990 年	■■□□	20 分
31	4 次関数と定積分	1993 年	■■■□	20 分

16 極値をもつ条件

3次関数 $f(x)=x^3+ax^2+bx$ は極大値, 極小値をもち, それらを区間 $-1\leq x\leq 1$ 内でとるものとする. この条件を満たすような実数の組 (a, b) の範囲を ab 平面上に図示せよ.

(1993年 文科)

ポイント

- 「極値をもつ」 ⇨ $f'(x)=0$ なる x が存在し, その前後で $f'(x)$ が符号変化する.
- 2次方程式の解の配置問題
  ⇨ グラフを描いて「D・軸・端点」の3ポイントで考える.
- 条件を領域として図示 ⇨ 境界線同士の位置関係にも注意する.

解答1

$$f'(x)=3x^2+2ax+b$$

$f(x)$ が極大値と極小値をもち, それらが $-1\leq x\leq 1$ 内にあるための条件は,

2次方程式 $f'(x)=0$ が $-1\leq x\leq 1$ に異なる2つの実数解をもつことである. …①

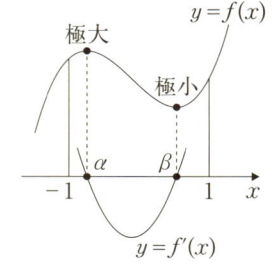

$f'(x)=3x^2+2ax+b=0$ の判別式を D とすると …②

$$\begin{cases} D/4=a^2-3b>0 \\ -1\leq -\dfrac{a}{3}\leq 1 \\ f'(-1)=3-2a+b\geq 0 \\ \quad\text{かつ}\quad f'(1)=3+2a+b\geq 0 \end{cases}$$

← 解の配置

∴ $b<\dfrac{a^2}{3}$, $b\geq 2a-3$, $b\geq -2a-3$, $-3\leq a\leq 3$

よって, (a, b) の存在範囲は図の斜線部.
ただし, 境界線は放物線上の点以外は含む.

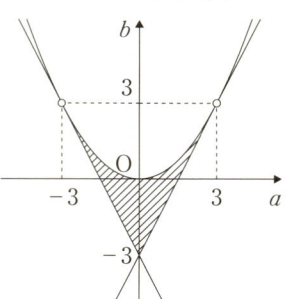

解答2

（②まで解答1と同様）

$D/4 = a^2 - 3b > 0$ …③ のもと，

$f'(x) = 0$ の解を α, β とすると，解と係数の関係より，

$$\alpha + \beta = -\frac{2}{3}a, \quad \alpha\beta = \frac{b}{3}$$

であるから，

$$① \Leftrightarrow \begin{cases} -2 \leq \alpha + \beta \leq 2 \\ (1-\alpha)(1-\beta) \geq 0 & \cdots ④ \\ (-1-\alpha)(-1-\beta) \geq 0 & \cdots ⑤ \end{cases}$$

$$\Leftrightarrow \begin{cases} -2 \leq -\dfrac{2}{3}a \leq 2 \\ 1 + \dfrac{2}{3}a + \dfrac{b}{3} \geq 0 \\ 1 - \dfrac{2}{3}a + \dfrac{b}{3} \geq 0 \end{cases}$$

$$\Leftrightarrow \begin{cases} -3 \leq a \leq 3 \\ b \geq -2a - 3 & \cdots ⑥ \\ b \geq 2a - 3 \end{cases}$$

③かつ⑥を領域として図示する．

（以下同様）

分析

* ①は「2次方程式の解の配置問題」の典型的表現である．
* ④は「α, β が，1に関して正負同じ側にある条件」
  ⑤は「α, β が，-1 に関して正負同じ側にある条件」 を表現している．
* 一般に，「2次方程式の解の配置問題」は
  ・グラフを描いて「D・軸・端点」の3ポイント（**解答1**）
  ・解と係数の関係（**解答2**）
  ・定数分離を用いた図形的解法（本問では不適）
  などがある．

16 極値をもつ条件

17 絶対値を含む3次関数

θ は，$0° < \theta < 45°$ の範囲の角度を表す定数とする．$-1 \leq x \leq 1$ の範囲で，関数 $f(x) = |x+1|^3 + |x-\cos 2\theta|^3 + |x-1|^3$ が最小値をとるときの変数 x の値を，$\cos \theta$ で表せ．

(2006年　文科)

ポイント

- 絶対値を含む方程式・不等式・関数　⇨　中身の正負で場合分け．
- 「定数 θ」「$\cos \theta$ で表せ」　⇨　$\cos \theta$ は定数（文字扱い）であることを意識．
- 範囲内の解の存在証明　⇨　両端の異符号を示す．

解答

$-1 \leq x \leq 1$ であるから

$$f(x) = (x+1)^3 + |x-\cos 2\theta|^3 + (1-x)^3$$
$$= |x-\cos 2\theta|^3 + 6x^2 + 2 \qquad \leftarrow x の3次関数$$

また，$0° < \theta < 45°$ より　$0 < \cos 2\theta < 1$

(ⅰ) $\cos 2\theta \leq x \leq 1$ のとき

$$f_1(x) = (x - \cos 2\theta)^3 + 6x^2 + 2 \qquad \leftarrow *$$
$$f_1'(x) = 3(x - \cos 2\theta)^2 + 12x > 0 \quad \cdots ①$$

よって，$f_1(x)$ は単調に増加する．

(ⅱ) $-1 \leq x \leq \cos 2\theta$ のとき

$$f_2(x) = -(x - \cos 2\theta)^3 + 6x^2 + 2$$
$$f_2'(x) = -3(x - \cos 2\theta)^2 + 12x \quad \cdots ②$$

ここで

$$f_2'(-1) = -3(1 + \cos 2\theta)^2 - 12 < 0 \quad \cdots ③$$
$$f_2'(\cos 2\theta) = 12 \cos 2\theta > 0 \quad \cdots ④$$

であるから，$y = f_2'(x)$ のグラフは右図．

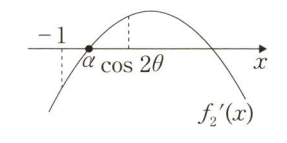

よって，$f_2'(x) = 0$ となる x が $-1 \leq x \leq \cos 2\theta$ の範囲にただ1つ存在し，その前後で $f_2'(x)$ は負から正に変化する．
よって，$f_2(x)$ は $f_2'(x) = 0$ の小さい方の解で最小値をとる．

（ⅰ），（ⅱ）より，
求める x の値は $f_2'(x)=0$ を解いて

$$\begin{aligned}x &= \cos 2\theta + 2 - \sqrt{(\cos 2\theta + 2)^2 - \cos^2 2\theta} & \cdots ⑤\\ &= 2\cos^2\theta + 1 - \sqrt{4\cdot 2\cos^2\theta} & \cdots ⑥\\ &= 2\cos^2\theta - 2\sqrt{2}\cos\theta + 1 \quad (\cos\theta > 0 \text{ より})\end{aligned}$$

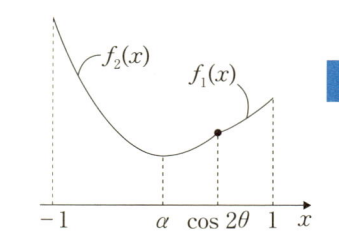

分析

* ①②は，微分法の公式

$$\{(ax+b)^n\}' = an(ax+b)^{n-1}$$

による．

（厳密には，合成関数の微分法（数Ⅲ） $\dfrac{d}{dx}\{f(x)\}^n = n\{f(x)\}^{n-1}\cdot f'(x)$）

* $f_1(x) = (x - \cos 2\theta)^3 + 6x^2 + 2$ において，$\cos 2\theta \leq x \leq 1$ で，$y = (x - \cos 2\theta)^3$ も $y = 6x^2 + 2$ も単調増加であるから，$f_1(x)$ は単調増加と言ってもよい．（この場合①は不要）

* ③④は，「2次方程式の解の配置問題」の要領で，端点の正負を考えている．

* ⑤は解の公式による．

* ⑥は倍角公式

$$\cos 2\theta = 2\cos^2\theta - 1 \quad (\Leftrightarrow \text{ 半角公式 } \cos^2\dfrac{\alpha}{2} = \dfrac{1+\cos\alpha}{2})$$

を利用．

17 絶対値を含む3次関数

18 最大値の最小値

難易度　
時間　15分

(1) t を実数の定数とする．実数全体を定義域とする関数 $f(x)$ を
$$f(x) = -2x^2 + 8tx - 12x + t^3 - 17t^2 + 39t - 18$$
と定める．このとき，関数 $f(x)$ の最大値を t を用いて表せ．

(2) (1)の「関数 $f(x)$ の最大値」を $g(t)$ とする．
t が $t \geq -\dfrac{1}{\sqrt{2}}$ の範囲を動くとき，$g(t)$ の最小値を求めよ．　　　(2014年　文科)

ポイント

- 関数の最大最小　⇨　変域に注意してグラフの形から考える．特に3次関数のときは，極値と端点の大小を吟味する．
- 文字の扱い　⇨　本問(1)では，x は変数扱い，t は定数扱い．(2)では，t は変数扱い．
- 根号の評価　⇨　小数を用いて，不等式を立式する．評価の向きにも注意する．
- 端点の評価　⇨　グラフの幾何学的性質も有用．解答3

解答1

(1) $f(x) = -2x^2 + 4(2t-3)x + t^3 - 17t^2 + 39t - 18$
$= -2\{x - (2t-3)\}^2 + t^3 - 9t^2 + 15t$

よって，$f(x)$ は $x = 2t - 3$ のとき，最大値 $t^3 - 9t^2 + 15t$．

(2) $g(t) = t^3 - 9t^2 + 15t$ とする．
$g'(t) = 3t^2 - 18t + 15 = 3(t-1)(t-5)$

t	$-\dfrac{1}{\sqrt{2}}$	$\cdots$	1	$\cdots$	5	$\cdots$
$g'(t)$		+	0	−	0	+
$g(t)$		↗	極大	↘	極小	↗

よって，$t \geq -\dfrac{1}{\sqrt{2}}$ における $g(t)$ の増減表は右のようになる．　…①

$g(5) = -25$

$g\left(-\dfrac{1}{\sqrt{2}}\right) = -\dfrac{18 + 31\sqrt{2}}{4} > \dfrac{18 + 31 \cdot 2}{4} = -20$ …② ← *

$g(5) < g\left(-\dfrac{1}{\sqrt{2}}\right)$

であるから，…③

$g(t)$ は $t = 5$ のとき，最小値 -25．

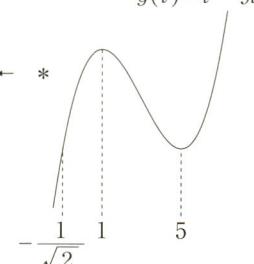

解答2

(2) （①まで解答1と同様）

$g\left(-\dfrac{1}{\sqrt{2}}\right) - g(5) = \dfrac{1}{4}(82 - 31\sqrt{2})$

$1.4 < \sqrt{2} < 1.5$ より，$43.4 < 31\sqrt{2} < 46.5$.　　　　　　　　　　← 根号の評価

よって，$\dfrac{1}{4}(82 - 31\sqrt{2}) > 0$　　∴　$g(5) < g\left(-\dfrac{1}{\sqrt{2}}\right)$

よって，$g(t)$ は $t = 5$ のとき，最小値 -25.

解答3

(2) （①まで解答1と同様）

$g(t) = t^3 - 9t^2 + 15t$ のグラフは右のようになる．

$-1 < -\dfrac{1}{\sqrt{2}}$ より，$g(5) < g\left(-\dfrac{1}{\sqrt{2}}\right)$ である．

よって，$g(t)$ は $t = 5$ のとき，最小値 -25.

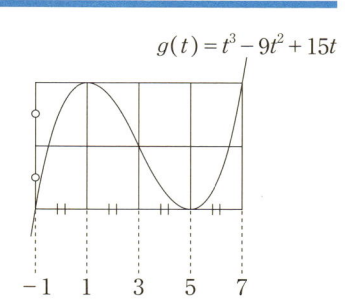

$g(t) = t^3 - 9t^2 + 15t$

$-1\quad 1\quad 3\quad 5\quad 7$

分析

* ②では，あらかじめ $g(5) < g\left(-\dfrac{1}{\sqrt{2}}\right)$ となることを予想して，$g\left(-\dfrac{1}{\sqrt{2}}\right) = -\dfrac{18 + 31\sqrt{2}}{4}$ に含まれる $\sqrt{2}$ を 2 として全体を小さめに概算している．
* ③では，端点の y 座標と，極小値の大小を比較して，最小値を求めている．
* 根号の評価が甘く，結論が導けないときは，さらに厳密な小数で挟むことを考える．
* 解答3は，一般に3次関数のグラフが以下のような等間隔性をもつことを利用している．

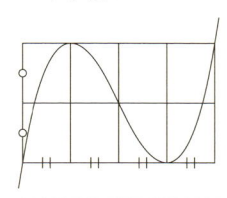

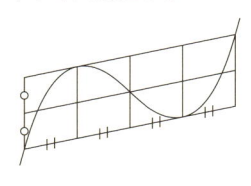

類題

関数 $f(x) = x^3 - 2x^2 - 3x + 4$ の $-\dfrac{7}{4} \leqq x \leqq 3$ での最大値と最小値を求めよ．

(1991年　文科)

増減を調べ，グラフを描き，端点と極値を比較．

最大値　$\dfrac{38 + 26\sqrt{13}}{27}$，最小値　$-\dfrac{143}{64}$

---

18 最大値の最小値

19 2つの3次関数のグラフ

難易度 ■■■□□
時間 20分

$k>0$ とする．xy 平面上の2曲線 $y=k(x-x^3)$, $x=k(y-y^3)$ が第1象限に $\alpha \neq \beta$ なる交点 (α, β) をもつような k の範囲を求めよ． (1989年 文理共通)

ポイント

・2つの3次関数の交点
⇨ 1文字消去すると面倒ならば，交点を置くことから始める．

・交点が第1象限
⇨ (α, β) とおいて，2曲線の方程式に代入して存在条件に持ち込む．

・基本対称式と存在条件
⇨ 解と係数の関係から方程式を復元して解の配置問題に持ち込む．

解答1

2曲線 $y=k(x-x^3)$, $x=k(y-y^3)$ が第1象限に $\alpha \neq \beta$ なる交点 (α, β) をもつとき，

$$\begin{cases} \beta = k(\alpha - \alpha^3) & \cdots ① \\ \alpha = k(\beta - \beta^3) & \cdots ② \end{cases}$$

①+②より， ← 辺々足す

$\alpha + \beta = k((\alpha+\beta) - (\alpha^3 + \beta^3))$

$\alpha + \beta > 0$ より，両辺を $\alpha + \beta$ でわって，

$1 = k(1 - (\alpha^2 - \alpha\beta + \beta^2))$ ⇔ $k(\alpha^2 - \alpha\beta + \beta^2) = k-1$ $\cdots ③$

②−①より， ← 辺々引く

$\alpha - \beta = k((\beta - \alpha) + (\alpha^3 - \beta^3))$

$\alpha \neq \beta$ より，両辺を $\alpha - \beta$ でわって，

$1 = k(-1 + (\alpha^2 + \alpha\beta + \beta^2))$ ⇔ $k(\alpha^2 + \alpha\beta + \beta^2) = k+1$ $\cdots ④$

③+④より，$\alpha^2 + \beta^2 = 1$ $\cdots ⑤$

④−③より，$\alpha\beta = \dfrac{1}{k}$ $\cdots ⑥$ ← 基本対称式

⑤⑥より，$\alpha + \beta = \sqrt{(\alpha^2 + \beta^2) + 2\alpha\beta} = \sqrt{1 + \dfrac{2}{k}}$ ($\because$ $\alpha, \beta > 0$) ← 基本対称式

α, β を2解とする方程式

$$f(t) = t^2 - \sqrt{1 + \dfrac{2}{k}}\, t + \dfrac{1}{k} = 0$$

← 解と係数

が異なる正の解を2つもつ条件を考えて $\cdots ⑦$

48

$$\begin{cases} D = 1 - \dfrac{2}{k} > 0 \\ 0 < \dfrac{\sqrt{1+\dfrac{2}{k}}}{2} \\ f(0) = \dfrac{1}{k} > 0 \end{cases} \Leftrightarrow k > 2$$

← 解の配置

∴ $k > 2$

解答2

(⑥まで同様)

$\alpha > 0$, $\beta > 0$ で,相加・相乗平均の関係より,
$$\alpha^2 + \beta^2 \geqq 2\sqrt{\alpha^2 \beta^2} = 2\alpha\beta$$

$\alpha \neq \beta$ より,等号は成立しないので,
$$\alpha^2 + \beta^2 > 2\alpha\beta \Leftrightarrow 1 > \dfrac{2}{k} \quad \therefore \quad k > 2$$

解答3

(⑥まで同様)

⑤より,$\alpha = \cos\theta$, $\beta = \sin\theta \left(0 < \theta < \dfrac{\pi}{2},\ \theta \neq \dfrac{\pi}{4}\right)$ とおく.

← 円関数置換

$$\alpha\beta = \cos\theta \sin\theta = \dfrac{1}{2}\sin 2\theta$$

$0 < \theta < \dfrac{\pi}{2}$, $\theta \neq \dfrac{\pi}{4}$ のとき,$0 < \dfrac{1}{2}\sin 2\theta < \dfrac{1}{2}$

$$\therefore \quad 0 < \dfrac{1}{k} < \dfrac{1}{2} \Leftrightarrow k > 2$$

分析

* ①②は辺々を加減してうまく式変形できるようにしている.
* ⑤⑥から基本対称式を用意して,⑦で解の配置問題を考えている.
* 2数の和あるいは積が定数のとき,相加・相乗平均の関係によって,他方の範囲を求めることができる.
* 解答3では円関数置換を利用している.

20 極値の差

難易度：□□□□
時間：15分

a は 0 でない実数とする．関数 $f(x)=(3x^2-4)\left(x-a+\dfrac{1}{a}\right)$ の極大値と極小値の差が最小となる a の値を求めよ．

(1998年　文科)

ポイント

- 極値の差　⇒　極値を具体的に計算する or 定積分を利用． 解答2
- 分数関数の最小値　⇒　相加・相乗平均の関係を利用．
- 2次方程式の2解の差　⇒　2解差の公式（＊参照）を利用．

解答1

$$f(x)=(3x^2-4)\left(x-a+\dfrac{1}{a}\right)=3x^3-3\left(a-\dfrac{1}{a}\right)x^2-4x+4\left(a-\dfrac{1}{a}\right)$$

$$f'(x)=9x^2-6\left(a-\dfrac{1}{a}\right)x-4=\left(3x+\dfrac{2}{a}\right)(3x-2a)$$

極大値と極小値の差は

$$\left|f\left(\dfrac{2}{3}a\right)-f\left(-\dfrac{2}{3a}\right)\right|=\left|\left(\dfrac{4}{3}a^2-4\right)\left(-\dfrac{1}{3}a+\dfrac{1}{a}\right)-\left(\dfrac{4}{3a^2}-4\right)\left(\dfrac{1}{3a}-a\right)\right|$$
　　　　　　　　　　　　　　　　　　　　　　　　　　　　　　← 計算
$$=\dfrac{4}{9}\left|a^3+3a+\dfrac{3}{a}+\dfrac{1}{a^3}\right|=\dfrac{4}{9}\left|\left(a+\dfrac{1}{a}\right)^3\right|=\dfrac{4}{9}\left|a+\dfrac{1}{a}\right|^3$$

$$=\dfrac{4}{9}\left(|a|+\dfrac{1}{|a|}\right)^3$$

相加・相乗平均の関係より，

$$|a|+\dfrac{1}{|a|}\geqq 2\sqrt{|a|\cdot\dfrac{1}{|a|}}=2\ (\text{等号成立は}\ |a|+\dfrac{1}{|a|}\ \Leftrightarrow\ a=\pm 1\ \text{のとき})$$

∴　$a=\pm 1$ のとき，極大値と極小値の差が最小．

解答2

$f'(x)=9x^2-6\left(a-\dfrac{1}{a}\right)x-4=0$ の2実数解を $\alpha,\ \beta(\alpha\leqq\beta)$ とすると，

極大値と極小値の差は

$$|f(\alpha)-f(\beta)|=\left|\int_\beta^\alpha f'(x)dx\right|=\left|\int_\beta^\alpha 9(x-\alpha)(x-\beta)dx\right|=\left|\dfrac{3}{2}(\beta-\alpha)^3\right|\ \cdots ①$$

また，$\beta-\alpha=\dfrac{\sqrt{36\left(a-\dfrac{1}{a}\right)^2+144}}{9}=\dfrac{2}{3}\left|a+\dfrac{1}{a}\right|\ \cdots ②$

← a の分数関数

相加・相乗平均の関係より，

$a>0$ のとき，$a+\dfrac{1}{a} \geqq 2\sqrt{a \cdot \dfrac{1}{a}} = 2$

$a<0$ のとき，$a+\dfrac{1}{a} = -\left((-a)+\left(-\dfrac{1}{a}\right)\right) \leqq -2\sqrt{(-a)\cdot\left(-\dfrac{1}{a}\right)} = -2$

よって，$\dfrac{2}{3}\left|a+\dfrac{1}{a}\right| \geqq \dfrac{4}{3}$（等号成立は $a=\pm 1$ のとき）

∴ $a=\pm 1$ のとき，極大値と極小値の差が最小．

解答 3

$a-\dfrac{1}{a}=u$ とおくと， ← 置換

$$f(x) = (3x^2-4)(x-u) = 3x^3 - 3ux^2 - 4x + 4u, \quad f'(x) = 9x^2 - 6ux - 4$$

$f'(x)=0$ の判別式 D について

$$D/4 = (3u)^2 - 9\times(-4) = 9u^2 + 36 > 0$$

よって，$f'(x)=0$ は異なる 2 つの実数解 $\alpha, \beta\,(\alpha<\beta)$ をもつ．
解と係数の関係から

$$\alpha+\beta = \dfrac{2}{3}u, \quad \alpha\beta = -\dfrac{4}{9}$$

$x=\alpha$ で極大値，$x=\beta$ で極小値をとるので，

$$f(\alpha)-f(\beta) = \int_\beta^\alpha f'(x)dx = 9\int_\beta^\alpha (x-\alpha)(x-\beta)dx = 9\cdot\dfrac{-1}{6}\cdot(\alpha-\beta)^3 = \dfrac{3}{2}(\beta-\alpha)^3$$

ここで

$$(\beta-\alpha)^2 = (\alpha+\beta)^2 - 4\alpha\beta$$
$$= \dfrac{4}{9}u^2 + \dfrac{16}{9} \geqq \dfrac{16}{9}\text{（等号成立は } u=0 \text{ のとき）}$$

$u=0 \Leftrightarrow a=\pm 1$ から，$a=\pm 1$ のとき，極大値と極小値の差が最小．

分析

* 解答 2 ①では，公式

$$\int_\alpha^\beta (x-\alpha)(x-\beta)dx = -\dfrac{1}{6}(\beta-\alpha)^3$$

を用いている．

* 解答 2 ②では，以下の公式を用いている．

「$ax^2+bx+c=0\,(a\neq 0)$ の 2 実解 $\alpha, \beta\,(\alpha\leqq\beta)$ の差は，$\beta-\alpha = \dfrac{\sqrt{D}}{|a|}$（$D$ は判別式）」

* 極大値と極小値の和を考えるときも，解と係数の関係を用いると処理がしやすい．

21 定積分と面積

連立不等式 $y(y-|x^2-5|+4) \leq 0$, $y+x^2-2x-3 \leq 0$ の表す領域を D とする.
(1) D を図示せよ. (2) D の面積を求めよ.

(2007年 文科)

ポイント

- 絶対値を含む不等式 ⇨ 絶対の中身の正負で場合分け.
- $ab \leq 0$ の形の不等式 ⇨ $ab \leq 0$ ⇔ 「$a \geq 0$ かつ $b \leq 0$」または「$a \leq 0$ かつ $b \geq 0$」
- 面積の計算 ⇨ 図形同士の加減を考えて要領よく計算する.

解答1

(1) $y(y-|x^2-5|+4) \leq 0$ …① , $y+x^2-2x-3 \leq 0$ …②
 ① ⇔ ($y \geq 0$ かつ $y-|x^2-5|+4 \leq 0$)
   または ($y \leq 0$ かつ $y-|x^2-5|+4 \geq 0$)
 ⇔ ($y \geq 0$ かつ $y \leq |x^2-5|-4$)
   または ($y \leq 0$ かつ $y \geq |x^2-5|-4$)
$x \leq -\sqrt{5}$, $\sqrt{5} \leq x$ のとき $|x^2-5|-4 = x^2-9$
$-\sqrt{5} < x < \sqrt{5}$ のとき $|x^2-5|-4 = -x^2+1$
であるから, ①の表す領域は, 右図の斜線部 (境界含む).
また, ② ⇔ $y \leq -(x+1)(x-3)$
D は, ①の領域と②の領域の共通部分であり,
$-\sqrt{5} < x < -1$ で $-x^2+1-(-x^2+2x+3) = -2(x+1) > 0$
であることより, 右図の斜線部 (境界含む).

(2) D の面積は
$\displaystyle\int_{-1}^{1}(-x^2+1)dx + \int_{1}^{\sqrt{5}}\{-(-x^2+1)\}dx + \int_{\sqrt{5}}^{3}\{-(x^2-9)\}dx$
$= 2\displaystyle\int_{0}^{1}(1-x^2)dx + \int_{1}^{\sqrt{5}}(x^2-1)dx + \int_{\sqrt{5}}^{3}(9-x^2)dx$
$= 2\left[x-\dfrac{x^3}{3}\right]_0^1 + \left[\dfrac{x^3}{3}-x\right]_1^{\sqrt{5}} + \left[9x-\dfrac{x^3}{3}\right]_{\sqrt{5}}^{3} = 20 - \dfrac{20\sqrt{5}}{3}$

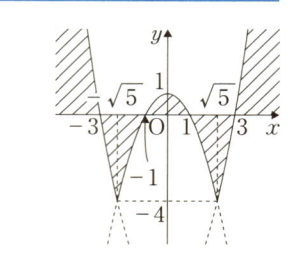

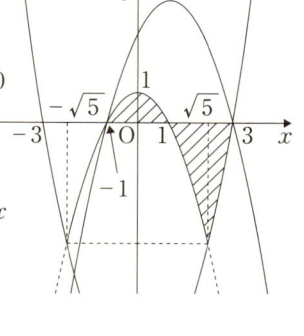

解答2

(2) 面積公式を用いると，
$S_1 = \dfrac{1}{6}(1-(-1))^3 = \dfrac{4}{3}$ …③

$\begin{aligned}
S_2 &= S_{\text{ABC}} - S_3 + S_4 \\
&= \dfrac{1}{2}\cdot 2\cdot 4 - \dfrac{1}{6}(\sqrt{5}-1)^3 + \dfrac{1}{6}(3-\sqrt{5})^3 \\
&= \dfrac{56}{3} - \dfrac{20\sqrt{5}}{3}
\end{aligned}$

∴ D の面積は $20 - \dfrac{20\sqrt{5}}{3}$

解答3

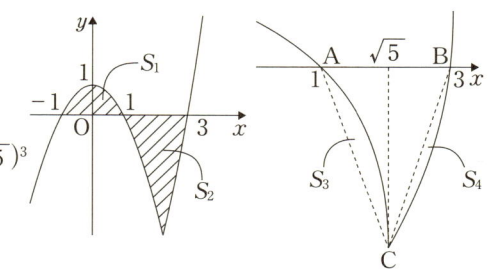

(2) (③まで同様)

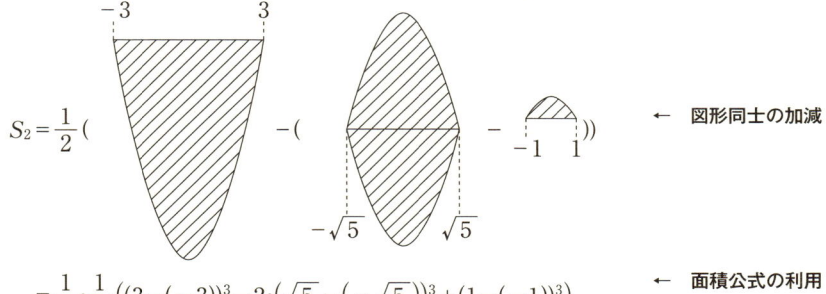

$S_2 = \dfrac{1}{2}($ 　　　 $-($ 　　　 $-$ 　　　 $))$ ← 図形同士の加減

$\begin{aligned}
&= \dfrac{1}{2}\cdot \dfrac{1}{6}\bigl((3-(-3))^3 - 2\cdot(\sqrt{5}-(-\sqrt{5}))^3 + (1-(-1))^3\bigr) \\
&= \dfrac{56}{3} - \dfrac{20\sqrt{5}}{3}
\end{aligned}$ 　　← 面積公式の利用

(以下同様)

分析

* 解答2では，S_{ABC} から S_3 を除き S_4 を加えることで，S_2 を求めている．
  (S_3 と S_4 は面積公式を用いやすく，計算しやすい．)

* 解答3は図形同士の加減を考えることで，S_2 を求めている．

22 共通接線と面積

難易度 / 時間 25分

a を実数とする．

(1) 曲線 $y = \dfrac{8}{27}x^3$ と放物線 $y = (x+a)^2$ の両方に接する直線が x 軸以外に 2 本あるような a の値の範囲を求めよ．

(2) a が (1) の範囲にあるとき，この 2 本の接線と放物線 $y = (x+a)^2$ で囲まれた部分の面積 S を a を用いて表せ．

(1997 年　理科)

ポイント

- 2 曲線の共通接線　⇒　「接線の方程式を $y = ax + b$ と立式する」or「接点をおいて接線の方程式を立式する」
- 3 次関数と 2 次関数　⇒　より高次である $y = \dfrac{8}{27}x^3$ 上の接点を $\left(t, \dfrac{8}{27}t^3\right)$ とおいて，接線の方程式を立式する．
- 放物線と 2 接線で囲まれる部分の面積
  ⇒　2 接点の x 座標に注目して考える．特に基本対称式（解と係数の関係）の利用も意識．

解答

(1) $y = \dfrac{8}{27}x^3$ 上の点 $\left(t, \dfrac{8}{27}t^3\right)$ における接線の方程式は

$$y = \dfrac{8}{9}t^2(x-t) + \dfrac{8}{27}t^3 \iff y = \dfrac{8}{9}t^2 x - \dfrac{16}{27}t^3 \quad \cdots ①$$

① と $y = (x+a)^2$ から

$$(x+a)^2 = \dfrac{8}{9}t^2 x - \dfrac{16}{27}t^3$$

$$\iff x^2 + 2\left(a - \dfrac{4}{9}t^2\right)x + a^2 + \dfrac{16}{27}t^3 = 0 \quad \cdots ②$$

② の判別式を D_1 とすると，

$$D_1/4 = \left(a - \dfrac{4}{9}t^2\right)^2 - a^2 - \dfrac{16}{27}t^3 = 0 \iff t^2(2t^2 - 6t - 9a) = 0$$

① が x 軸となるのは $t = 0$ のときであるから，

$$2t^2 - 6t - 9a = 0 \quad \cdots ③$$

が，0 以外の異なる 2 つの実数解をもつ条件を考える．

③ の判別式を D_2 とすると，

$$D_2/4 = 9 + 18a > 0 \text{ かつ } a \neq 0$$

$$\iff a > -\dfrac{1}{2} \text{ かつ } a \neq 0$$

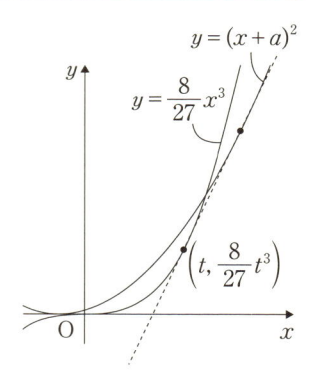

(2) ③の2つの解を $t=t_1$, $t_2(t_1<t_2)$ とし，
放物線 $y=(x+a)^2$ における2つの接点の x 座標を α, $\beta(\alpha<\beta)$ とする．
このとき，②が重解をもつから
$$\alpha = -\left(a-\frac{4}{9}t_1^2\right) = -a+\frac{4}{9}\left(3t_1+\frac{9}{2}a\right) = \frac{4}{3}t_1+a \quad \text{同様に，} \quad \beta = \frac{4}{3}t_2+a$$
ここで，
$$\alpha+\beta = 2(a+2), \quad \alpha\beta = a^2-4a$$
である．

一方，2本の接線の交点の x 座標は
$$\frac{8}{9}t_1^2 x - \frac{16}{27}t_1^3 = \frac{8}{9}t_2^2 x - \frac{16}{27}t_2^3$$
$$\Leftrightarrow \quad x = \frac{2\{(t_1+t_2)^2-t_1 t_2\}}{3(t_1+t_2)}$$
$$= \frac{2\left(3^2+\frac{9}{2}a\right)}{3\cdot 3}$$
$$= a+2 = \frac{\alpha+\beta}{2}$$

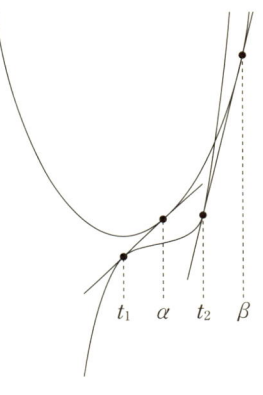

また，
$$(x+a)^2 - \left(\frac{8}{9}t_1^2 x - \frac{16}{27}t_1^3\right) = (x-\alpha)^2, \quad (x+a)^2 - \left(\frac{8}{9}t_2^2 x - \frac{16}{27}t_2^3\right) = (x-\beta)^2$$
であるから
$$S = \int_\alpha^{a+2}(x-\alpha)^2 dx + \int_{a+2}^\beta (x-\beta)^2 dx = \left[\frac{1}{3}(x-\alpha)^3\right]_\alpha^{\frac{\alpha+\beta}{2}} + \left[\frac{1}{3}(x-\beta)^3\right]_{\frac{\alpha+\beta}{2}}^\beta$$
$$= \frac{1}{12}(\beta-\alpha)^3 = \frac{1}{12}\{(\alpha+\beta)^2-4\alpha\beta\}^{\frac{3}{2}}$$
$$= \frac{1}{12}\{4(a+2)^2-4(a^2-4a)\}^{\frac{3}{2}} = \frac{16}{3}(2a+1)^{\frac{3}{2}}$$

分析

* 本問は，非常に図示しにくい問題であり，無理に正確に接線を2本図示しようとせずに，位置関係だけを注意しながら，接点や面積を求めていくことが重要．

* 一般に，右図のような関係が成り立つことを積分計算の際に用いてもよい．

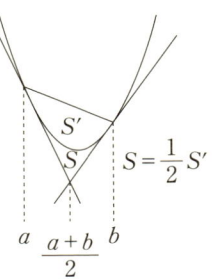

$S = \frac{1}{2}S'$

22 共通接線と面積

23 積分方程式①

2次関数 $f(x) = x^2 + ax + b$ に対して
$$f(x+1) = c\int_0^1 (3x^2 + 4xt)f'(t)dt$$
が x についての恒等式になるような定数 a, b, c の組をすべて求めよ．

(2010年　文科)

ポイント

- 積分計算 ⇨ 被積分関数の式において，積分変数と定数の区別に注意する．
- 「恒等式になる」 ⇨ 等式を導いて，右辺と左辺の係数を比較することで条件式を導く．

解答

$f(x) = x^2 + ax + b$ であるから

$$f(x+1) = (x+1)^2 + a(x+1) + b = x^2 + (a+2)x + a + b + 1$$

$$\int_0^1 (3x^2 + 4xt)f'(t)dt = \int_0^1 (3x^2 + 4xt)(2t + a)dt$$
$$= \int_0^1 \{8xt^2 + (6x^2 + 4ax)t + 3ax^2\}dt \quad \leftarrow 積分計算$$
$$= \left[\frac{8}{3}xt^3 + (3x^2 + 2ax)t^2 + 3ax^2 t\right]_0^1$$
$$= 3(a+1)x^2 + \left(2a + \frac{8}{3}\right)x$$

$f(x+1) = c\int_0^1 (3x^2 + 4xt)f'(t)dt$ が x についての恒等式であるから

$$\begin{cases} 3(a+1)c = 1 & \cdots ① \\ \left(2a + \dfrac{8}{3}\right)c = a + 2 & \cdots ② \\ 0 = a + b + 1 & \cdots ③ \end{cases}$$

← 係数比較

②×3−①×2 から

$$2c = 3a + 4 \quad \cdots ④$$

これと①より

$$3(a+1)(3a+4) = 2$$
$$\Leftrightarrow \quad 9a^2 + 21a + 10 = 0$$
$$\Leftrightarrow \quad (3a+2)(3a+5) = 0$$
$$\therefore \quad a = -\frac{2}{3}, \ -\frac{5}{3} \quad \cdots ⑤$$

③, ④, ⑤から

$$a = -\frac{2}{3} \text{ のとき} \quad b = -\frac{1}{3}, \ c = 1$$

$$a = -\frac{5}{3} \text{ のとき} \quad b = \frac{2}{3}, \ c = -\frac{1}{2}$$

$$\therefore \quad (a, b, c) = \left(-\frac{2}{3}, -\frac{1}{3}, 1\right), \ \left(-\frac{5}{3}, \frac{2}{3}, -\frac{1}{2}\right)$$

分析

* 東京大学の数学（文科）では，本問のような定積分に関する計算問題が頻出であることに，十分に注意しておきたい．本問のような問題で，大学側は受験生に対して，

「正確で迅速な数式処理能力」

を問うていると思われる．

24 積分方程式②

難易度
時間 10分

x の 3 次関数 $f(x) = ax^3 + bx^2 + cx + d$ が，3 つの条件

$$f(1) = 1, \quad f(-1) = -1, \quad \int_{-1}^{1}(bx^2 + cx + d)dx = 1$$

をすべて満たしているとする．このような $f(x)$ の中で定積分

$$I = \int_{-1}^{\frac{1}{2}}\{f''(x)\}^2 dx$$

を最小にするものを求め，そのときの I の値を求めよ．ただし，$f''(x)$ は $f'(x)$ の導関数を表す．

(2011 年　文科)

ポイント

- $f''(x)$ ⇨ $f''(x)$ は $f'(x)$ をさらに微分したもの．（$f''(x)$ は $f(x)$ の「2次導関数」という）
- 定積分の計算 ⇨ 積分変数と文字定数の区別に注意して計算する．
- 定積分の表現 ⇨ 出来る限り図形的意味を考えてみる．
  （ただし，本問の場合は図形的意味が捉えにくいので数式処理に集中する）

解答

$f(1) = 1$, $f(-1) = -1$ から

$$a + b + c + d = 1 \quad \cdots ①$$
$$-a + b - c + d = -1 \quad \cdots ②$$

$$\int_{-1}^{1}(bx^2 + cx + d)dx = 2\int_{0}^{1}(bx^2 + d)dx$$

← 偶奇関数

$$= 2\left[\frac{b}{3}x^3 + dx\right]_{0}^{1}$$

$$= 2\left(\frac{b}{3} + d\right) = \frac{2}{3}b + 2d = 1 \quad \cdots ③$$

① + ② から

$$2b + 2d = 0 \quad \cdots ④$$

③，④ を解くと

$$b = -\frac{3}{4}, \quad d = \frac{3}{4}$$

① - ② から

$$2a + 2c = 2 \quad \Leftrightarrow \quad c = 1 - a$$

58

よって

$$f(x) = ax^3 - \frac{3}{4}x^2 + (1-a)x + \frac{3}{4}$$

$$f'(x) = 3ax^2 - \frac{3}{2}x + 1 - a$$

$$f''(x) = 6ax - \frac{3}{2}$$

$\{f''(x)\}^2 = 36a^2x^2 - 18ax + \dfrac{9}{4}$ であるから

$$I = \int_{-1}^{\frac{1}{2}} \{f''(x)\}^2 dx$$

$$= \left[12a^2x^3 - 9ax^2 + \frac{9}{4}x\right]_{-1}^{\frac{1}{2}}$$

$$= 12a^2\left(\frac{1}{8}+1\right) - 9a\left(\frac{1}{4}-1\right) + \frac{9}{4}\left(\frac{1}{2}+1\right)$$

$$= \frac{27}{2}a^2 + \frac{27}{4}a + \frac{27}{8} = \frac{27}{2}\left(a+\frac{1}{4}\right)^2 + \frac{81}{32}$$

← 積分計算

よって，

$$I は a = -\frac{1}{4} のとき最小値 \frac{81}{32}$$

このとき

$$f(x) = -\frac{1}{4}x^3 - \frac{3}{4}x^2 + \frac{5}{4}x + \frac{3}{4}$$

分析

* （本問では，直接的には無関係だが）一般に，$f''(x)$ の正負を考えることで，$y = f(x)$ の凸性を調べることができる．

 たとえば，3次関数 $y = f(x)$ に関しては，$f''(x) = 0$ となるような x で，その前後で $f''(x)$ の正負が変化するような点を変曲点といい，その点の前後でグラフの凸性が入れ替わる．

 また，一般の3次関数のグラフで右図のような等間隔性が成り立つ．

 この事実を用いることで共有点の扱いなどについて，要領よく考えられることも多い．

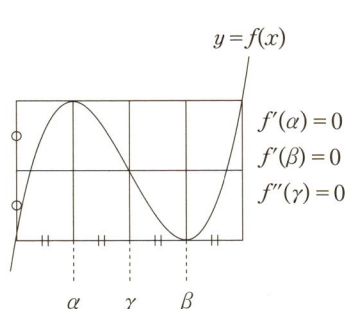

$y = f(x)$
$f'(\alpha) = 0$
$f'(\beta) = 0$
$f''(\gamma) = 0$

24 積分方程式②

25 定積分と関数①

2次以下の整式 $f(x) = ax^2 + bx + c$ に対し，$S = \int_0^2 |f'(x)| dx$ を考える．
(1) $f(0) = 0$, $f(2) = 2$ のとき S を a の関数として表せ．
(2) $f(0) = 0$, $f(2) = 2$ を満たしながら f が変化するとき，S の最小値を求めよ．

(2009年　文科)

ポイント

- 定積分の計算　⇨　できる限り面積と捉える．
- 被積分関数に絶対値が含まれる　⇨　折れ曲がる点に注意してグラフを考える．
- 変数は a, b, c の3つ，条件式は $f(0) = 0$, $f(2) = 2$ の2つ
  ⇨　2変数を消去して，1つの変数に統一できる．

解答

(1) $f(0) = 0$, $f(2) = 2$ より，$c = 0$, $4a + 2b + c = 2$ ∴ $b = -2a + 1$, $c = 0$

$$f(x) = ax^2 + (-2a+1)x, \quad f'(x) = 2a(x-1) + 1$$

$y = f'(x)$ のグラフは点 $(1, 1)$ を通る傾き $2a$ の直線．また，

$$f'(0) = 1 - 2a, \quad f'(2) = 1 + 2a$$

(i) $a \leq -\dfrac{1}{2}$ のとき　$f'(0) > 0$, $f'(2) \leq 0$

$f'(x) = 0$ とすると　$x = 1 - \dfrac{1}{2a}$

∴ $S = \int_0^2 |f'(x)| dx$

$= \dfrac{1}{2}\left(1 - \dfrac{1}{2a}\right)(1-2a) + \dfrac{1}{2}\left\{2 - \left(1 - \dfrac{1}{2a}\right)\right\}(-1-2a)$

$= -\dfrac{(2a-1)^2}{4a} - \dfrac{(2a+1)^2}{4a} = -\dfrac{4a^2+1}{2a}$

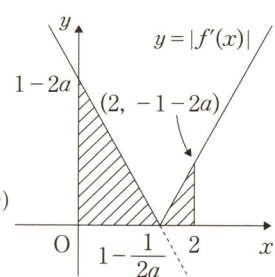

(ii) $-\dfrac{1}{2} < a < \dfrac{1}{2}$ のとき　$f'(0) > 0$, $f'(2) > 0$

∴ $S = \int_0^2 |f'(x)| dx$

$= \dfrac{1}{2}\{(1-2a) + (1+2a)\} \times 2 = 2$

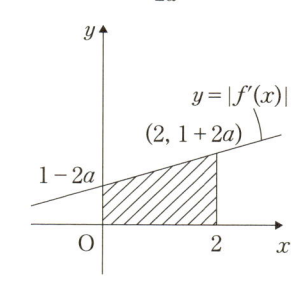

(iii) $a \geqq \dfrac{1}{2}$ のとき $f'(0) \leqq 0$, $f'(2) > 0$

（ i ）と同様に，
$$S = \dfrac{1}{2}\left(1 - \dfrac{1}{2a}\right)(2a-1) + \dfrac{1}{2}\left\{2 - \left(1 - \dfrac{1}{2a}\right)\right\}(1+2a)$$
$$= \dfrac{(2a-1)^2}{4a} + \dfrac{(2a+1)^2}{4a} = \dfrac{4a^2+1}{2a}$$

$$\therefore\ S = \begin{cases} -\dfrac{4a^2+1}{2a} & \left(a \leqq -\dfrac{1}{2}\right) \\ 2 & \left(-\dfrac{1}{2} < a < \dfrac{1}{2}\right) \\ \dfrac{4a^2+1}{2a} & \left(a \geqq \dfrac{1}{2}\right) \end{cases}$$

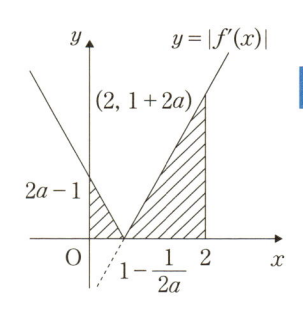

(2) a の関数 S は偶関数．よって，$a \geqq 0$ だけ考えれば十分．

$a \geqq \dfrac{1}{2}$ のとき
$$S = \dfrac{4a^2+1}{2a} = 2a + \dfrac{1}{2a}　　　　　← 分数関数$$

相加・相乗平均の関係から
$$2a + \dfrac{1}{2a} \geqq 2\sqrt{2a \cdot \dfrac{1}{2a}} = 2$$

（等号成立は $2a = \dfrac{1}{2a}\ \Leftrightarrow\ a = \dfrac{1}{2}\ \left(\because\ a \geqq \dfrac{1}{2}\right)$ のとき）

$0 \leqq a < \dfrac{1}{2}$ のとき $S = 2$

$\therefore\ S$ の最小値は $2\left(-\dfrac{1}{2} \leqq a \leqq \dfrac{1}{2}\right)$．

分析

* 本問は，定積分を面積と認識することで，計算が簡単になり，変化を捉えやすくなる．このように被積分関数が絶対値を含むとき，定積分を面積計算と捉えると理解しやすいことが多い．

26 定積分と関数②

難易度 ☐☐
時間 10分

$0 \leq \alpha \leq \beta$ を満たす実数 α, β と，2 次式 $f(x) = x^2 - (\alpha + \beta)x + \alpha\beta$ について，
$$\int_{-1}^{1} f(x)dx = 1$$
が成立しているとする．このとき定積分
$$S = \int_{0}^{\alpha} f(x)dx$$
を α の式で表し，S がとりうる値の最大値を求めよ． (2008年 文科)

ポイント

・原点対称区間の定積分 $\Rightarrow$ 偶関数・奇関数の性質を用いて，要領よく計算する．

  ($f(x)$:偶関数のとき $\int_{-a}^{a} f(x)dx = 2\int_{0}^{a} f(x)dx$, $f(x)$:奇関数のとき $\int_{-a}^{a} f(x)dx = 0$)

・「$S = \int_{0}^{\alpha} f(x)dx$ を α の式で表し」

  $\Rightarrow$ $\int_{-1}^{1} f(x)dx = 1$ の条件を利用して，β を消去する．

・S の最大値 $\Rightarrow$ α の範囲に注意して，$S = g(\alpha)$ の最大値を微分法などを用いて考える．

解答

$$\int_{-1}^{1} f(x)dx = \int_{-1}^{1} \{x^2 - (\alpha+\beta)x + \alpha\beta\}dx$$
$$= 2\int_{0}^{1} (x^2 + \alpha\beta)dx \quad \leftarrow \text{偶奇関数}$$
$$= 2\left[\frac{1}{3}x^3 + \alpha\beta x\right]_{0}^{1} = 2\left(\frac{1}{3} + \alpha\beta\right)$$

$\int_{-1}^{1} f(x)dx = 1$ から

$$2\left(\frac{1}{3} + \alpha\beta\right) = 1 \iff \alpha\beta = \frac{1}{6} \quad \cdots ①$$

このとき

$$S = \int_{0}^{\alpha} \{x^2 - (\alpha+\beta)x + \alpha\beta\}dx$$
$$= \left[\frac{1}{3}x^3 - \frac{1}{2}(\alpha+\beta)x^2 + \alpha\beta x\right]_{0}^{\alpha}$$
$$= \frac{1}{3}\alpha^3 - \frac{1}{2}(\alpha^2 + \alpha\beta)\alpha + \alpha\beta\alpha$$

①より
$$S = -\frac{1}{6}\alpha^3 + \frac{1}{12}\alpha \quad \cdots ②$$

① $\Leftrightarrow$ $\beta = \dfrac{1}{6\alpha}$ と与条件 $0 \leq \alpha \leq \beta$ から

$$0 < \alpha \leq \frac{1}{6\alpha}$$

$$\therefore \quad 0 < \alpha \quad かつ \quad \alpha^2 \leq \frac{1}{6}$$

$$\therefore \quad 0 < \alpha \leq \frac{1}{\sqrt{6}} \quad \cdots ③$$

②から α の関数 $S = g(\alpha) = -\dfrac{1}{6}\alpha^3 + \dfrac{1}{12}\alpha$ とすると,

$$g'(\alpha) = -\frac{1}{2}\alpha^2 + \frac{1}{12}$$
$$= \frac{1}{12}(1 - 6\alpha^2)$$

③の範囲において
$$g'(\alpha) \geq 0$$
よって, S は③の範囲で単調増加.

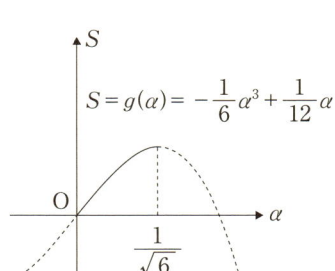

S は $\alpha = \dfrac{1}{\sqrt{6}}$ のとき最大となり, 最大値は

$$g\left(\frac{1}{\sqrt{6}}\right) = -\frac{1}{6}\left(\frac{1}{\sqrt{6}}\right)^3 + \frac{1}{12} \cdot \frac{1}{\sqrt{6}}$$
$$= \frac{\sqrt{6}}{108}$$

分析

* 一般に, 2文字の条件式を用いて, 文字消去を行うとき, 元の文字の値の範囲などについての条件を, 忘れないように付加して考えていくことに注意したい. (解答③部分)

26 定積分と関数② 63

27 定積分と関数③

a, b, c を実数とし，$a \neq 0$ とする．2次関数 $f(x) = ax^2 + bx + c$ が次の条件(A)，(B) を満たすとする．

(A) $f(-1) = -1$, $f(1) = 1$, $f'(1) \leq 6$

(B) $-1 \leq x \leq 1$ を満たすすべての x に対し，$f(x) \leq 3x^2 - 1$

このとき，積分 $I = \int_{-1}^{1} \{f'(x)\}^2 dx$ の値のとりうる範囲を求めよ． (2003年 文科)

ポイント

・「$f(-1) = -1$, $f(1) = 1$, $f'(1) \leq 6$」
 ⇨ a, b, c を用いて表現して，a の範囲に帰着させる．
・「$-1 \leq x \leq 1$ を満たすすべての x に対し，$f(x) \leq 3x^2 - 1$」
 ⇨ $g(x) = 3x^2 - 1 - f(x)$ と設定して，$y = g(x)$ のグラフと x 軸の位置関係を考える．

解答

条件から

$$f(-1) = -1 \Leftrightarrow a - b + c = -1 \quad \cdots ①$$
$$f(1) = 1 \Leftrightarrow a + b + c = 1 \quad \cdots ②$$

①，②から $b = 1$, $c = -a$ より，

$$f(x) = ax^2 + x - a, \quad f'(x) = 2ax + 1$$

条件から

$$f'(1) \leq 6 \Leftrightarrow 2a + 1 \leq 6$$
$$\therefore \quad a \leq \frac{5}{2} \quad \cdots ③$$

$g(x) = 3x^2 - 1 - f(x) = (3-a)x^2 - x + a - 1$ とする．
③から $3 - a > 0$ なので，$y = g(x)$ は下に凸．
$y = g(x)$ のグラフの軸は

$$x = \frac{1}{2(3-a)}$$

$a \leq \frac{5}{2}$ より

$$0 < \frac{1}{2(3-a)} \leq 1$$

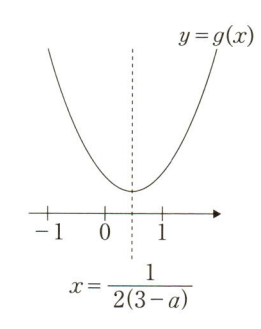

64

よって，
$$-1 \leq x \leq 1 \text{ においてつねに } g(x) \geq 0$$
となる条件は
$g(x)=0$ の判別式を D として
$$D = 1 - 4(3-a)(a-1) \leq 0$$
$$\Leftrightarrow 4a^2 - 16a + 13 \leq 0$$
$$\Leftrightarrow 2 - \frac{\sqrt{3}}{2} \leq a \leq 2 + \frac{\sqrt{3}}{2} \quad \cdots ④$$

③④より，
$$2 - \frac{\sqrt{3}}{2} \leq a \leq \frac{5}{2} \quad \cdots ⑤$$

また
$$I = \int_{-1}^{1} (2ax+1)^2 \, dx$$
$$= 2\int_{0}^{1} (4a^2 x^2 + 1) \, dx = \frac{8}{3}a^2 + 2 \quad \cdots ⑥$$

← 偶奇関数

⑤から
$$\frac{8}{3}\left(2 - \frac{\sqrt{3}}{2}\right)^2 + 2 \leq I \leq \frac{8}{3}\left(\frac{5}{2}\right)^2 + 2$$
$$\therefore \quad \frac{44 - 16\sqrt{3}}{3} \leq I \leq \frac{56}{3}$$

分析

* ③の部分は，頂点の y 座標を具体的に求めて，
$$g\left(\frac{1}{2(3-a)}\right) = a - 1 - \frac{1}{4(3-a)} \geq 0$$
$$\Leftrightarrow 4(3-a)(a-1) - 1 \geq 0 \quad (\because \ 3-a > 0) \quad \Leftrightarrow \quad 2 - \frac{\sqrt{3}}{2} \leq a \leq 2 + \frac{\sqrt{3}}{2}$$
と導いてもよい．

* ③④から⑤を導くとき，$1 < \sqrt{3}$ より，$\frac{5}{2} < 2 + \frac{\sqrt{3}}{2}$ を考えている．

* ⑥では，偶関数・奇関数の性質を用いて，積分計算を行っている．

28 図形量と微積分

難易度 ☐☐☐
時間 15分

図のように底面の半径 1, 上面の半径 $1-x$, 高さ $4x$ の直円錐台 A と, 底面の半径 $1-\dfrac{x}{2}$, 上面の半径 $\dfrac{1}{2}$, 高さ $1-x$ の直円錐台 B がある. ただし, $0 \leqq x \leqq 1$ である. A と B の体積の和を $V(x)$ とするとき, $V(x)$ の最大値を求めよ.

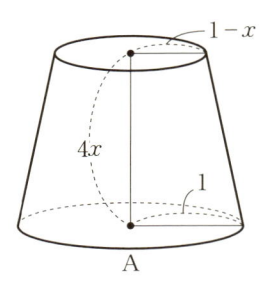

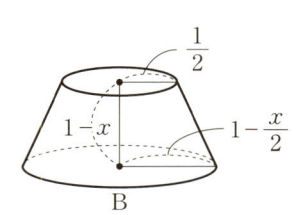

(2000年 文科)

ポイント

- 円錐台の体積 ⇨ 円錐台の体積公式を作って考える.
- 円錐台 ⇨ 直円錐から直円錐を除いたものと考え, 相似比を利用する.
- 体積を関数と考える ⇨ 変域に注意して最大最小を考える.

解答

直円錐台を, 直円錐同士の引き算で考える.
一般に右図のような直円錐台において
$$a : b = (c+d) : d \iff d = \dfrac{bc}{a-b}$$
直円錐台の体積は
$$\begin{aligned}\dfrac{1}{3}\pi\{a^2(c+d)-b^2 d\} &= \dfrac{1}{3}\pi\{a^2 c+(a^2-b^2)d\} \\ &= \dfrac{1}{3}\pi\{a^2 c+(a+b)bc\} \\ &= \dfrac{\pi}{3}c(a^2+ab+b^2) \quad \cdots ①\end{aligned}$$

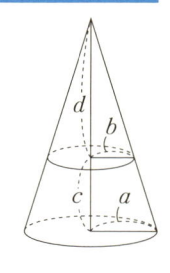

①を用いて

$$\therefore V(x) = \frac{\pi}{3} \cdot 4x\{1^2 + 1\cdot(1-x) + (1-x)^2\} + \frac{\pi}{3}(1-x)\left\{\left(1-\frac{x}{2}\right)^2 + \left(1-\frac{x}{2}\right)\cdot\frac{1}{2} + \left(\frac{1}{2}\right)^2\right\}$$

$$= \frac{4}{3}\pi(x^3 - 3x^2 + 3x) + \frac{\pi}{12}(-x^3 + 6x^2 - 12x + 7)$$

$$= \frac{\pi}{12}(15x^3 - 42x^2 + 36x + 7)$$

$$V'(x) = \frac{\pi}{12}(45x^2 - 84x + 36)$$

$$= \frac{\pi}{4}(3x-2)(5x-6)$$

x	0	$\cdots$	$\frac{2}{3}$	$\cdots$	1
$V'(x)$		+	0	−	
$V(x)$		↗	最大	↘	

$\therefore$ $V(x)$ は $x = \dfrac{2}{3}$ のとき最大

$\therefore$ 最大値は

$$V\left(\frac{2}{3}\right) = \frac{\pi}{12}\left\{15\left(\frac{2}{3}\right)^3 - 42\left(\frac{2}{3}\right)^2 + 36\cdot\frac{2}{3} + 7\right\} = \frac{151}{108}\pi$$

分析

* 解答のように円錐台の体積公式を作ることをせず，それぞれの体積を計算して考えても良い．

28 図形量と微積分

29 図形量と存在条件

難易度 ■■□□□
時間 20分

1つの頂点から出る3辺の長さが x, y, z であるような直方体において, x, y, z の和が 6, 全表面積が 18 であるとき,
(1) x のとりうる値の範囲を求めよ.
(2) このような直方体の体積の最大値を求めよ. (1962年 文理共通)

ポイント

- x, y, z の条件 ⇨ 題意にそって立式. $0<x<6$, $0<y<6$, $0<z<6$ に注意.
- ある変数のとりうる値の範囲 ⇨ 残りの変数の存在条件から考える.
- 3文字の基本対称式 ⇨ 3次方程式の解と係数の関係の利用を考える.

解答

(1) $x+y+z=6$ …① $\Leftrightarrow$ $z=6-x-y$ …②

$2xy+2yz+2zx=18$ $\Leftrightarrow$ $xy+yz+zx=9$ …③

②を③に代入して, $y^2+(x-6)y+x^2-6x+9=0$ …④

y は $0<y<6$ の実数であるから, ④を y の方程式 $f(y)=0$ とみたとき,
$0<y<6$ の範囲に少なくとも1つ実数解をもつ条件を考える. …⑤

(i) 1つもつとき(重複を含まない).

$f(0) \cdot f(6) = (x-3)^2(x^2+9) < 0$ これをみたす実数 x は存在しない.

(ii) 2つ(重解含む)もつとき.

$$\begin{cases} D = -3x(x-4) \geq 0 \\ 0 < -\dfrac{x-6}{2} < 6 \\ f(0) = x^2-6x+9 = (x-3)^2 > 0 \land f(6) = x^2+9 > 0 \end{cases}$$

← 解の配置

$\Leftrightarrow$ $0 \leq x < 3$, $3 < x \leq 4$

(i)(ii)より, $0<x<6$ とあわせて $0<x<3$, $3<x\leq 4$

(2) $xyz = V$ とすると，①③とあわせて，

$$\begin{cases} x+y+z=6 \\ xy+yz+zx=9 \\ xyz=V \end{cases}$$ ← 解と係数

よって，x, y, z は，
$$s^3 - 6s^2 + 9s - V = 0 \quad \cdots ⑥$$
の3つの正の実数解．

$$⑥ \Leftrightarrow s^3 - 6s^2 + 9s = V \quad \cdots ⑦$$

$g(s) = s^3 - 6s^2 + 9s$ として，
$t = g(s)$ のグラフと $t = V$ のグラフの共有点を考える．

$0 < x < 6$, $0 < y < 6$, $0 < z < 6$ より，
3つの共有点全ての s 座標が $0 < s < 6$ の範囲になるような k の範囲を考える．
グラフから，$0 < V < 4$

∴ 体積の最大値は 4

分析

* ⑤では，2次方程式の解の配置問題を考えている．

* ⑥は，3次方程式の解の係数の関係から，3次方程式を復元している．

* ⑦では「定数分離」を行っている．
$$(共有点の s 座標) = (実数解 x, y, z の値)$$
であることに注意する．

30 4次関数の決定

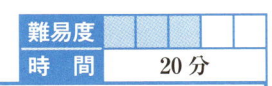

a, b, c を整数，p, q, r を $p<0<q<1<r<2$ を満たす実数とする．関数 $f(x)=x^4+ax^3+bx+c$ が次の条件（ⅰ）（ⅱ）を満たすように a, b, c, p, q, r を定めよ．

（ⅰ） $f(x)=0$ は 4 個の異なる実数解をもつ．
（ⅱ） 関数 $f(x)$ は $x=p, q, r$ において極値をとる．

(1990年 文科)

ポイント

・極値をとるときの x の値 ⇒ 導関数のグラフの概形を考える．
・4 次関数の係数決定 ⇒ 極値の正負条件などから絞り込む．
・不等式と整数条件 ⇒ 「領域」内の「格子点」として捉える．

解答

$f(x)=x^4+ax^3+bx+c$ より，$f'(x)=4x^3+3ax^2+b$ …①
$x=p, q, r$ で極値をとるので，
$$f'(x)=4(x-p)(x-q)(x-r) \text{ とおける．}$$

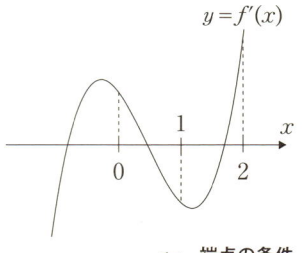

$p<0<q<1<r<2$ より，
$$\begin{cases} f'(0)=-4pqr>0 \\ f'(1)=4(1-p)(1-q)(1-r)<0 \\ f'(2)=4(2-p)(2-q)(2-r)>0 \end{cases}$$

① より，
$$\begin{cases} f'(0)=b>0 \\ f'(1)=3a+b+4<0 \\ f'(2)=12a+b+32>0 \end{cases}$$

これを ab 平面で図示すると，
右図の斜線部（境界含まない）．

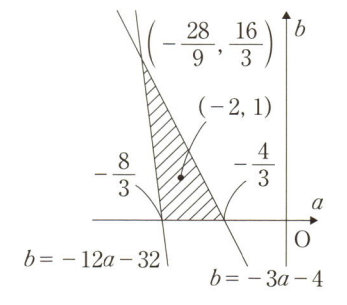

a, b は整数なので，
領域内の格子点を探すと，$(-2, 1)$ のみ． …②

このとき①より，

$$f'(x) = 4x^3 - 6x^2 + 1 = (2x-1)(2x^2 - 2x - 1)$$
$$= 4\left(x - \frac{1-\sqrt{3}}{2}\right)\left(x - \frac{1}{2}\right)\left(x - \frac{1+\sqrt{3}}{2}\right) \quad \cdots ③$$

$f(x) = 0$ が 4 個の異なる実数解をもつので，

$$\begin{cases} f\left(\dfrac{1-\sqrt{3}}{2}\right) = c - \dfrac{1}{4} < 0 \\ f\left(\dfrac{1}{2}\right) = c + \dfrac{5}{16} > 0 \\ f\left(\dfrac{1+\sqrt{3}}{2}\right) = c - \dfrac{1}{4} < 0 \end{cases} \quad \cdots ④$$

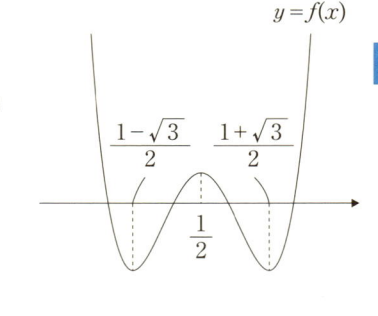

④より，$-\dfrac{5}{16} < c < \dfrac{1}{4}$.

c は整数なので，$c = 0$
このとき十分性もみたしているので，
以上より，

$$a = -2, \ b = 1, \ c = 0,$$
$$p = \frac{1-\sqrt{3}}{2}, \ q = \frac{1}{2}, \ r = \frac{1+\sqrt{3}}{2}$$

x	$\cdots$	$\dfrac{1-\sqrt{3}}{2}$	$\cdots$	$\dfrac{1}{2}$	$\cdots$	$\dfrac{1+\sqrt{3}}{2}$	$\cdots$
$f'(x)$	$-$	0	$+$	0	$-$	0	$+$
$f(x)$	↘	極小	↗	極大	↘	極小	↗

← 十分性 Check

分析

* ②に関しては，領域を用いずに不等式を同値変形していくことでも求まる．

* ③の式変形は，因数定理と解の公式を利用して因数分解している．

* ④に関しては，極小値をとる x の値 α は，$2\alpha^2 - 2\alpha - 1 = 0$ が成り立つことから，整式の除法を実行して，

$$f(\alpha) = \alpha^4 - 2\alpha^3 + \alpha + 1 = (2\alpha^2 - 2\alpha - 1)\left(\frac{\alpha^2}{2} - \frac{\alpha}{2} - \frac{1}{4}\right) + c - \frac{1}{4} = c - \frac{1}{4}$$

と計算してもよい．

31 4次関数と定積分

難易度　時間 20分

$0 \leq t \leq 2$ の範囲にある t に対し，方程式 $x^4-2x^2-1+t=0$ の実数解のうち最大のものを $g_1(t)$，最小のものを $g_2(t)$ とおく．$\int_0^2 (g_1(t)-g_2(t))dt$ を求めよ．

(1993年　文科)

ポイント

- 「$x^4-2x^2-1+t=0$ の実数解」
  ⇨ 定数分離を用いて，$y=-x^4+2x^2+1$ と $y=t$ の共有点の x 座標を考える．
- $S = \int_0^2 (g_1(t)-g_2(t))dt$
  ⇨ $S = \int_0^2 (g_1(t)-g_2(t))dt$ の意味を考えることで面積計算に帰着させる．
- 面積計算　⇨　出来る限り図形同士の加減を用いて，要領よく計算する．

解答 1

$x^4-2x^2-1+t=0 \iff -x^4+2x^2+1 = t$

$f(x)=-x^4+2x^2+1$ とする．

$f'(x) = -4x^3+4x$
$\quad\quad = -4x(x+1)(x-1)$

また，$-x^4+2x^2+1=0$ において $t=x^2$ とすると，

$t = 1+\sqrt{2} \quad (\because t \geq 0)$

$\therefore \quad x = \pm\sqrt{1+\sqrt{2}} \quad \cdots ①$

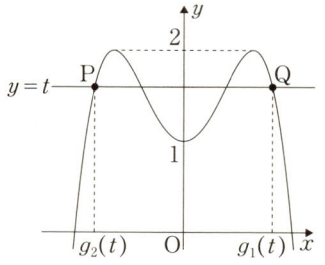

$y=f(x)$ と $y=t$ の共有点のうち，

一番左の点の x 座標が $g_2(t)$

一番右の点の x 座標が $g_1(t)$

となるので，

線分 PQ の長さ $g_1(x)-g_2(x)$ を積分した

$\int_0^2 (g_1(t)-g_2(t))dt$ は，右図の斜線部の面積 S を表す．

$\cdots ②$

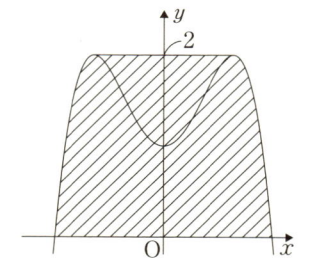

$S = \int_0^2 (g_1(t)-g_2(t))dt$

t	$\cdots$	-1	$\cdots$	0	$\cdots$	1	$\cdots$
$f'(x)$	$-$	0	$+$	0	$-$	0	$+$
$f(x)$	↗	2	↘	1	↗	2	↘

対称性と長方形に注目して，

$$\begin{aligned}
S &= \int_0^2 (g_1(t) - g_2(t))dt \\
&= 2\left(1 \cdot 2 + \int_1^{\sqrt{1+\sqrt{2}}} f(x)dx\right) \\
&= 4 + 2\left[-\frac{x^5}{5} + \frac{2}{5}x^3 + x\right]_1^{\sqrt{1+\sqrt{2}}} \\
&= \frac{8}{15}((16 + 4\sqrt{2})\sqrt{1+\sqrt{2}} - 22)
\end{aligned}$$

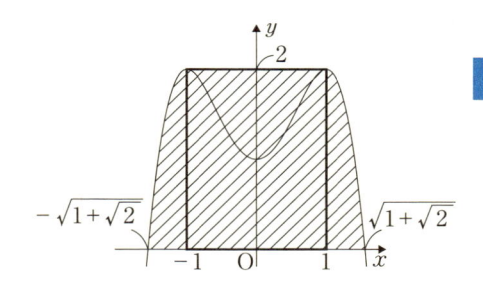

解答 2

(①まで解答 1 と同様)

面積公式を用いると，

$$\begin{aligned}
S &= \int_0^2 (g_1(t) - g_2(t))dt \\
&= \int_{-\sqrt{1+\sqrt{2}}}^{\sqrt{1+\sqrt{2}}} f(x)dx + \frac{1}{30}(1-(-1))^5 \quad \cdots ③ \qquad \leftarrow * \\
&= 2\left[-\frac{x^5}{5} + \frac{2}{3}x^3 + x\right]_0^{\sqrt{1+\sqrt{2}}} + \frac{16}{15} \qquad\qquad \leftarrow 偶奇関数 \\
&= \frac{8}{15}((16 + 4\sqrt{2})\sqrt{1+\sqrt{2}} - 22)
\end{aligned}$$

分析

* ②は，「線分を集めたものが面積である」という，定積分によって面積を求める原理を考えている．

* ③は以下の面積公式を用いている．
  一般に，4次関数のグラフと接線で囲まれる部分の面積 S は，

  $$S = \frac{|a|}{30}(\beta - \alpha)^5$$

  で求めることができる．

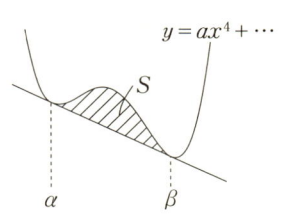

§2 微積分　解説

傾向・対策

「微積分」分野は，圧倒的に典型問題が多く，難易度の面でも文科の4問の中で最も低く安定しています．そのため，得点源として期待できるとともに，合格のためには絶対に落とせない問題となる傾向があります．教科書の単元では「微分法・積分法（数Ⅱ）」を中心にしながら，問題によっては他の単元も関連してくることもあります．基本的に，発想力が必要となることは珍しく，正確に計算さえすれば自動的に解けてしまうような問題も少なくないです．計算量の面で負荷が与えられることもあるので，「要領の良い計算方法」は，日常的に常に意識しておきたいところです．具体的には「定積分で表される方程式（積分方程式）」や「関数の最大最小に関する問題」の出題が多いといえます．

　対策としては，典型問題を通して，日頃から要領の良い計算や処理を心がけることです．具体的には，「偶関数・奇関数の特徴」「3次関数のグラフの等間隔性」「面積公式」の有効利用などが挙げられます．各問題，まずは公式等を積極的に使って"最短距離"で答えを導いた後，時間の許すかぎり，敢えて公式等を使わない愚直な方法で検算する，という方法で正答を確実にするというのも有用な戦略といえます．また，グラフの概形における対称性や図形的性質を日常的に意識しておくことも，"最短距離"の解法を見定める上で重要となってきます．グラフを描くときは，反射的に極値を求め，漫然と描くのではなく，その問題においてどこが重要となってくるか，を考えながら要点を絞ったグラフを描けるようにしておいてください．

学習のポイント

・典型問題を通して要領の良い計算法の習得する．
・面積公式を積極的に有効に利用する．
・グラフの対称性・図形的性質を利用して解く．
・最大最小問題に日頃から十分に慣れておく．
・他単元との融合問題にも対応できるように意識する．

§3　図形

	内容	出題年	難易度	時間
32	初等幾何	1968 年	■□□□	10 分
33	点の動く領域	1982 年	■■□□	15 分
34	円に内接する四角形	2006 年	■■□□	20 分
35	円周率の評価	2003 年	■■■□	25 分
36	立体図形の計量①	1986 年	■■□□	15 分
37	立体図形の計量②	1983 年	■■□□	10 分
38	立体図形の計量③	2001 年	■■□□	20 分
39	立体図形の計量④	1998 年	■■■□	25 分
40	図形量の比	1983 年	■■■□	25 分
41	立体図形の性質	1996 年	■■■■	30 分
42	図形と座標①	1966 年	■□□□	5 分
43	図形と座標②	1970 年	■■□□	10 分
44	座標の設定	1985 年	■■□□	20 分
45	接する複数の円	2009 年	■■□□	15 分
46	円と図形量	1996 年	■■□□	15 分
47	図形量の最大最小①	2010 年	■■□□	10 分
48	図形量の最大最小②	2012 年	■■□□	15 分
49	図形量の最大最小③	2015 年	■■■□	15 分
50	2 動点間の距離	1999 年	■■■□	15 分
51	座標上の正三角形①	2004 年	■■■□	20 分
52	座標上の正三角形②	1997 年	■■■□	25 分
53	軌跡①	2011 年	■■■□	20 分
54	軌跡②	2008 年	■■■□	25 分
55	条件をみたす領域	1998 年	■■■□	20 分
56	場合分け線形計画法①	2003 年	■■■□	20 分
57	場合分け線形計画法②	2013 年	■■■□	25 分
58	条件をみたす点の範囲	2015 年	■■■□	20 分
59	直線の通過領域	1997 年	■■■■	30 分
60	ベクトルと図形	1995 年	■■□□	15 分
61	ベクトルと三角形	2013 年	■■■□	25 分

32 初等幾何

難易度 □□□
時間 10分

1辺の長さが1の正方形 ABCD の内部に点 P をとって, ∠APB, ∠BPC, ∠CPD, ∠DPA のいずれも 135°をこえないようにするとき, 点 P の動き得る範囲を図示し, その面積を求めよ. (1968年 文科)

ポイント

- 角度一定の軌跡 ⇨ 円周角の定理の利用. 円周角と中心角の関係.
- 正方形 ⇨ 対称性の利用.
- 円の一部を切り取った部分の面積 ⇨ 中心角が有名角となることを疑う.

解答

円周角の定理より,
∠APB=135°となる点 P を考えると, その軌跡は円の一部を描く. …①
よって, 右図の $\overparen{AB}$ が描ける.

円全体を考えると
四角形 PAQB は円に内接する四角形なので,

$$\angle P + \angle Q = 180°$$

∴ ∠Q=45° ∠AOB=90° …②

よって, この円の半径は $\dfrac{1}{\sqrt{2}}$ である.

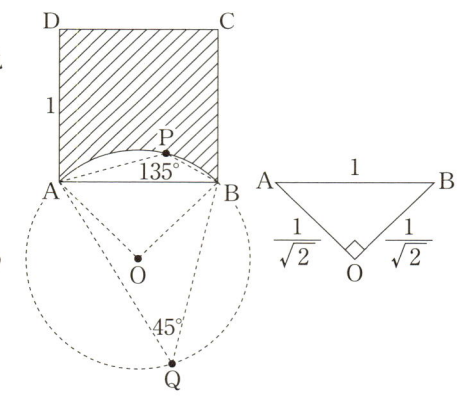

← 有名3角形

また, 他の3辺についても同様に考えると, 対称性から, 4円と正方形は右図のようになる.
円同士は重ならず, 接している. …③

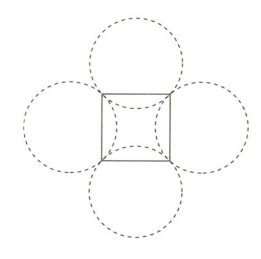

∠APB<135°，∠BPC<135°，∠CPD<135°，∠DPA<135° となるとき，点 P の動き得る範囲は，それぞれの円の外部であるから，右図の斜線部．ただし，境界線を含まない．

よって，求める面積は，

$$1^2 - 4 \cdot \left\{ \frac{1}{4}\left(\frac{1}{\sqrt{2}}\right)^2 \pi - \frac{1}{2}\left(\frac{1}{\sqrt{2}}\right)^2 \right\} = 2 - \frac{\pi}{2}$$

分析

* ①は「円周角の定理」の逆を考えている．②は，(中心角)＝2×(円周角) を用いている．

* 本問は，円弧同士が，重ならないことをきちんと説明する必要がある．（③部分）

類題 1

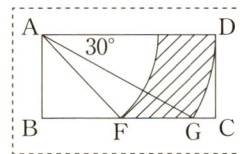

AB＝2，BC＝4 なる長方形 ABCD の内部で，点 A からの距離が $2\sqrt{2}$ と 4 の間にある部分の面積 S を求めよ． （1962 年 文理共通）

（半径 4 中心角 30°の扇形 + 三角形 AFG）− 半径 $2\sqrt{2}$ 中心角 45°の扇形を考えて，$S = \dfrac{\pi}{3} + 2(\sqrt{3} - 1)$

類題 2

半径 a の円 O の周を 8 等分する点を順に $A_1, A_2, \cdots, A_8$ とする．このとき，斜線部の面積を求めよ． （1980 年 文科）

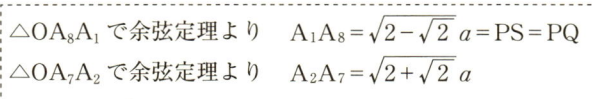

△OA_8A_1 で余弦定理より $A_1A_8 = \sqrt{2-\sqrt{2}}\, a = PS = PQ$
△OA_7A_2 で余弦定理より $A_2A_7 = \sqrt{2+\sqrt{2}}\, a$
∴ $A_2P = \dfrac{1}{2}((\sqrt{2+\sqrt{2}}\, a) - (\sqrt{2-\sqrt{2}}\, a))$

(斜線部の面積)＝扇形 $OA_1A_2 - 2S_{A_2PO} = \left(\dfrac{\pi}{8} - \dfrac{\sqrt{2}-1}{2}\right)a^2$

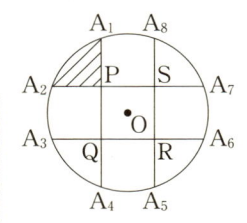

33 点の動く領域

難易度 ■■□□□
時間 15分

平面上に2定点 A, B があり,線分 AB の長さ $\overline{AB}$ は $2(\sqrt{3}+1)$ である.この平面上を動く3点 P, Q, R があって,つねに

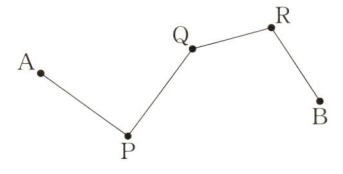

$$\begin{cases} \overline{AP} = \overline{PQ} = 2 \\ \overline{QR} = \overline{RB} = \sqrt{2} \end{cases}$$

なる長さを保ちながら動いている.このとき,点 Q が動きうる範囲を図示し,その面積を求めよ.

(1982年 文科)

ポイント

- 複数の動点の問題 ⇒ 「固定する」あるいは「無視する」などの手法で点の動きを捉える.
- 点 Q の動く範囲 ⇒ おおまかに予想したあと,「点 A からどれだけ離れることができるか」「点 B からどれだけ離れることができるか」を考える.

解答

点 Q の動きうる範囲は右図の斜線部. …①
ただし,境界線を含む.
$\overline{AC} = 4$, $\overline{BC} = 2\sqrt{2}$, $\overline{AB} = 2(\sqrt{3}+1)$
△ABC は,直角三角形2つに分割できる.

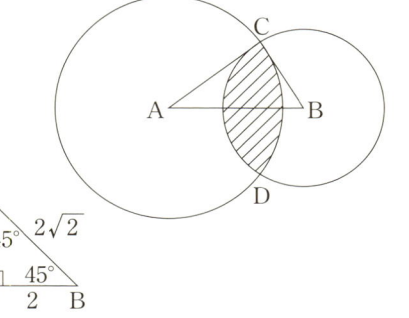

よって求める面積は,

$$(扇形 ACD - △ACD) + (扇形 BCD - △BCD) = \frac{14}{3}\pi - 4(\sqrt{3}+1)$$

分析

* まず，辺 QR，辺 RB を無視して，点 Q を自由に動かすと動きうる範囲は右図の斜線部.

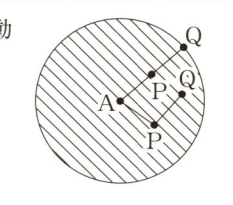

同様に，まず，辺 AP，辺 PQ を無視して，点 Q を自由に動かすと動きうる範囲は右図の斜線部.

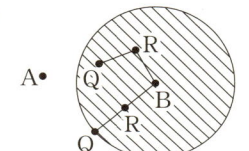

これら 2 つの円の共通部分を考えて，①の斜線部を導く．

類題 1

1 辺 1 の正 6 角形の頂点を中心とする 6 つの円を考えたとき，右図の太線で囲まれる面積 S を求めよ． （1962 年　文科）

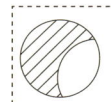

> ◯ の面積を求めると，$\dfrac{\pi}{3} + \dfrac{\sqrt{3}}{2}$
> 6 倍して，$S = 2\pi + 3\sqrt{3}$

類題 2

半径 1 の円 O の内部の点 P と，1 辺 4 の正三角形 ABC の周上の点 Q を結ぶ線分 PQ を考える．点 P，Q が自由に動くとき，線分 PQ の中点 R の動きうる範囲を図示し，その面積を求めよ． 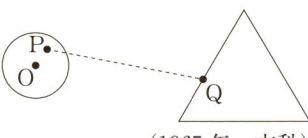
（1965 年　文科）

> 相似拡大とアニメーションを考えて，
> 半径 $\dfrac{1}{2}$ の円と，1 辺 2 の正三角形で右図の斜線部のように描ける．（ただし，黒塗り部分は範囲外）
> この面積を計算すると　$6 - \dfrac{3\sqrt{3}}{4} + \dfrac{\pi}{4}$

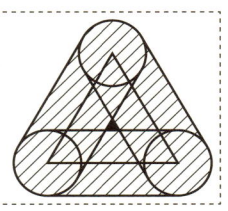

33 点の動く領域

34 円に内接する四角形

難易度 □□□
時間 20分

四角形 ABCD が，半径 $\dfrac{65}{8}$ の円に内接している．この四角形の周の長さが 44 で，辺 BC と辺 CD の長さがいずれも 13 であるとき，残りの 2 辺 AB と DA の長さを求めよ．

(2006 年　文科)

ポイント

- 円に内接する四角形
  ⇨ 対角和 180°の条件を用いて，対角線を余弦定理で 2 通りで表現する．
- 外接円の半径の値　⇨ 正弦定理の利用を考える．
- 二等辺三角形という特殊性　⇨ 頂点から垂直二等分線を下ろして考える． 解答 2

解答 1

△BCD において，余弦定理により
$$BD^2 = 13^2 + 13^2 - 2 \cdot 13 \cdot 13 \cos C$$
$$= 338(1 - \cos C) \quad \cdots ①$$

△BCD において，正弦定理により
$$\dfrac{BD}{\sin C} = 2 \times \dfrac{65}{8}$$
$$\Leftrightarrow \quad BD = \dfrac{65}{4} \sin C \quad \cdots ②$$

①，②から

$$\left(\dfrac{65}{4} \sin C\right)^2 = 338(1 - \cos C)$$
$$\Leftrightarrow \quad 25(1 - \cos^2 C) = 32(1 - \cos C)$$
$$\Leftrightarrow \quad 25(1 + \cos C)(1 - \cos C) = 32(1 - \cos C)$$

← BD を消去

$\cos C \neq 1$ より

$$25(1 + \cos C) = 32 \quad \Leftrightarrow \quad \cos C = \dfrac{7}{25}$$

①から　　$BD = \sqrt{338\left(1 - \dfrac{7}{25}\right)} = \dfrac{78}{5}$

$AB = x$ とおくと，四角形 ABCD の周の長さが 44 であるから

$$x + 13 + 13 + DA = 44 \quad \Leftrightarrow \quad DA = 18 - x$$

△ABD において，余弦定理により

$$BD^2 = AB^2 + DA^2 - 2 AB \cdot DA \cos A \quad \cdots ③$$

80

$A + C = 180°$ であるから

$$\cos A = \cos(180° - C) = -\cos C = -\frac{7}{25}$$

③から

$$\left(\frac{78}{5}\right)^2 = x^2 + (18-x)^2 - 2x(18-x)\left(-\frac{7}{25}\right)$$
$$\Leftrightarrow 36(x^2 - 18x + 56) = 0$$
$$\therefore x = 4, \ 14$$

よって　AB = 4, DA = 14 または AB = 14, DA = 4　　　　　　← 2組

解答2

右図のように，x, y, θ をおく．
四角形 ABCD の周の長さが 44 であるから
$$x + 13 + 13 + y = 44 \Leftrightarrow x + y = 18 \quad \cdots ④$$
△BCD において，正弦定理により
$$\frac{13}{\sin \theta} = 2 \times \frac{65}{8}$$
$$\Leftrightarrow \sin \theta = \frac{4}{5} \quad \therefore \cos \theta = \frac{3}{5}$$
$$\therefore BD = 2 \cdot 13 \cos \theta = \frac{78}{5} \quad \cdots ⑤$$

また，$\angle BAD = \pi - \angle BCD = 2\theta$ であり，
△ABD において，余弦定理により
$$BD^2 = x^2 + y^2 - 2xy \cos 2\theta$$
$$= x^2 + y^2 - 2xy(1 - 2\sin^2 \theta)$$
$$\Leftrightarrow \left(\frac{78}{5}\right)^2 = 18^2 - \frac{36}{25}xy \quad (\because ④⑤)$$
$$\therefore xy = 56 \quad \cdots ⑥$$

④⑥より，
$$(x, y) = (4, 14), \ (14, 4) \quad \quad ← t^2 - 18t + 56 = 0 \ \text{の2解}$$

よって　AB = 4, DA = 14 または AB = 14, DA = 4

分析

* 初等幾何の問題では特に，設定する文字はなるべく少なくして考えるほうがよい．
* ④⑥より，x, y は $t^2 - 18t + 56 = 0$ の2解であることから，$(x, y) = (4, 14), (14, 4)$ が導ける．

34 円に内接する四角形　　81

35 円周率の評価

難易度 ▪▪▫▫
時間 25分

円周率が 3.05 より大きいことを証明せよ．

(2003年 理科)

ポイント

- ・「円周率」とは？ ⇨ (円周率)＝(円周)／(直径) が定義だが，面積公式の利用も可能．
- ・「○○より大きい」の証明 ⇨ 図形量同士での大小関係の利用．
- ・円と比較する図形 ⇨ 面積や周長が求めやすい単純な図形を考える．
- ・根号の評価 ⇨ 小数で表現した概算値で挟む．もし評価が甘い場合は，小数点以下の桁数を増やして考える．
- ・評価の向き ⇨ 本当の値よりも「小さい値」と「大きい値」のいずれにすり替えるべきか，を見極める．（向きを間違えると証明にならない）

解答 1

半径 1 の円に内接する正 12 角形の周長 l を考える．
円周率を a とすると，円周の長さは $2a$．
正 12 角形を 12 等分した 2 等辺 3 角形 ABC を考える．
右図において三平方の定理より

$$x^2 = \left(\frac{1}{2}\right)^2 + \left(1-\frac{\sqrt{3}}{2}\right)^2 = 2-\sqrt{3}$$

$$\therefore \ x = \sqrt{2-\sqrt{3}} = \frac{\sqrt{4-2\sqrt{3}}}{\sqrt{2}} = \frac{\sqrt{3}-1}{\sqrt{2}} = \frac{\sqrt{6}-\sqrt{2}}{2}$$

正 12 角形の周の長さは $\quad l = 12 \times \dfrac{\sqrt{6}-\sqrt{2}}{2} = 6(\sqrt{6}-\sqrt{2})$

$2a > l$ であるから，

$$a > \frac{6(\sqrt{6}-\sqrt{2})}{2} = 3(\sqrt{6}-\sqrt{2}) > 3(2.44-1.42) = 3 \times 1.02 = 3.06 > 3.05 \quad \cdots ①$$

よって，円周率は 3.05 より大きい．

解答 2

半径 1 の円に内接する正 8 角形の周長 l を考える．（中略）

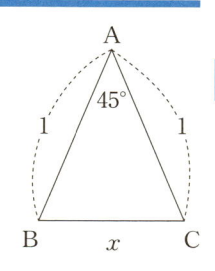

正 8 角形の周の長さ l は $\quad l = 8\sqrt{2-\sqrt{2}}$

$2a > l$ であるから，$l > 6.1$ を示せば十分．

$$l^2 - (6.1)^2 = 64(2-\sqrt{2}) - 37.21 > 64(2-1.415) - 37.21$$
$$= 0.23 > 0 \quad \cdots ②$$
$$\therefore \quad l^2 > (6.1)^2$$

① が示せたので，円周率 a は 3.05 より大きい．

解答 3

半径 1 の円に内接する正 24 角形の面積 S を考える．

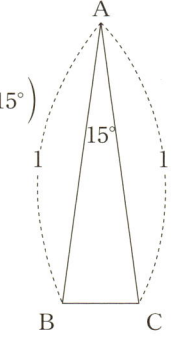

円周率を a とすると，円の面積は a．

正 24 角形を 24 等分した 2 等辺三角形 ABC を考えると，$S = 24\left(\dfrac{1}{2} \cdot 1 \cdot 1 \cdot \sin 15°\right)$

ここで，$\sin 15° = \sqrt{\dfrac{1-\cos 30°}{2}} = \dfrac{\sqrt{2-\sqrt{3}}}{2} = \dfrac{\sqrt{6}-\sqrt{2}}{4}$

であるから，$S = 3(\sqrt{6}-\sqrt{2})$

$a > S$ であるから，

$$a > 3(\sqrt{6}-\sqrt{2}) > 3(2.44-1.42) = 3 \times 1.02 = 3.06 > 3.05 \quad \cdots ③$$

よって，円周率は 3.05 より大きい．

解答 4

原点中心，半径 5 の円の第一象限だけを考える．

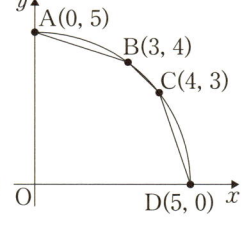

このとき，A(0, 5), B(3, 4), C(4, 3), D(5, 0) は円周上の点．

円周率を a とすると，弧 $\overset{\frown}{\text{AD}}$ の長さは $\dfrac{5}{2}a$．

$$\text{AB} + \text{BC} + \text{CD} = \sqrt{10} + \sqrt{2} + \sqrt{10} = 2\sqrt{10} + \sqrt{2}$$

$2 \times 3.16 + 1.41 = 7.73 < \text{AB} + \text{BC} + \text{CD} < \dfrac{5}{2}a \quad \Leftrightarrow \quad 3.092 < a \quad \cdots ④$

よって，円周率は 3.05 より大きい．

分析

* 十分条件を導けるように，①③では，$\sqrt{6} > 2.44$ と小さい値で，$\sqrt{2} < 1.42$ と大きい値で評価．
  ②では，$\sqrt{2} < 1.415$ と大きい値で評価．④では，$\sqrt{10} > 3.16$，$\sqrt{2} > 1.41$ と小さい値で評価している．（評価の向きに注意）

* 正 12 角形の面積で評価すると，円周率が 3 以上であることしか示せない．（甘い評価になる）

36 立体図形の計量①

4点 A, B, C, D を頂点とする4面体 T において，各辺の長さが
$$AB = x, \quad AC = AD = BC = BD = 5, \quad CD = 4$$
であるとき，T の体積 V を求めよ．またこのような4面体が存在するような x の範囲を求めよ．またこの範囲で x を動かしたときの体積 V の最大値を求めよ．

(1986年　文科)

ポイント

- 四面体が存在する x の範囲　⇒　面 ACD と面 BCD を動かして考える．
- 対称面を取り出す　⇒　辺 CD の中点を E として，面 AEB に注目する．解答1
- 四面体の体積が最大となるとき
  ⇒　体積を x の関数で表現して考える．あるいは，図形的に「面 ACD と面 BCD が垂直のとき」と考える．解答2

解答1

右図のように，CD の中点 E を考えると，
AC = AD = BC = BD より，
$$AE \perp CD, \quad BE \perp CD, \quad CE = ED = 2$$
3平方の定理より，
$$AE = \sqrt{AC^2 - CE^2} = \sqrt{21}$$
△ABE は EA = EB の二等辺三角形だから
$$S_{ABE} = \frac{1}{2} x \sqrt{(\sqrt{21})^2 - \left(\frac{x}{2}\right)^2}$$
$$= \frac{1}{4} x \sqrt{84 - x^2}$$

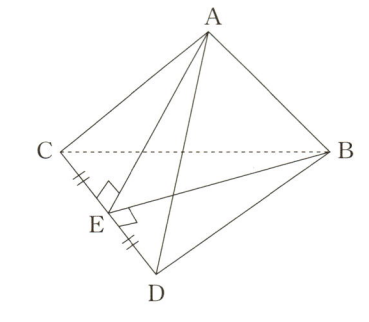

平面 ABE ⊥ CD だから $V_{ABCD} = \frac{1}{3} \cdot CD \cdot S_{ABE} = \frac{1}{3} x \sqrt{84 - x^2}$

△ABE において三角形の成立条件より
$$|EA - EB| < AB < EA + EB$$
$$\Leftrightarrow \quad 0 < AB < 2\sqrt{21}$$

$$V_{ABCD} = \frac{1}{3} x \sqrt{84 - x^2} = \frac{1}{3} \sqrt{-x^4 + 84x^2}$$
$$= \frac{1}{3} \sqrt{-x^4 + 84x^2}$$
$$= \frac{1}{3} \sqrt{-(x^2 - 42)^2 + 42^2}$$
$$\leqq \frac{1}{3} \cdot 42 = 14 \quad (\text{等号成立は } x = \sqrt{42} \text{ のとき})$$
$$\therefore \quad {}_{\max} V_{ABCD} = 14$$

解答 2

面 ACD と面 BCD が辺 CD を共有しながら，間の角を変えながら動くことを考える．

同一平面上になるときと，点 A と点 B が一致するときを考えて，
$$\therefore \quad 0 < x < 2\sqrt{21}$$

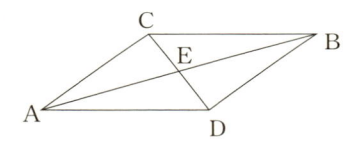

AE⊥CD, BE⊥CD より，底面を△BCD とすると，4面体の高さが最大となるのは面 ACD と面 BCD が垂直のとき．

そのときの△BCD の面積 $S_{BCD} = 2\sqrt{21}$

高さは AE $= \sqrt{21}$.
$$\therefore \quad {}_{\max} V_{ABCD} = \frac{1}{3} \cdot 2\sqrt{21} \cdot \sqrt{21} = 14$$

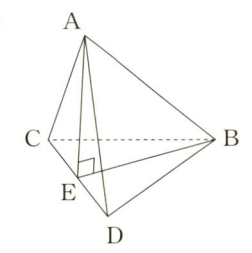

分析

* 図形量の最大最小問題は，基本的には解答1のようにパラメータで関数化して考えることが多いが，解答2のように幾何的な解法も有効となることが少なくない．

37 立体図形の計量②

傾いた平面上で，もっとも急な方向の勾配が $\dfrac{1}{3}$ であるという．いま南北方向の勾配を測ったところ $\dfrac{1}{5}$ であった．東西方向の勾配はどれだけか． (1983年 文科)

ポイント

- 立体図形の問題 ⇨ 対称面，中点を通る面，垂直面，など特殊な面を取り出す．
- 図形における「傾き」 ⇨ 三角比の利用．
- 単純な平面図形 ⇨ 初等幾何の性質，諸定理の積極的な利用．

解答

OB を南北方向，OC を東西方向，OA を高さとする． ← 3直角の利用
OA = 1 として一般性を失わない． …①
このとき，問題の条件より OB = 5

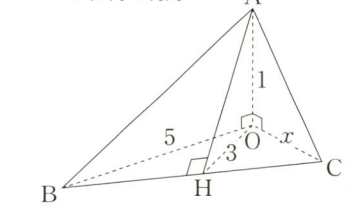

A から BC に下ろした垂線の足を H とすると，
三垂線の定理より OH⊥BC.
最も急な勾配をとるのは，この図において AH であるから，
問題の条件より OH = 3

底面の直角三角形 OBC に注目すると，
三平方の定理より BH = 4

このとき，△OBH∽△CBO より，$3:4 = x:5$

$$\therefore \quad OC = x = 3 \cdot \dfrac{5}{4} = \dfrac{15}{4}$$

よって，東西方向の勾配は，$\dfrac{1}{\frac{15}{4}} = \dfrac{4}{15}$

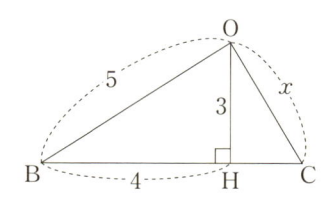

分析

* ①のように，一般性を失わない範囲で，扱いやすい具体値を設定すると図計量を扱いやすい．

* △OBH, △CBO は辺の比が 3 : 4 : 5 の有名直角三角形となっている．

類題1

3角錐 ABCD において辺 CD は底面 ABC に垂直である．AB = 3 で，辺 AB 上の2点 E, F は，AE = EF = FB = 1 を満たし，∠DAC = 30°，∠DEC = 45°，∠DBC = 60°である．このとき辺 CD の長さを求めよ．
(一橋大)

> CD = x とおくと AC = $\sqrt{3}\,x$, CE = x, BC = $\dfrac{x}{\sqrt{3}}$
>
> △ACE と △ABC に余弦定理を用いて，
>
> $\dfrac{3x^2 + 1^2 - x^2}{2\sqrt{3}\,x \cdot 1} = \dfrac{3x^2 + 3^2 - \dfrac{x^2}{3}}{2\sqrt{3}\,x \cdot 3}$ …①
>
> ∴ $x = $ CD $= \dfrac{3\sqrt{5}}{5}$

類題2

4角錐 V–ABCD があって，その底面 ABCD は正方形であり，また4辺 VA, VB, VC, VD の長さは全て等しい．この4角錐の頂点 V から底面に下ろした垂線 VH の長さは6であり，底面の1辺の長さは $4\sqrt{3}$ である．VH 上に VK = 4 なる点 K をとり，点 K と底面の1辺 AB とを含む平面で，この4角錐を2つの部分に分けるとき，頂点 V を含む部分の体積を求めよ．
(1973年 文科)

> V_1 は，4面体 VABD の体積の $\dfrac{1}{2}$，
>
> V_2 は，4面体 VBCD の体積の $\dfrac{1}{4}$
>
> 4面体 VABD は $\dfrac{1}{2} V_{\text{VABCD}}$,
>
> 4面体 VBCD は $\dfrac{1}{2} V_{\text{VABCD}}$ より，
>
> 求める体積は，$\dfrac{3}{8} V_{\text{VABCD}} = \dfrac{3}{8} \cdot 96 = 36$

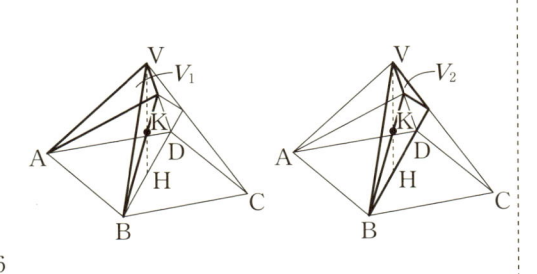

37 立体図形の計量②

38 立体図形の計量③

半径 r の球面上に 4 点 A, B, C, D がある．四面体 ABCD の各辺の長さは，$AB = \sqrt{3}$, $AC = AD = BC = BD = CD = 2$ を満たしている．このとき r の値を求めよ．

(2001 年　文理共通)

ポイント

- 立体図形の問題　⇨　対称面を取り出して考える．
- 特殊な性質をもつ図形　⇨　特殊性を活かす解法を考える．
- 座標設定の可能性　⇨　特殊性を利用できるような座標の設定をする．

解答 1

CD の中点を M とすると，AC = CD = DA = 2 から　$AM = \sqrt{3}$
同様にして　$BM = \sqrt{3}$
△ABM は 1 辺 $\sqrt{3}$ の正三角形．

AB の中点を N とすると，
図形の対称性から，球の中心 O は線分 MN 上．　…①

OM = x とおくと，$MN = \dfrac{3}{2}$ より $ON = \dfrac{3}{2} - x$
△OCM において三平方の定理より，
$$OC^2 = CM^2 + OM^2 \iff r^2 = 1^2 + x^2 \quad \cdots ②$$
△OAN において三平方の定理より，
$$OA^2 = AN^2 + ON^2 \iff r^2 = \left(\dfrac{\sqrt{3}}{2}\right)^2 + \left(\dfrac{3}{2} - x\right)^2 \quad \cdots ③$$
②，③から
$$x^2 + 1 = x^2 - 3x + 3$$
$$\therefore \quad x = \dfrac{2}{3}$$
$$\therefore \quad r = \sqrt{1 + x^2} = \sqrt{1 + \dfrac{4}{9}} = \dfrac{\sqrt{13}}{3}$$

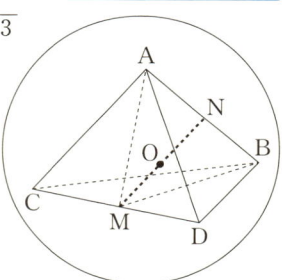

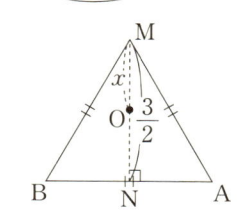

解答2

(①まで解答1と同様)

Oから面BCDに垂線を下ろし，その共有点をGとする．
△BCDは1辺2の正三角形なので，Gは△BCDの重心となるので，MG：GB＝1：2

$$\therefore \quad MG = \frac{1}{3}MB = \frac{1}{\sqrt{3}}, \quad GB = \frac{2}{3}MB = \frac{2}{\sqrt{3}}$$

また，△MOG∽△MBN より，$OM = \frac{2}{\sqrt{3}} MG = \frac{2}{3}$

△OBN において三平方の定理より，

$$OB^2 = ON^2 + BN^2 \Leftrightarrow r^2 = \left(\frac{3}{2} - \frac{2}{3}\right)^2 + \left(\frac{\sqrt{3}}{2}\right)^2$$

$$\therefore \quad r = \frac{\sqrt{13}}{3}$$

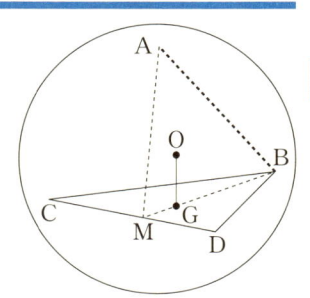

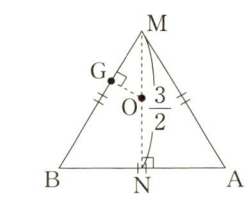

解答3

$B(0, \sqrt{3}, 0)$, $C(-1, 0, 0)$, $D(1, 0, 0)$, $A(x, y, z)$ ← 座標設定
とすると，$AB = \sqrt{3}$, $AC = 2$, $AD = 2$ より，

$$\begin{cases} x^2 + (y - \sqrt{3})^2 + z^2 = 3 \\ (x+1)^2 + y^2 + z^2 = 4 \\ (x-1)^2 + y^2 + z^2 = 4 \end{cases}$$

これを解いて，$x = 0$, $y = \frac{\sqrt{3}}{2}$, $z = \frac{3}{2}$

球の方程式を $(x-a)^2 + (y-b)^2 + (z-c)^2 = r^2$ とすると，
この球は，A, B, C, D を通るので，代入して（中略）

$$\therefore \quad r = \frac{\sqrt{13}}{3}$$

分析

* 解答2において，Gは△BCDの外心であり，△BCDが正三角形であることから (外心)＝(重心) となっている．
* 解答3は，処理が少なくなるように，特殊性を活かし△BCDをxy平面に置いて考えている．

38 立体図形の計量③

39 立体図形の計量④

難易度
時間 25分

xyz 空間に 3 点 A(1, 0, 0), B(-1, 0, 0), C(0, $\sqrt{3}$, 0) をとる. △ABC を 1 つの面とし, $z \geqq 0$ の部分に含まれる正四面体 ABCD をとる. 更に△ABD を 1 つの面とし, 点 C と異なる点 E をもう 1 つの頂点とする正四面体 ABDE をとる.

(1) 点 E の座標を求めよ.
(2) 正四面体 ABDE の $y \leqq 0$ の部分の体積を求めよ. (1998 年 文科)

ポイント

- 正四面体の 4 つの頂点 ⇨ 互いに等距離の位置にある. 1 点は他 3 点からなる正三角形の重心線上にある.
- 正四面体 ABCD の△ABD を 1 つの面とする正四面体 ABDE
  ⇨ 2 つの正四面体は, △ABD に関して対称となる.
- 点 C と点 E が平面 ABD に関して対称
  ⇨ △ABD の重心 G_2 が線分 CE の中点となる.

解答 1

(1) △ABC の重心を G_1 とすると, G_1 は $\left(0, \dfrac{\sqrt{3}}{3}, 0\right)$

よって, $D\left(0, \dfrac{\sqrt{3}}{3}, z\right)$ とおける.

$$AD^2 = AB^2$$
$$\Leftrightarrow 1 + \dfrac{1}{3} + z^2 = 2^2$$
$$\therefore z = \dfrac{2\sqrt{6}}{3} \quad (\because z > 0)$$
$$\therefore D\left(0, \dfrac{\sqrt{3}}{3}, \dfrac{2\sqrt{6}}{3}\right) \quad \cdots ①$$

△ABD の重心を G_2 とすると, G_2 は $\left(0, \dfrac{\sqrt{3}}{9}, \dfrac{2\sqrt{6}}{9}\right)$ ← 3頂点の平均

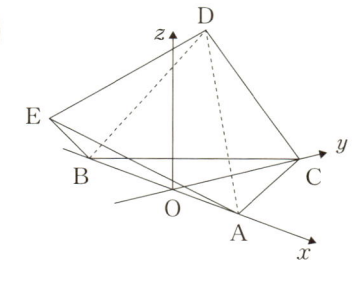

点 G_2 は線分 CE の中点であるから, 点 E は G_2C を $1:2$ に外分する点となり

$$E\left(2 \times 0 - 0,\ 2 \times \dfrac{\sqrt{3}}{9} - \sqrt{3},\ 2 \times \dfrac{2\sqrt{6}}{9} - 0\right)$$
$$\therefore E\left(0,\ -\dfrac{7\sqrt{3}}{9},\ \dfrac{4\sqrt{6}}{9}\right)$$

90

(2) E, Dはともに yz 平面上にあるから線分 ED と z 軸とは交わる．交点を F とすると

$$\mathrm{EF:FD=E'O:OD'}=\left|-\frac{7\sqrt{3}}{9}\right|:\frac{\sqrt{3}}{3}=7:3$$

よって，求める体積は

$$\frac{7}{10}\times (\text{正四面体ABDE})=\frac{7}{10}\times (\text{正四面体ABCD})$$
$$=\frac{7}{10}\times \frac{1}{3}\cdot \frac{1}{2}\cdot 2\cdot 2\cdot \frac{\sqrt{3}}{2}\cdot \frac{2\sqrt{6}}{3}=\frac{7\sqrt{2}}{15}$$

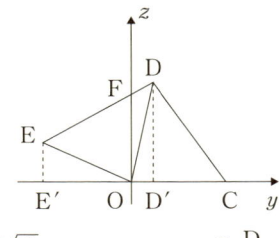

解答2

(①まで解答1と同様)

(1) $\mathrm{E}(X, Y, Z)$ とすると，

$$\mathrm{EA=EB=ED}=2$$

より

$$\begin{cases}(X-1)^2+Y^2+Z^2=2^2\\ (X+1)^2+Y^2+Z^2=2^2\\ X^2+\left(Y-\frac{\sqrt{3}}{3}\right)^2+\left(Z-\frac{2\sqrt{6}}{3}\right)^2=2^2\end{cases}$$

← 2点間の距離

これを解いて，Cでない方を考えると

$$\mathrm{E}\left(0,\ -\frac{7\sqrt{3}}{9},\ \frac{4\sqrt{6}}{9}\right)$$

分析

* (1)は，ベクトルを用いて，

$$\overrightarrow{\mathrm{CE}}=2\overrightarrow{\mathrm{CG_2}}$$

と考えてもよい．

* 一般に，1辺1の正四面体は，1辺 $\dfrac{1}{\sqrt{2}}$ の立方体に埋め込むことができ，体積は，その立方体の $\dfrac{1}{3}$ になることが知られている．正四面体の体積を求めるときには，この性質が有効となる．

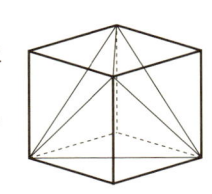

40 図形量の比

正4角錐 V に内接する球を S とする.V をいろいろ変えるとき,

$$R = \frac{S の表面積}{V の表面積}$$

のとりうる値のうち,最大のものを求めよ.
ここで正4角錐とは,底面が正方形で,底面の中心と頂点を結ぶ直線が底面に垂直であるような角錐のこととする.

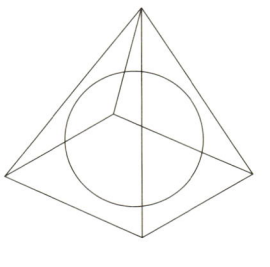

(1983年　理科)

ポイント

- 立体図形の計量 ⇨ 断面(対称面,特殊面,球の中心を含む面など)を取り出して考える.
- 図形量の max, min ⇨ パラメータを設定して,関数化して考える.
- $R = \dfrac{(表面積)}{(表面積)}$ ⇨ R は0次元量なので,底面の1辺を1としても一般性を失わない.(本問では,計算しやすいように1辺を2とおくとよい.)

解答

正4角錐の頂点を P,底面の正方形の中心を H,辺 AB の中点を M,辺 CD の中点を N,内接球と面 PAB の接点を L とする.また,内接球の半径を r とする.

← 設定

$AB = 2$,$PH = x$ $(x > 0)$ とおくと,
$$PM = \sqrt{1 + x^2}$$

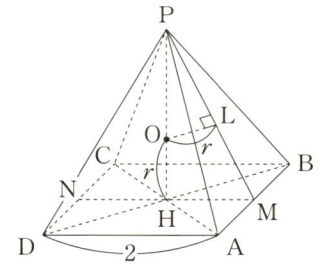

断面の $\triangle$PNM を考えると，右図において，

$$\triangle POL \sim \triangle PMH$$

← 初等幾何

$$\therefore \quad PO : OL = PM : MH$$
$$\Leftrightarrow \quad (x-r) : r = \sqrt{1+x^2} : 1$$
$$\therefore \quad r = \frac{x}{\sqrt{1+x^2}+1}$$

よって，S の表面積 $= 4\pi r^2 = 4\pi \cdot \dfrac{x^2}{(\sqrt{1+x^2}+1)^2}$ …①

また，V の表面積 $= 4 + 4\sqrt{1+x^2}$ …②

①②より，

$$R = \frac{S \text{の表面積}}{V \text{の表面積}} = \pi \cdot \frac{x^2}{(\sqrt{1+x^2}+1)^3}$$

ここで，$\sqrt{1+x^2} = t$ ($t>1$) とおくと， ← 置換

相加・相乗平均の関係より，

$$R = \pi \cdot \frac{t^2-1}{(t+1)^3} = \pi \cdot \frac{t-1}{t^2+2t+1}$$
$$= \pi \cdot \frac{1}{t-1+\dfrac{4}{t-1}+4} \leq \pi \frac{1}{2\sqrt{(t-1)\cdot\dfrac{4}{t-1}}+4} = \frac{\pi}{8} \quad \cdots ③ \quad ← *$$

等号は，$t-1 = \dfrac{4}{t-1} \Leftrightarrow t = 3$ ($\because t>1$) のときに成立．

$$\therefore \quad \text{最大値は，} \frac{\pi}{8}$$

分析

* ③において，相加・相乗平均の関係を考えるために，

$$\frac{t-1}{t^2+2t+1} = \frac{1}{\dfrac{t^2+2t+1}{t-1}} = \frac{1}{t+3+\dfrac{4}{t-1}}$$

と変形して，分母に注目し，積が定数になるような 2 数を作りたい動機から

$$t+3+\frac{4}{t-1} = t-1+\frac{4}{t-1}+4$$

という変形をしている．

40 図形量の比

41 立体図形の性質

空間内の点 O を中心とする 1 辺の長さが l の立方体の頂点を A_1, A_2, ……, A_8 とする.また,O を中心とする半径 r の球面を S とする.

(1) S 上のすべての点から A_1, A_2, ……, A_8 のうち少なくとも 1 点が見えるための必要十分条件を l と r で表せ.

(2) S 上のすべての点から A_1, A_2, ……, A_8 のうち少なくとも 2 点が見えるための必要十分条件を l と r で表せ.

ただし,S 上の点 P から A_k が見えるとは,A_k が S の外側にあり,線分 PA_k と S との共有点が P のみであることとする. （1996 年 理科）

ポイント

- 立体図形の証明問題 ⇨ 極端な状態,特殊な状態を発見的に考えて,それを糸口にする.
- 「S 上の点 P から A_k が見える」 ⇨ 点 P における S の接平面を考える.
- ある接平面が辺 XY と共有点をもつ ⇨ 必ず点 X,点 Y の一方の点は見える.

解答

(1) $2r > l$ のとき,立方体の表面に平行な接平面をもつ接点 P を考えると頂点は 1 点も見えないから不適.

よって,$0 < r \leqq \dfrac{l}{2}$ となることが必要条件.

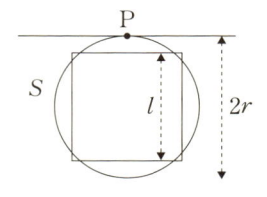

逆に,$0 < r \leqq \dfrac{l}{2}$ のとき,S の表面上の点は立方体の内部または表面上.

S 上のいずれの点の接平面も立方体のいずれかの辺と共有点をもつ.

よって,A_1, A_2, ……, A_8 のどれか 1 つは見えることになる.

$0 < r \leqq \dfrac{l}{2}$ となることは十分条件でもある.

以上より,求める条件は $0 < r \leqq \dfrac{l}{2}$

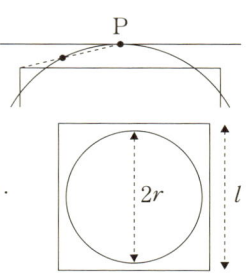

(2) 右図のように立方体の内部に埋め込まれている正四面体の内接球を考える.

この正四面体の1辺の長さは $\sqrt{2}\,l$. この正四面体の内接球の半径を r_0 とし,正四面体の体積を V とすると,

$$V = \frac{1}{3}l^3 = \frac{\sqrt{3}}{4}(\sqrt{2}\,l)^2 \cdot r_0 \cdot \frac{1}{3} \cdot 4 \quad \cdots ①$$

$$\therefore\ r_0 = \frac{\sqrt{3}}{6}l$$

$r > \dfrac{\sqrt{3}}{6}l$ のとき,平面 $A_2A_4A_5$ に平行な S の接平面の接点Pを考えると,その点Pからは A_1 しか見えないから不適.

よって,$0 < r \leqq \dfrac{\sqrt{3}}{6}l$ であることが必要条件.

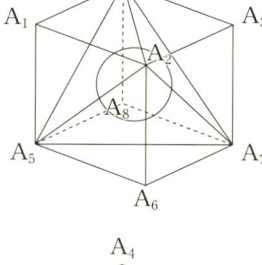

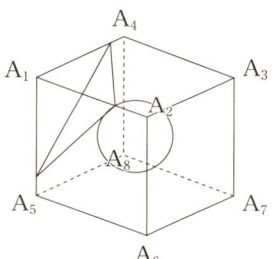

逆に,$0 < r \leqq \dfrac{\sqrt{3}}{6}l$ のとき,$\dfrac{\sqrt{3}}{6} < \dfrac{1}{2}$ より,$r \leqq \dfrac{l}{2}$ をみたすので,(1)の結果より,S 上のすべての点から,少なくとも1つの頂点が見える.仮に,ある点Pから頂点が1点(A_1 とする)しか見えないとすると,点Pにおける接平面は,A_1 から伸びる辺 A_1A_2,辺 A_1A_4,辺 A_1A_5 すべてと A_2,A_4,A_5 以外で共有点を持つ.

このとき点Pは四面体 $A_1A_2A_4A_5$ の内部に存在することになるが,$0 < r \leqq \dfrac{\sqrt{3}}{6}l$ より矛盾.よって,$0 < r \leqq \dfrac{\sqrt{3}}{6}l$ であることは十分条件でもある.

以上より,求める条件は $0 < r \leqq \dfrac{\sqrt{3}}{6}l$

分析

* ①では,正四面体の体積が立方体の $\dfrac{1}{3}$ になること（**39** 分析＊参照）と,

$$V = \frac{1}{3}r(S_1 + S_2 + S_3 + S_4)\ (S_1 \sim S_4\ は正四面体の各面の面積)$$

を用いている.

* 本問は,発見的に条件をみたす必要条件を図形的に考え,その後に,その十分性を確認することで,題意をみたす r の範囲を求めている.

42 図形と座標①

A(0, 10), B(0, 0), C(5, 0), D(14, 12) を平面上の 4 点とする．D を通り線分 AB, AC とそれぞれ E, F で交わる直線をとり，B, C, E, F が同一円周上にある異なる 4 点となるようにする．このとき円の方程式および E, F の座標を求めよ．

(1966 年　文科)

ポイント

- 「4 点が同一円周上」 ⇨ 円の方程式を利用する，あるいは，円に内接する四角形を考える．
- 円に内接する 4 角形 ⇨ 対角和が 180°
- 円周角 90° となる弦 ⇨ 弦は直径となり，その中点が円の中心となる．

解答

4 点 B, C, E, F は同一円周上にあるので，
$$\angle EOC + \angle EFC = 180°$$
$$\therefore \quad \angle EFC = 90°$$
よって，AC⊥DE．

直線 AC の傾きは -2 なので，
直線 DE の傾きは $\dfrac{1}{2}$．
よって，直線 DE の方程式は，
$$y - 12 = \frac{1}{2}(x - 14)$$
$$\Leftrightarrow \quad y = \frac{1}{2}x + 5$$
$$\therefore \quad E(0, 5)$$

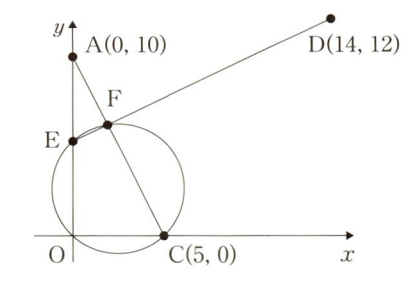

点 F は直線 AC，直線 DE の交点なので，
$$-2x + 10 = \frac{1}{2}x + 5$$
$$\Leftrightarrow \quad x = 2$$
$$\therefore \quad F(2, 6)$$

∠EOC = 90° より，4 点 BCEF を通る円の直径は線分 EC．　← *

よって，半径は，
$$r = \frac{1}{2}\text{EC} = \frac{5}{2}\sqrt{2},$$

中心は，
$$\text{線分 EC の中点} \left(\frac{5}{2}, \frac{5}{2}\right)$$

求める円の方程式は，
$$\left(x-\frac{5}{2}\right)^2 + \left(y-\frac{5}{2}\right)^2 = \left(\frac{5}{2}\sqrt{2}\right)^2$$
$$\Leftrightarrow x^2 + y^2 - 5x - 5y = 0$$

分析

* 「90°を円周角とする弦は直径である」という事実を，すぐに使えるようにしておきたい．

類題

3直線 $l_1 : x+y-1=0$，$l_2 : x-y+1=0$，$l_3 : 3x+4y-5=0$ で囲まれる三角形の内心 I の座標と，内接円の半径 r を求めよ． (1966年 文科)

交点は A(0, 1)，B$\left(\frac{1}{7}, \frac{8}{7}\right)$，C($-1$, 2)．$l_1$ と l_2 は y 軸対称なので，内心 I は y 軸上．I(0, Y) とすると，点と直線の距離の公式から，

$$r = \frac{|0+Y-1|}{\sqrt{2}} = \frac{|4Y-5|}{5} \qquad \therefore\ Y = \frac{15 \pm 5\sqrt{2}}{7}$$

このうち適する方を考えて，

$$\text{I}\left(0, \frac{15-5\sqrt{2}}{7}\right),\ r = \frac{4\sqrt{2}-5}{7}$$

43 図形と座標②

2点 A(0, 1), B(0, 11) が与えられている．いま，x 軸上の正の部分に点 P(x, 0) をとって $\angle$APB の大きさを $30°$ 以上にしたい．x をどのような範囲にとればよいか．

(1970年　文科)

ポイント

- なす角に関する条件　⇨　tan あるいはベクトルを利用する．あるいは初等幾何的解法を試みる．
- 「$\angle$APB の大きさを $30°$ 以上」　⇨　円周角の定理の利用を考える．

解答 1

$\angle$AQB$=30°$ なる点 Q の軌跡は右図のような円 C の一部になる．

中心角は円周角の 2 倍であるから，
$$\angle AO'B = 60°$$
△O'AB は正三角形であり，AB$=10$ より，
$$O'(5\sqrt{3}, 6)$$
また，半径は 10．

この円の内部または周上の任意の点 R で，
$$\angle ARB \geq 30°$$
が成り立つので，

　　　点 P は円 C の内部または周上である

ことが必要．

点 P は x 軸の正の部分の点なので，右図の CD 間に存在すればよい．

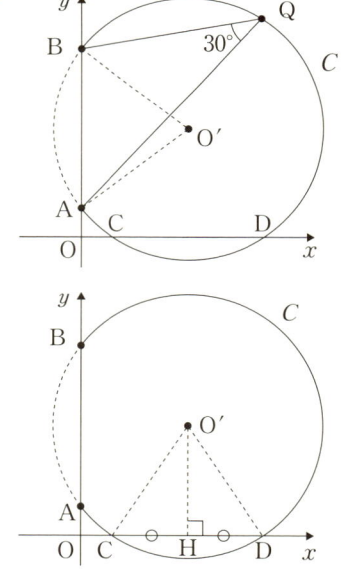

△O'CH において，O'H$=6$, O'C$=10$ より，
$$CH = \sqrt{10^2 - 6^2} = 8$$
∴　C($5\sqrt{3} - 8$, 0)，D($5\sqrt{3} + 8$, 0)

よって，$5\sqrt{3} - 8 \leq x \leq 5\sqrt{3} + 8$

解答2

x 軸の正の部分と直線 AP のなす角を α, 直線 BP のなす角を β とする.

$$\tan\alpha = -\frac{1}{x}, \quad \tan\beta = -\frac{11}{x} \quad \leftarrow \text{傾き}$$

$\angle \text{APB} = \theta$ とおくと, $\theta = \alpha - \beta$

$0° < \theta < 90°$ より, $30° \leq \theta$ であるための条件は $\tan\theta \geq \dfrac{1}{\sqrt{3}}$

$$\begin{aligned}\tan\theta &= \tan(\alpha - \beta)\\ &= \frac{\tan\alpha - \tan\beta}{1 + \tan\alpha\tan\beta}\\ &= \frac{10x}{x^2 + 11}\end{aligned}$$

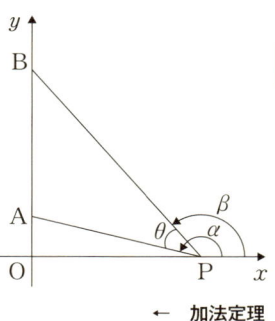

$\leftarrow$ 加法定理

$$\frac{1}{\sqrt{3}} \leq \frac{10x}{x^2+11} \iff x^2 - 10\sqrt{3}\,x + 11 \leq 0$$
$$\iff 5\sqrt{3} - 8 \leq x \leq 5\sqrt{3} + 8$$

解答3

$$\overrightarrow{\text{PA}} = (-x, 1), \quad \overrightarrow{\text{PB}} = (-x, 11)$$

$\angle \text{APB} = \theta$ とおくと, $\theta \geq 30°$ より

$$\begin{aligned}\cos\theta &= \frac{\overrightarrow{\text{PA}}\cdot\overrightarrow{\text{PB}}}{|\overrightarrow{\text{PA}}||\overrightarrow{\text{PB}}|}\\ &= \frac{x^2+11}{\sqrt{x^2+1}\sqrt{x^2+121}} \leq \frac{\sqrt{3}}{2}\end{aligned}$$

これを解いて, $5\sqrt{3} - 8 \leq x \leq 5\sqrt{3} + 8$

分析

* 解答1に比べて解答2, 解答3の方が簡単に見えるが, 解答1のような初等幾何的解法を, きちんと遂行できる力を養っておきたい.

* 本問の条件で,
「点 Q が x 軸の正の部分を動くとき, $\angle \text{AQB}$ が最大となるときの Q の位置を求めよ」
という問題を想定する.
このとき, 本問の解答1と同じ要領で, 点 A, B を通る円のうち, x 軸の正の部分と共有点をもつ最小の円を考えることで, 題意のような点 Q の位置を定めることができる.

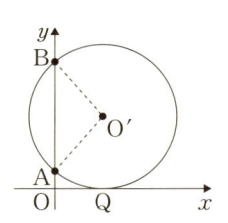

43 図形と座標②

44 座標の設定

難易度 ■■□□□
時間 20分

図において，ABCD は 1 辺の長さ 1km の正方形で，M，N はそれぞれ辺 CD，DA の中点である．いま，甲，乙は同時刻にそれぞれ A，B を出発し，同じ一定の速さで歩くものとする．甲は図の実線で示した道 AMB 上を進み，乙は実線で示した道 BNC 上を進み 30 分後に甲は B に，乙は C に到着した．甲，乙が最も近づいたのは出発何分後か．
また，そのときの両者の間の距離はいくらか．

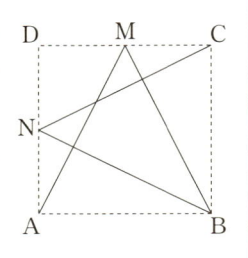

(1985 年　文科)

ポイント

- 図形量の最大最小 ⇨ 図計量を関数化して，最大最小を考える．
- 動点の表現 ⇨ 座標やベクトルを設定し，パラメータ（文字）を用いて表現する．
- 座標の設定 ⇨ 図形量が扱いやすいように設定する．解答 1，2
- 対称性をもつ図形 ⇨ 初等幾何的な解法の可能性を探る．解答 3

解答 1

A(0, 0)，B(1, 0)，C(1, 1)，D(0, 1) とする．t 分後の甲，乙の位置を P，Q とすると，　　← 座標設定

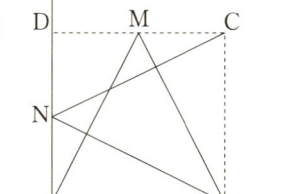

(i) $0 \leq t \leq 15$ のとき

$$P\left(\frac{t}{30}, \frac{t}{15}\right), \quad Q\left(1-\frac{t}{15}, \frac{t}{30}\right),$$

$$PQ^2 = \left(1-\frac{t}{10}\right)^2 + \left(-\frac{t}{30}\right)^2 = \frac{1}{90}(t-9)^2 + \frac{1}{10}$$

∴　$t=9$ のとき，$_{min}PQ = \frac{1}{\sqrt{10}}$

(ii) $15 \leq t \leq 30$ のとき

対称性から，$t=30-9=21$ のとき，$_{min}PQ = \frac{1}{\sqrt{10}}$　　← 対称性の利用

(i)(ii) より，9，21 分後のとき，最小値 $\frac{1}{\sqrt{10}}$ km

解答2

$A(0, 0)$, $B(1, 0)$, $C(1, 1)$, $D(0, 1)$ とする.
t 分後の甲, 乙の位置を P, Q とする.

(ⅰ) $0 \leq t \leq 15$ のとき

$$\vec{AP} = \left(\frac{t}{30}, \frac{t}{15}\right), \quad \vec{BQ} = \left(-\frac{t}{15}, \frac{t}{30}\right), \quad \vec{AQ} = \vec{AB} + \vec{BQ} = \left(1 - \frac{t}{15}, \frac{t}{30}\right) \text{ と表される.}$$

$$\vec{PQ} = \left(1 - \frac{t}{10}, -\frac{t}{30}\right)$$

$$|\vec{PQ}|^2 = \left(1 - \frac{t}{10}\right)^2 + \left(-\frac{t}{30}\right)^2 = \frac{1}{90}(t-9)^2 + \frac{1}{10}$$

$\therefore\ t = 9$ のとき, $_{min}PQ = \dfrac{1}{\sqrt{10}}$

(ⅱ) $15 \leq t \leq 30$ のとき

対称性から, $t = 30 - 9 = 21$ のとき, $_{min}PQ = \dfrac{1}{\sqrt{10}}$ ← 対称性の利用

(ⅰ)(ⅱ) より, 9, 21 分後のとき, 最小値 $\dfrac{1}{\sqrt{10}}$ km

解答3

t 分後の甲, 乙の位置を P, Q とする.
$\angle POQ$ はつねに $90°$.
また, $OP = OQ$ より, $\triangle OPQ$ は直角二等辺三角形.
よって, $PQ = \sqrt{2}\,OP$ であるから, OP が最小値をとるとき, $_{min}PQ$.
$\angle OPM = 90°$ のとき, OP が最小値である. そのときの点を P' とすると, 右図において, $\triangle MAL \infty \triangle MOP'$.

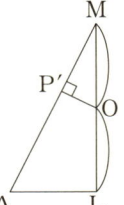

$\therefore\ AM : MP' = 5 : 2$, $OP' = \dfrac{1}{\sqrt{20}}$

A から M まで 15 分で進むので, 甲が P' にいるのは, 9 分後.
対称性より, 同様に 21 分後も最小値をとる. ← 対称性の利用

よって, 9, 21 分後のとき, 最小値 $\dfrac{1}{\sqrt{10}}$ km

分析

* 本問は, 対称性を利用することで処理を大幅に少なくできている.

45 接する複数の円

難易度 ■□□□
時間 15分

座標平面において原点を中心とする半径 2 の円を C_1 とし,点 $(1, 0)$ を中心とする半径 1 の円を C_2 とする.また,点 (a, b) を中心とする半径 t の円 C_3 が,C_1 に内接し,かつ C_2 に外接すると仮定する.ただし,b は正の実数とする.

(1) a, b を t を用いて表せ.また,t がとりうる値の範囲を求めよ.
(2) t が (1) で求めた範囲を動くとき,b の最大値を求めよ. (2009 年 文科)

ポイント

- 接する複数の円 ⇨ 中心間の距離についての条件式を考える.
- 「t で表せ」 ⇨ t を定数として,a, b の連立方程式を解く.
- 根号の処理 ⇨ 正負に注意して,2 乗する.

解答

(1) $O(0, 0)$, $A(1, 0)$, $P(a, b)$ とする.
円 C_3 が円 C_1 に内接するから $0 < t < 2$ …①

$$OP = 2 - t \iff \sqrt{a^2 + b^2} = 2 - t \quad \cdots ②$$
$$AP = 1 + t \iff \sqrt{(a-1)^2 + b^2} = 1 + t \quad \cdots ③$$

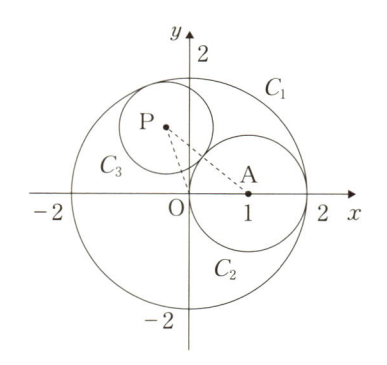

②③の両辺は正なので,両辺を 2 乗して,
②より,$a^2 + b^2 = (2-t)^2$ …④
③より,$(a-1)^2 + b^2 = (1+t)^2$ …⑤
④,⑤から,b を消去すると

$$2a - 1 = -6t + 3 \iff a = -3t + 2$$

④に代入して,

$$(-3t + 2)^2 + b^2 = (2-t)^2 \iff b^2 = -8t^2 + 8t$$

$b > 0$ より,

$$b = \sqrt{-8t^2 + 8t}$$

ここで
$$-8t^2+8t>0 \Leftrightarrow -8t(t-1)>0$$
$$\therefore\ 0<t<1\ \cdots ⑥$$

①と⑥の共通範囲を求めて $0<t<1$

(2)
$$b=\sqrt{-8t^2+8t}$$
$$=\sqrt{-8\left(t-\frac{1}{2}\right)^2+2}$$

t は $0<t<1$ の範囲で変化するので，
b は $t=\frac{1}{2}$ のとき最大値 $\sqrt{2}$．

分析

* 互いに接する2円に関する問題は，必ず円周上の点と円の中心を結ぶ補助線と中心間を結ぶ補助線を考える．

* $OP=2-t$，$AP=1+t$ より，$OP+AP=3$（定数）が成立することより，点Pは，点O，Aを焦点とし，長軸の長さが3の楕円 E を描くことになる．

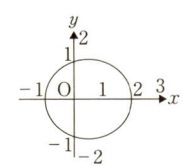

ちなみにこの楕円 E の方程式は，
$$E:\frac{4\left(x-\frac{1}{2}\right)^2}{9}+\frac{y^2}{2}=1$$

となる．（数Ⅲ範囲）

* 本問は，解法の方向性も定めやすく，解きやすい問題であるといえる．

46 円と図形量

難易度
時間 15分

xy 平面上の点 $P(a, b)$ に対し,正方形 $S(P)$ を連立不等式 $|x-a| \leq \dfrac{1}{2}$,$|y-b| \leq \dfrac{1}{2}$ の表す領域として定め,原点と $S(P)$ の点との距離の最小値を $f(P)$ とする.点 $(2, 1)$ を中心とする半径 1 の円周上を P が動くとき,$f(P)$ の最大値を求めよ.

(1996 年 文科)

ポイント

- 「最小値」の最大値 ⇨ 最小値をとるときの集合の中での最大値を考える.
- 正方形 $S(P)$ の条件 ⇨ 正方形が円上に動くアニメーションを想像する.
- 円と図形量 ⇨ 出来る限り幾何学的性質を有効利用する.

解答 1

$f(P)$ が最大となるときは,
P が円 $(x-2)^2 + (y-1)^2 = 1$ の右上にあるとき.
また,正方形 $S(P)$ の左下の頂点を Q とすると,
$f(P) = OQ$ と考えてよい. …①　　← *

点 Q の軌跡は,
点 P の軌跡の円 $(x-2)^2 + (y-1)^2 = 1$ を
x 方向に $-\dfrac{1}{2}$,y 方向に $-\dfrac{1}{2}$ 平行移動したものなので,

$$円:\left(x-\dfrac{3}{2}\right)^2 + \left(y-\dfrac{1}{2}\right)^2 = 1.$$

この円上の点で原点から最も遠い点は右図の R である.

$$(f(P) \text{ の最大値}) = OO' + OR = \dfrac{\sqrt{10}}{2} + 1$$

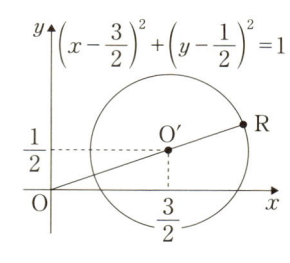

解答2

(①まで解答1と同様)

$P(a, b)$ は円 $(x-2)^2 + (y-1)^2 = 1$ 上の点なので,
$$a = 2 + \cos\theta, \quad b = 1 + \sin\theta \quad \cdots ②$$
← 円関数置換

と表せる.

正方形 $S(P)$ の左下の頂点 Q は
$$Q\left(\frac{3}{2} + \cos\theta, \frac{1}{2} + \sin\theta\right)$$

と表されるので,
$$f(P) = \sqrt{\left(\frac{3}{2} + \cos\theta\right)^2 + \left(\frac{1}{2} + \sin\theta\right)^2} = \sqrt{3\cos\theta + \sin\theta + \frac{7}{2}}$$

ここで,
$$3\cos\theta + \sin\theta = \sqrt{10}\sin(\theta + \alpha) \leq \sqrt{10} \quad \cdots ③$$
← 合成

よって, $f(P)$ の最大値は,
$$f(P) = \sqrt{\sqrt{10} + \frac{7}{2}} = \frac{\sqrt{10} + 2}{2}$$

分析

* ①は,「正方形が円上を動くアニメーション」から考えている. これ以降は Q だけに注目すればよい.

* ②では, 円上の点を三角関数を利用して表現している.
  一般に, 中心 (x_0, y_0) 半径 r の円上の点は
  $$(x_0 + r\cos\theta, y_0 + r\sin\theta)$$
  と表現できる.

47 図形量の最大最小①

O を原点とする座標平面上に点 A($-3, 0$) をとり，$0° < \theta < 120°$ の範囲にある θ に対して，次の条件(a)，(b)を満たす 2 点 B，C を考える．

(a) B は $y > 0$ の部分にあり，OB = 2 かつ $\angle AOB = 180° - \theta$ である．

(b) C は $y < 0$ の部分にあり，OC = 1 かつ $\angle BOC = 120°$ である．ただし △ABC は O を含むものとする．

(1) △OAB と △OAC の面積が等しいとき，θ の値を求めよ．

(2) θ を $0° < \theta < 120°$ の範囲で動かすとき，△OAB と △OAC の面積の和の最大値と，そのときの $\sin \theta$ の値を求めよ． (2010 年 文科)

ポイント

- 条件(a)(b) ⇨ 図を描いて，角度の関係を考えていく．特に，$\sin(180° - \theta) = \sin \theta$ などに注意．
- 「△OAB と △OAC の面積が等しい」 ⇨ 面積をそれぞれ立式して考える．
- $\sin \theta$ と $\cos \theta$ の一次結合の形の最大最小 ⇨ 合成して考える．

解答

(1) 条件より $\angle AOC = 180° - (120° - \theta) = 60° + \theta$

$$\triangle OAB = \frac{1}{2} OA \cdot OB \sin \angle AOB$$
$$= \frac{1}{2} \cdot 3 \cdot 2 \sin(180° - \theta) = 3 \sin \theta$$

$$\triangle OAC = \frac{1}{2} OA \cdot OC \sin \angle AOC$$
$$= \frac{1}{2} \cdot 3 \cdot 1 \sin(60° + \theta) = \frac{3}{4}(\sqrt{3} \cos \theta + \sin \theta)$$

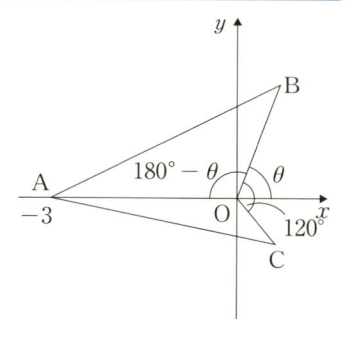

△OAB = △OAC のとき

$$3 \sin \theta = \frac{3}{4}(\sqrt{3} \cos \theta + \sin \theta)$$
$$\Leftrightarrow \quad 3 \sin \theta = \sqrt{3} \cos \theta$$

$\cos \theta \neq 0$ より

$$\tan \theta = \frac{1}{\sqrt{3}}$$

$0° < \theta < 120°$ であるから

$$\theta = 30°$$

106

(2) △OAB と △OAC の面積の和を T とすると,

$$T = \triangle OAB + \triangle OAC$$
$$= \frac{15}{4}\sin\theta + \frac{3\sqrt{3}}{4}\cos\theta$$
$$= \frac{3}{4}(5\sin\theta + \sqrt{3}\cos\theta)$$
$$= \frac{3\sqrt{7}}{2}\sin(\theta + \alpha)$$

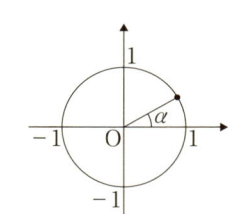

(α は $\sin\alpha = \frac{\sqrt{21}}{14}$, $\cos\alpha = \frac{5\sqrt{7}}{14}$, $0° < \alpha < 90°$ なる角)

$0° < \theta < 120°$, $0° < \alpha < 90°$ より $\theta + \alpha = 90°$ となる θ が存在する.
このとき, △OAB と △OAC の面積の和 T は最大となる.

$$\text{最大値は } \frac{3\sqrt{7}}{2}$$

このとき, $\sin\theta = \sin(90° - \alpha) = \cos\alpha = \frac{5\sqrt{7}}{14}$

分析

* 三角関数の合成を行った際, α として現れる角が有名角にならないときも, 角に大体の目安をつけその三角関数の値から解き進めることが多いので注意する.

48 図形量の最大最小②

難易度 ■■□□
時間 15分

実数 t は $0<t<1$ を満たすとし，座標平面上の 4 点 $O(0, 0)$, $A(0, 1)$, $B(1, 0)$, $C(t, 0)$ を考える．また線分 AB 上の点 D を $\angle ACO = \angle BCD$ となるように定める．t を動かしたときの三角形 ACD の面積の最大値を求めよ． (2012年 文科)

ポイント

- 図形量の最大最小
  ⇨ 図計量を決定するパラメータを設定し，関数化して最大最小を考える．
- 3 角形 ACD の面積 S ⇨ 点 C の位置にのみ depend するので，S は t の関数．
- 分数関数の最大最小 ⇨ 相加・相乗平均の関係の利用可能性を考える．

解答 1

直線 AC の傾きは $-\dfrac{1}{t}$.

$\angle ACO = \angle BCD$ より，直線 AC の傾きと直線 CD の傾きは正負逆．

直線 CD の方程式は $y = \dfrac{1}{t}(x - t)$ …①

直線 AB の方程式は $y = -x + 1$ …②

①②を連立して，D の y 座標を求めると，$y = \dfrac{1-t}{t+1}$.

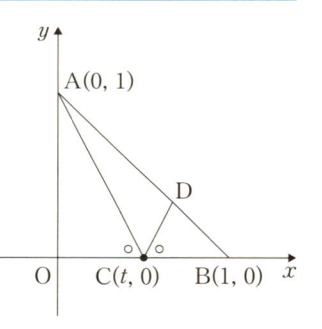

三角形 ACD の面積を S とすると

$$S = \triangle ABO - \triangle ACO - \triangle BCD$$
$$= \dfrac{1}{2} \cdot 1 \cdot 1 - \dfrac{1}{2} \cdot t \cdot 1 - \dfrac{1}{2} \cdot (1-t) \cdot \dfrac{1-t}{t+1}$$
$$= -t + 2 - \dfrac{2}{t+1}$$
$$= 3 - \left(t + 1 + \dfrac{2}{t+1}\right) \quad \text{…③}$$

← 分数関数

ここで，$t+1>0$, $\dfrac{2}{t+1}$ であるから，相加・相乗平均の関係より

$$t + 1 + \dfrac{2}{t+1} \geq 2\sqrt{(t-1) \cdot \dfrac{2}{t+1}} = 2\sqrt{2} \quad \therefore \quad S \leq 3 - 2\sqrt{2}$$

等号は，$0<t<1$ かつ $t+1 = \dfrac{2}{t+1}$ のとき成立．このとき，$t = \sqrt{2} - 1$.

よって，三角形 ACD の面積は $t = \sqrt{2} - 1$ のとき　最大値　$3 - 2\sqrt{2}$.

解答2

(③まで同様)

$$S = \frac{-t^2+t}{t+1} \Leftrightarrow t^2+(S-1)t+S=0 \quad \cdots ④$$

t の方程式④が実数解をもつことが必要.

$$D = S^2-6S+1 \geqq 0 \Leftrightarrow S \leqq 3-2\sqrt{2}, \ S \geqq 3+2\sqrt{2}$$

$S \leqq \triangle \text{OAB} = \dfrac{1}{2}$ より,$S \leqq 3-2\sqrt{2}$. ← 必要条件

等号成立するとき,$t = \sqrt{2}-1$. これは $0<t<1$ をみたす.

よって,三角形 ACD の面積は $t=\sqrt{2}-1$ のとき 最大値 $3-2\sqrt{2}$.

分析

* ③では,相加・相乗平均の関係が利用しやすいように,分母 $t+1$ に合わせる形の式変形をしている.

* 一般に,『図形量の最大最小問題』において,分数関数で表現される図形量を相加・相乗平均の関係で処理することが多い.(数Ⅲ範囲では,分数関数の微分法でも可能.)

類題

y の最小値を求めよ.

(1) $y = x + \dfrac{1}{x} \ (x>0)$ 　　(2) $y = x + \dfrac{1}{x+1} \ (x>-1)$

(3) $y = \dfrac{x^4}{x^2+1} \ (x\text{は実数})$ 　　(4) $y = x + \dfrac{4}{x^2} \ (x>0)$

---

(1) $y = x + \dfrac{1}{x} \geqq 2\sqrt{x \cdot \dfrac{1}{x}} = 2$ 　∴ 最小値は 2 ($x=1$)

(2) $y = (x+1) + \dfrac{1}{x+1} - 1 \geqq 2\sqrt{(x+1) \cdot \dfrac{1}{x+1}} - 1 = 1$ 　∴ 最小値は 1 ($x=0$)

(3) $y = (x^2+1) + \dfrac{1}{x^2+1} - 2 \geqq 2\sqrt{(x^2+1) \cdot \dfrac{1}{x^2+1}} - 2 = 0$ 　∴ 最小値は 0 ($x=0$)

(4) $y = \dfrac{x}{2} + \dfrac{x}{2} + \dfrac{4}{x^2} \geqq 3\sqrt[3]{\dfrac{x}{2} \cdot \dfrac{x}{2} \cdot \dfrac{4}{x^2}} = 3$ 　∴ 最小値は 3 ($x=2$)

49 図形量の最大最小③

難易度 ■■□□□
時間 15分

l を座標平面上の原点を通り傾きが正の直線とする．
更に，以下の 3 条件（ⅰ），（ⅱ），（ⅲ）で定まる円 C_1，C_2 を考える．

（ⅰ） 円 C_1，C_2 は 2 つの不等式 $x \geqq 0$，$y \geqq 0$ で定まる領域に含まれる．

（ⅱ） 円 C_1，C_2 は直線 l と同一点で接する．

（ⅲ） 円 C_1 は x 軸と点 $(1, 0)$ で接し，円 C_2 は y 軸と接する．

円 C_1 の半径を r_1，円 C_2 の半径を r_2 とする．
$8r_1 + 9r_2$ が最小となるような直線 l の方程式と，その最小値を求めよ．

(2015 年　文科)

ポイント

- r_1，r_2 によって決まる $8r_1 + 9r_2$ の値の最小値 ⇨ 関数化して最小値を考える．
- r_1，r_2 は独立なパラメータか？従属なパラメータか？
  ⇨ r_1 が決まれば，r_2 は決まる．（従属）
- 従属な 2 つのパラメータ
  ⇨ 一方のパラメータに統一して，一変数の関数にできる．
- 分数関数の max, min ⇨ 相加・相乗平均の関係の利用を考える．

解答 1

右図のように点をおく．接線の長さは等しいので
$OP = OT = OQ = 1$．
$A(1, r_1)$，$B(r_2, 1)$　$AB = r_1 + r_2$．
△ABC で三平方の定理より，

$$(1 - r_2)^2 + (1 - r_1)^2 = (r_1 + r_2)^2$$
$$\Leftrightarrow \quad r_1 r_2 + r_1 + r_2 - 1 = 0$$
$$\Leftrightarrow \quad r_2 = \frac{1 - r_1}{r_1 + 1} = \frac{2}{r_1 + 1} - 1 \quad \cdots ①$$

このとき　$8r_1 + 9r_2 = 8r_1 + \dfrac{18}{r_1 + 1} - 9$

$\qquad\qquad\qquad = 8(r_1 + 1) + \dfrac{18}{r_1 + 1} - 17 \quad \cdots ②$

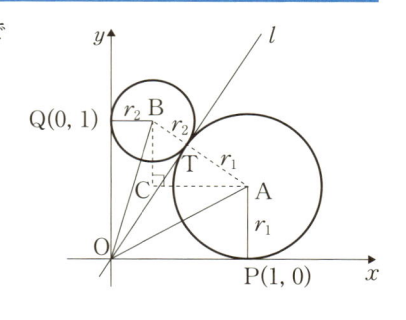

← 分数関数

$r_1+1>0$ より，相加・相乗平均の関係より

$$8(r_1+1)+\frac{18}{r_1+1}-17 \geqq 2\sqrt{8(r_1+1)\cdot\frac{18}{r_1+1}}-17=7$$

等号成立は，$8(r_1+1)=\dfrac{18}{r_1+1}$ $\Leftrightarrow$ $r_1=\dfrac{1}{2}$ のとき．（$\because r_1+1>0$）また，①より $r_2=\dfrac{1}{3}$．

よって，$8r_1+9r_2$ は，$r_1=\dfrac{1}{2}$，$r_2=\dfrac{1}{3}$ のとき最小値 7．

このとき，$\mathrm{A}\left(1, \dfrac{1}{2}\right)$，$\mathrm{B}\left(\dfrac{1}{3}, 1\right)$ であり，T は線分 AB を $3:2$ に内分するから，$\mathrm{T}\left(\dfrac{3}{5}, \dfrac{4}{5}\right)$

$\therefore$　直線 l の方程式は　$y=\dfrac{4}{3}x$

§3
図形

解答2

$\mathrm{OP=OT=OQ}=1$ であるから，$\angle \mathrm{AOP}=\theta$ とすると，$0<\theta<\dfrac{\pi}{4}$．　…③

$\angle \mathrm{AOP}=\angle \mathrm{AOT}=\theta$，$\angle \mathrm{BOQ}=\angle \mathrm{BOT}=\dfrac{\pi}{4}-\theta$

$$\therefore\quad r_1=\tan\theta,\quad r_2=\tan\left(\dfrac{\pi}{4}-\theta\right)$$

← tan の利用

$$8r_1+9r_2=8\tan\theta+9\tan\left(\dfrac{\pi}{4}-\theta\right)=8\tan\theta+9\cdot\frac{1-\tan\theta}{1+\tan\theta}$$
$$=\frac{8\tan^2\theta-\tan\theta+9}{1+\tan\theta}$$

ここで，$0<\tan\theta$ より，相加・相乗平均の関係より

$$\frac{8\tan^2\theta-\tan\theta+9}{1+\tan\theta}=8\tan\theta-9+\frac{18}{1+\tan\theta}$$
$$=8(1+\tan\theta)+\frac{18}{1+\tan\theta}-17 \quad \cdots ④$$
$$\geqq 2\sqrt{8(1+\tan\theta)\cdot\frac{18}{1+\tan\theta}}-17=7$$

← 分数関数

等号成立は，$8(1+\tan\theta)=\dfrac{18}{1+\tan\theta}$ $\Leftrightarrow$ $\tan\theta=\dfrac{1}{2}$ のとき．（$\because 0<\tan\theta<1$）

このとき，$\tan 2\theta=\dfrac{2\tan\theta}{1-\tan^2\theta}=\dfrac{4}{3}$

$\therefore$　最小値は 7，直線 l の方程式は $y=\dfrac{4}{3}x$

分析

* 解答2 では，③でパラメータを θ として，r_1，r_2 を θ で表現して考えようとしている．ただし，θ の変域には注意．

* ②④では，相加・相乗平均の関係が使えるように，「積の形がきれいな2数」になるように式変形している．

49 図形量の最大最小③

50 2動点間の距離

難易度 ■■□□
時間 15分

c を $c > \dfrac{1}{4}$ を満たす実数とする．xy 平面上の放物線 $y = x^2$ を A とし，直線 $y = x - c$ に関して A と対称な放物線を B とする．点 P が放物線 A 上を動き，点 Q が放物線 B 上を動くとき，線分 PQ の長さの最小値を c を用いて表せ．

(1999 年　文科)

ポイント

- 2 動点間の距離の最小 ⇨ 1 点を固定して暫定的な最小値から考える．
- 対称性をもつ図形 ⇨ 対称性から最小値の状態を決定できる．
- 点と直線の距離 ⇨ 点と直線の距離の公式，あるいは初等幾何を用いる．

解答 1

$A: y = x^2$，$l: y = x - c$ を連立して，$x^2 - x + c = 0$.
判別式を D とすると

$$D = 1 - 4c = 4\left(\dfrac{1}{4} - c\right) < 0 \quad \left(\because c > \dfrac{1}{4}\right)$$

よって，放物線 A と直線 l は共有点をもたない．

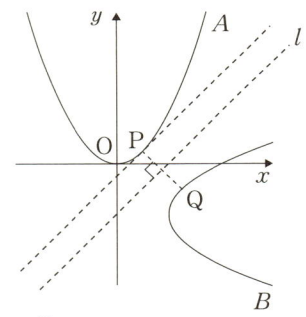

右図から，点 P における放物線 A の接線の傾きが直線 l と同じ 1 になるとき，線分 PQ の長さは最小になる．…①

$$f'(x) = 2x = 1 \iff x = \dfrac{1}{2}$$

より，点 $P\left(\dfrac{1}{2}, \dfrac{1}{4}\right)$．

線分 PQ は，点 P と直線 $y = x - c$ との距離の 2 倍であるから

$$PQ = 2 \times \dfrac{\left|\dfrac{1}{2} - \dfrac{1}{4} - c\right|}{\sqrt{1 + 1}} = \sqrt{2}\left(c - \dfrac{1}{4}\right)$$

← 点と直線の距離

解答2

(①まで同様)

①のときの接線を $y = x + n$ とすると

$x^2 = x + n$ から,判別式 $D = 1 + 4n = 0 \Leftrightarrow n = -\dfrac{1}{4}$

よって,線分 PR の長さは,

2点 $C\left(0, -\dfrac{1}{4}\right)$, $D(0, -c)$ の間の距離の $\dfrac{1}{\sqrt{2}}$ 倍.

また,PQ = 2PR.

$$\therefore \ \mathrm{PQ} = \sqrt{2}\left(c - \dfrac{1}{4}\right)$$

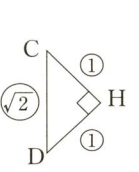

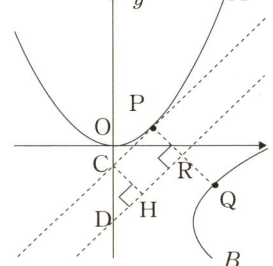

分析

* 本問における $c > \dfrac{1}{4}$ という条件は,問題を読むだけでは気づきにくいが,解答途中において「2つの放物線が交わらないための条件」だと認識することができる.

* 一般に,2動点間の距離の最小を考えるとき,まず一方を固定して "暫定的な最小" を考える.その後,その関係を維持しながら,固定した点を動かして "全体的な最小" の状態を求める.本問ならば,以下のような4つのステップで "全体的な最小" の状態を導く.

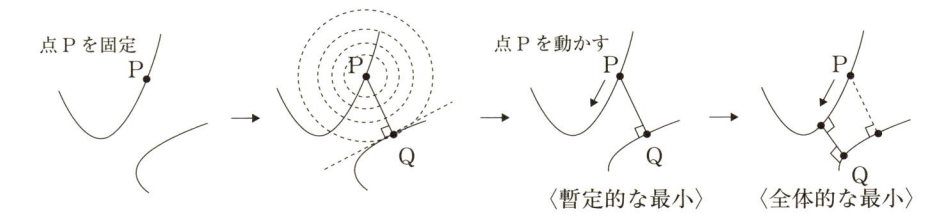

点Pを固定 → → 点Pを動かす → 〈暫定的な最小〉 〈全体的な最小〉

51 座標上の正三角形①

xy 平面の放物線 $y=x^2$ 上の3点 P, Q, R が次の条件を満たしている.
△PQR は1辺の長さ a の正三角形であり,点 P, Q を通る直線の傾きは $\sqrt{2}$ である.
このとき,a の値を求めよ. (2004年 文理共通)

ポイント

- 正三角形 ⇨ 等辺条件,中線（垂直二等分線）,1つの角が $\dfrac{\pi}{3}$,円の交点,などの性質を利用
- 2点 P, Q を $P(p, p^2)$, $Q(q, q^2)$ とおく
  ⇨ 1辺 a,傾き $\sqrt{2}$ より,p, q は a で表現できる.
- R の座標決定 ⇨ 中線を引いて,ベクトルを利用する.

解答1

$P(p, p^2)$, $Q(q, q^2)$ $(p<q)$ とおく.直線 PQ の傾きが $\sqrt{2}$ より,

$$\frac{q^2-p^2}{q-p} = \sqrt{2} \Leftrightarrow p+q = \sqrt{2} \quad \cdots ①$$

$PH = q-p$, $QH = \sqrt{2}(q-p)$

右図の△QPH において,三平方の定理から

$$(q-p)^2 + \{\sqrt{2}(q-p)\}^2 = a^2$$

$q-p>0$ であるから $q-p = \dfrac{a}{\sqrt{3}}$ $\cdots ②$

$$pq = \frac{1}{4}((p+q)^2-(p-q)^2) = \frac{1}{2} - \frac{a^2}{12} \quad \cdots ③$$

線分 PQ の中点 M の座標は $\left(\dfrac{p+q}{2}, \dfrac{p^2+q^2}{2}\right)$

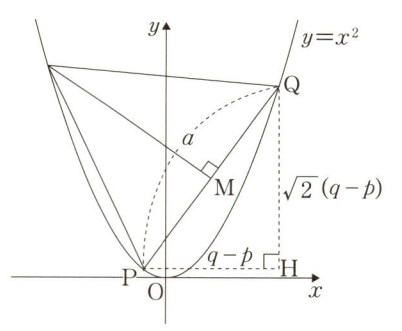

①,③から $\dfrac{p+q}{2} = \dfrac{\sqrt{2}}{2}$, $\dfrac{p^2+q^2}{2} = \dfrac{(p+q)^2-2pq}{2} = \dfrac{1}{2} + \dfrac{a^2}{12}$

$$\therefore M\left(\frac{\sqrt{2}}{2}, \frac{1}{2}+\frac{a^2}{12}\right)$$

$\overrightarrow{PQ} = (q-p, q^2-p^2)$ に垂直な単位ベクトルを $\vec{v}$ とすると,$\cdots ④$

$$\overrightarrow{MR} = \pm \frac{\sqrt{3}}{2}a\vec{v} = \pm \frac{\sqrt{3}}{2}(q^2-p^2, p-q) = \pm\left(\frac{\sqrt{2}}{2}a, -\frac{a}{2}\right) \quad \cdots ⑤$$

$$\overrightarrow{OR} = \overrightarrow{OM} + \overrightarrow{MR}$$
$$= \left(\frac{\sqrt{2}}{2} \pm \frac{\sqrt{2}}{2}a, \frac{1}{2}+\frac{a^2}{12} \mp \frac{a}{2}\right) \quad \text{(複号同順)}$$

← *

（ⅰ） $R\left(\dfrac{\sqrt{2}}{2}+\dfrac{\sqrt{2}}{2}a,\ \dfrac{1}{2}+\dfrac{a^2}{12}-\dfrac{a}{2}\right)$ のとき，点 R は $y=x^2$ 上なので

$$\dfrac{1}{2}+\dfrac{a^2}{12}-\dfrac{a}{2}=\left\{\dfrac{\sqrt{2}}{2}(1+a)\right\}^2 \Leftrightarrow 5a^2+18a=0 \quad \leftarrow 代入$$

∴ $a=0,\ -\dfrac{18}{5}$ ただし，$a>0$ であるから不適.

（ⅱ） $R\left(\dfrac{\sqrt{2}}{2}-\dfrac{\sqrt{2}}{2}a,\ \dfrac{1}{2}+\dfrac{a^2}{12}+\dfrac{a}{2}\right)$ のとき，点 R は $y=x^2$ 上なので

$$\dfrac{1}{2}+\dfrac{a^2}{12}+\dfrac{a}{2}=\left\{\dfrac{\sqrt{2}}{2}(1-a)\right\}^2 \Leftrightarrow 5a^2-18a=0 \quad \leftarrow 代入$$

∴ $a=0,\ \dfrac{18}{5}$ ただし，$a>0$ であるから $a=\dfrac{18}{5}$

以上より，$a=\dfrac{18}{5}$

解答 2

$P(p,\ p^2),\ Q(q,\ q^2),\ R(r,\ r^2)\ (p<q)$ とする.
直線 PQ と x 軸の正の方向とのなす角を θ とすると,

直線 PQ の傾きは $\tan\theta=\dfrac{q^2-p^2}{q-p}=p+q=\sqrt{2}$ …⑥

同様に直線 PR，QR の傾きはそれぞれ $r+p,\ q+r$ …⑦⑧

⑥⑦⑧より，

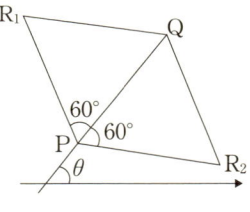

$$\tan(\theta\pm 60°)=\dfrac{\tan\theta\pm\tan 60°}{1\mp\tan\theta\tan 60°}=\dfrac{\sqrt{2}\pm\sqrt{3}}{1\mp\sqrt{6}}=p+r \quad \cdots ⑨$$

$$\tan(\theta\pm 120°)=\dfrac{\tan\theta\pm\tan 120°}{1\mp\tan\theta\tan 120°}=\dfrac{\sqrt{2}\mp\sqrt{3}}{1\pm\sqrt{6}}=q+r \quad \cdots ⑩$$

⑥⑨⑩より，

$$p=\dfrac{\sqrt{2}}{2}\mp\dfrac{3\sqrt{3}}{5},\quad q=\dfrac{\sqrt{2}}{2}\pm\dfrac{3\sqrt{3}}{5},\quad r=-\dfrac{13\sqrt{2}}{10}\quad (複号同順)$$

$$\therefore\ a=\sqrt{(q-p)^2+(q^2-p^2)^2}=\dfrac{18}{5}$$

分析

* ④において，$\overrightarrow{PQ}$ に垂直なベクトルは，$x,\ y$ 成分を逆にして，一方にマイナスを付けて，$(q^2-p^2,\ p-q)$. このベクトルの大きさが a であるから，$\vec{v}=\pm\dfrac{1}{a}(q^2-p^2,\ p-q)$ となる.

類題

座標上の 2 点から，正三角形をなす残りの 1 点を求めるときは，解答 1 のような「ベクトルの利用」のほかに，「中線の方程式と等辺条件」「各点を中心とする 2 円の交点」「複素数による回転移動（数学Ⅲ）」などが考えられる.

52 座標上の正三角形②

難易度 ／ 時間 25分

a, b を正の数とし，xy 平面の 2 点 $A(a, 0)$ および $B(0, b)$ を頂点とする正三角形を ABC とする．ただし，C は第 1 象限の点とする．

(1) 三角形 ABC が正方形 $D = \{(x, y) | 0 \leq x \leq 1, 0 \leq y \leq 1\}$ に含まれるような (a, b) の範囲を求めよ．

(2) (a, b) が (1) の範囲を動くとき，三角形 ABC の面積 S が最大となるような (a, b) を求めよ．また，そのときの S の値を求めよ．

(1997 年　文理共通)

ポイント

- 座標上の正三角形　⇒　ベクトル or 複素数平面の利用を考える．
- 点 A を点 B の周りに θ 回転した点 C　⇒　$z_c - z_b = (\cos\theta + i\sin\theta)(z_a - z_b)$　解答 2
- 2 変数関数の最大最小　⇒　2 変数の変域が領域で表されるときは「線形計画法」を利用．

解答 1

(1) 線分 AB の中点 $M\left(\dfrac{a}{2}, \dfrac{b}{2}\right)$．

$CM = \dfrac{\sqrt{3}}{2} AB = \dfrac{\sqrt{3}}{2}\sqrt{a^2 + b^2}$

直線 AB の方向ベクトルは $\vec{v} = (a, -b)$ であるから，法線ベクトルは $\vec{t} = (b, a)$．向きに注意して，

$\overrightarrow{MC} = \dfrac{\sqrt{3}}{2}\sqrt{a^2 + b^2} \cdot \dfrac{\vec{t}}{|\vec{t}|} = \left(\dfrac{\sqrt{3}}{2}b, \dfrac{\sqrt{3}}{2}a\right)$

∴ $\overrightarrow{OC} = \overrightarrow{OM} + \overrightarrow{MC} = \left(\dfrac{a + \sqrt{3}b}{2}, \dfrac{\sqrt{3}a + b}{2}\right)$

よって $C\left(\dfrac{a + \sqrt{3}b}{2}, \dfrac{\sqrt{3}a + b}{2}\right)$

△ABC が D に含まれるための条件は

$0 < a \leq 1,\ 0 < b \leq 1,\ 0 < \dfrac{a + \sqrt{3}b}{2} \leq 1,\ 0 < \dfrac{\sqrt{3}a + b}{2} \leq 1$

∴ $0 < a \leq 1,\ 0 < b \leq 1,\ a + \sqrt{3}b \leq 2,\ \sqrt{3}a + b \leq 2$

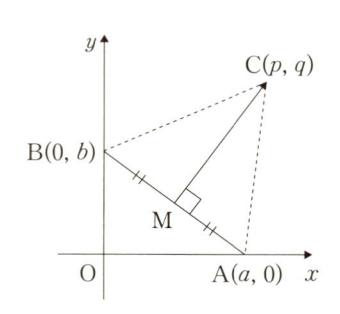

(2) 正三角形 ABC の 1 辺の長さは $\sqrt{a^2+b^2}$

$$\therefore \quad S = \frac{\sqrt{3}}{4}(a^2+b^2)$$

よって，a^2+b^2 の値が最大のとき，S も最大となる．

(1)の点 (a, b) の範囲を図示すると図の斜線部分（境界線上の点は，x 軸，y 軸上の点を含まず，他を含む）．

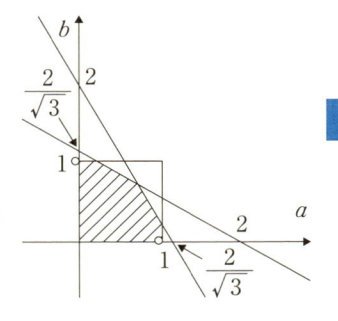

この範囲において，a^2+b^2 が最大値をとる候補は，

$$(a, b) = (1, 2-\sqrt{3}), \ (\sqrt{3}-1, \sqrt{3}-1), \ (2-\sqrt{3}, 1) \quad \leftarrow \text{3つの頂点}$$

それぞれ計算すると，すべて $a^2+b^2 = 8-4\sqrt{3}$

よって $(a, b) = (1, 2-\sqrt{3}), \ (\sqrt{3}-1, \sqrt{3}-1), \ (2-\sqrt{3}, 1)$ のとき S は最大となり，

最大値は $\dfrac{\sqrt{3}}{4}(8-4\sqrt{3}) = 2\sqrt{3}-3$

解答 2

(1) $C(p, q)$ とする．複素数平面上で考えると $\quad\leftarrow$ 複素数平面の利用

$A(a)$，$B(bi)$，$C(p+qi)$

点 C は点 A を点 B の周りに $60°$ だけ回転させた点なので，

$$p+qi-bi = (\cos 60° + i\sin 60°)(a-bi)$$
$$= \frac{a+\sqrt{3}b}{2} + \frac{\sqrt{3}a-b}{2}i$$

$$\therefore \quad p = \frac{a+\sqrt{3}b}{2}, \quad q = \frac{\sqrt{3}a+b}{2}$$

よって $C\left(\dfrac{a+\sqrt{3}b}{2}, \dfrac{\sqrt{3}a+b}{2}\right)$

（以下同様）

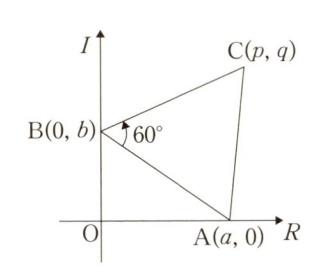

分析

* 厳密には，線形計画法は，領域，対象の式 $f(x, y) = k$ 共に 1 次式のときの用語であるが，ここでは，入試数学に対応するために広義に設定し，2 次以上のものであっても「線形計画法」と呼ぶことにした．

* 解答 2 は数Ⅲ範囲だが，積極的な受験生のために掲載した．

53 軌跡①

座標平面上の1点 $P\left(\dfrac{1}{2}, \dfrac{1}{4}\right)$ をとる．放物線 $y=x^2$ 上の2点 $Q(\alpha, \alpha^2)$, $R(\beta, \beta^2)$ を，3点 P, Q, R が QR を底辺とする二等辺三角形をなすように動かすとき，$\triangle PQR$ の重心 $G(X, Y)$ の軌跡を求めよ． (2011年 文理共通)

ポイント

- 動点の軌跡の問題 ⇨ 動点を (X, Y) とおいて，与条件を考える．
- 軌跡を求めるときは，置く文字は出来る限り少なくする
  ⇨ $Q(\alpha, \alpha^2)$, $R(\beta, \beta^2)$ とする．
- 軌跡の変域，除外点に注意 ⇨ 設定した文字の存在条件を考える．

解答 1

$Q(\alpha, \alpha^2)$, $R(\beta, \beta^2)$ とする．
$G(X, Y)$ は $\triangle PQR$ の重心であるから

$$\begin{cases} X = \dfrac{1}{3}\left(\dfrac{1}{2}+\alpha+\beta\right) \\ Y = \dfrac{1}{3}\left(\dfrac{1}{4}+\alpha^2+\beta^2\right) \end{cases} \Leftrightarrow \begin{cases} \alpha+\beta = 3X-\dfrac{1}{2} \\ \alpha^2+\beta^2 = 3Y-\dfrac{1}{4} \end{cases} \quad \cdots ①$$

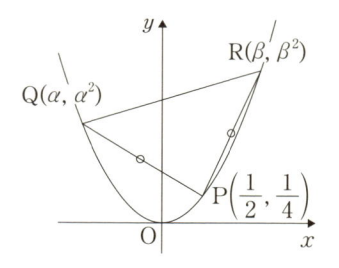

$PQ = QR$ より，

$$PQ^2 = QR^2 \Leftrightarrow \left(\alpha-\dfrac{1}{2}\right)^2+\left(\alpha^2-\dfrac{1}{4}\right)^2 = \left(\beta-\dfrac{1}{2}\right)^2+\left(\beta^2-\dfrac{1}{4}\right)^2$$

$$\Leftrightarrow \alpha^4+\dfrac{1}{2}\alpha^2-\alpha = \beta^4+\dfrac{1}{2}\beta^2-\beta$$

$$\Leftrightarrow (\alpha-\beta)\left((\alpha+\beta)(\alpha^2+\beta^2)+\dfrac{1}{2}(\alpha+\beta)-1\right)=0 \quad \cdots ②$$

$\alpha \neq \beta$ より，②の両辺を $\alpha-\beta$ で割って，①を代入すると， ← $\alpha-\beta \neq 0$

$$\left(3X-\dfrac{1}{2}\right)\left(3Y-\dfrac{1}{4}\right)+\dfrac{1}{2}\left(3X-\dfrac{1}{2}\right)-1=0$$

$$\Leftrightarrow \left(X-\dfrac{1}{6}\right)\left(Y+\dfrac{1}{12}\right)=\dfrac{1}{9}$$

$$\Leftrightarrow Y = \dfrac{1}{9\left(X-\dfrac{1}{6}\right)}-\dfrac{1}{12} \quad \cdots ③$$

ここで，①より，$\alpha\beta = \dfrac{1}{2}\{(\alpha+\beta)^2-(\alpha^2+\beta^2)\} = \dfrac{1}{2}\left\{\left(3X-\dfrac{1}{2}\right)^2-\left(3Y-\dfrac{1}{4}\right)\right\}$

118

α, β は2次方程式

$$t^2 - \left(3X - \frac{1}{2}\right)t + \frac{1}{2}\left\{\left(3X - \frac{1}{2}\right)^2 - \left(3Y - \frac{1}{4}\right)\right\} = 0 \quad \cdots ④$$

← 解と係数

の2解. α, β は異なる2つの実数であるから，④の判別式を D とすると $D>0$

$$D = \left(3X - \frac{1}{2}\right)^2 - 4\cdot\frac{1}{2}\left\{\left(3X - \frac{1}{2}\right)^2 - \left(3Y - \frac{1}{4}\right)\right\} > 0$$

$$\Leftrightarrow \quad Y > \frac{3}{2}\left(X - \frac{1}{6}\right)^2 + \frac{1}{12}$$

③を代入して

$$\frac{1}{9\left(X - \frac{1}{6}\right)} - \frac{1}{12} > \frac{3}{2}\left(X - \frac{1}{6}\right)^2 + \frac{1}{12}$$

整理すると，

$$\left(X - \frac{1}{6}\right)\left\{3\left(X - \frac{1}{6}\right) - 1\right\}\left\{9\left(X - \frac{1}{6}\right)^2 + 3\left(X - \frac{1}{6}\right) + 2\right\} < 0$$

$9\left(X - \frac{1}{6}\right)^2 + 3\left(X - \frac{1}{6}\right) + 2 > 0$ より $\frac{1}{6} < X < \frac{1}{2}$

← 変域

∴ 求める軌跡は 曲線 $y = \dfrac{1}{9\left(x - \frac{1}{6}\right)} - \dfrac{1}{12}$ の $\dfrac{1}{6} < x < \dfrac{1}{2}$ の部分

解答 2

(①まで同様)

3点 P, Q, R が QR を底辺とする二等辺三角形をなすから，線分 QR の中点を M とすると

$$\text{PM} \perp \text{QR} \quad \Leftrightarrow \quad \overrightarrow{\text{PM}} \cdot \overrightarrow{\text{QR}} = 0 \quad \cdots ⑤$$

$$\overrightarrow{\text{PM}} = \left(\frac{\alpha + \beta}{2} - \frac{1}{2}, \frac{\alpha^2 + \beta^2}{2} - \frac{1}{4}\right), \quad \overrightarrow{\text{QR}} = (\beta - \alpha, \beta^2 - \alpha^2)$$

$$⑤ \quad \Leftrightarrow \quad \left(\frac{\alpha + \beta}{2} - \frac{1}{2}\right)(\beta - \alpha) + \left(\frac{\alpha^2 + \beta^2}{2} - \frac{1}{4}\right)(\beta^2 - \alpha^2) = 0$$

整理すると，$2(\alpha + \beta - 1) + \{2(\alpha^2 + \beta^2) - 1\}(\alpha + \beta) = 0 \quad \Leftrightarrow \quad (\alpha + \beta)\{2(\alpha^2 + \beta^2) + 1\} = 2$

(以下同様)

分析

* 解答1④以降は，α, β の存在条件（実数条件）を考えている．この条件によって軌跡の変域が決定されることになる．本問のように，基本対称式を中心に解法を進めるときは，実数条件を付加して考える必要があることに注意．

54 軌跡②

座標平面上の3点 A(1, 0), B(−1, 0), C(0, −1) に対し，∠APC = ∠BPC を満たす点 P の軌跡を求めよ．ただし P ≠ A，B，C とする． (2008年 文科)

ポイント

- 条件をみたす点の軌跡 ⇨ 初等幾何的に処理（解答2），あるいは動点を (X, Y) として条件を立式して考える．（解答1）
- 条件を立式する ⇨ AP = a, BP = b, CP = c として，角度の条件を表現する．
- 軌跡の初等幾何的解法 ⇨ 特に円周角の定理に注意して考える．

解答1

点 P が直線 AC 上または直線 BC 上（ただし，P ≠ A，B，C）にあるとすると
$$\angle APC \neq \angle BPC$$
よって，△APC と △BPC が存在する．
AP = a, BP = b, CP = c とおき，△APC と △BPC に余弦定理を用いると

$$\frac{a^2 + c^2 - (\sqrt{2})^2}{2ac} = \frac{b^2 + c^2 - (\sqrt{2})^2}{2bc}$$

$$b(a^2 + c^2 - 2) = a(b^2 + c^2 - 2)$$

$$ab(a - b) - c^2(a - b) + 2(a - b) = 0$$

$$(a - b)(ab - c^2 + 2) = 0$$

よって
$$a = b \text{ または } ab = c^2 - 2$$

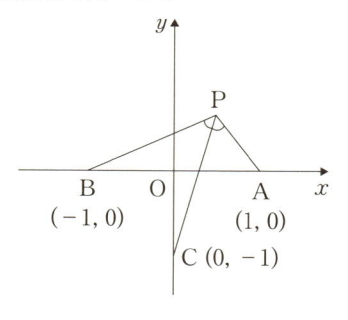

(i) $a = b$ のとき

点 P は線分 AB の垂直二等分線上，すなわち y 軸上を動く．

ただし，P ≠ C であるから，点 (0, −1) を除く．

(ii) $ab = c^2 - 2$ のとき

P(X, Y) とおくと
$$\sqrt{(X-1)^2 + Y^2}\sqrt{(X+1)^2 + Y^2} = X^2 + (Y+1)^2 - 2 \quad \cdots ①$$

まず，$X^2 + (Y+1)^2 \geq 2$ $\cdots ②$ が必要．

①の両辺を2乗して，

$$(X^2+1+Y^2-2X)(X^2+1+Y^2+2X) = \{(X^2+1+Y^2)+2(Y-1)\}^2$$
$$(X^2+1+Y^2)^2-4X^2 = (X^2+1+Y^2)^2+4(Y-1)(X^2+1+Y^2)+4(Y-1)^2$$
$\Leftrightarrow (Y-1)(X^2+Y^2+1)+(Y-1)^2+X^2 = 0$
$\Leftrightarrow (Y-1)(X^2+Y^2+1)+X^2+Y^2+1-2Y = 0$
$\Leftrightarrow Y(X^2+Y^2+1)-2Y = 0$
$\Leftrightarrow Y(X^2+Y^2-1) = 0$

これと②から
  （$y=0$ または $x^2+y^2=1$）かつ $x^2+(y+1)^2 \geqq 2$

（ⅰ），（ⅱ）とP≠A，Bから，点Pの軌跡は右図の太線部．

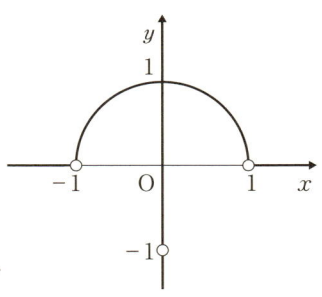

解答2

Pがy軸上にあるとき，∠APC=∠BPCが成立．以下，$x>0$で考える．

Pがx軸上にあるとき，$x \geqq 1$のとき，∠APC=∠BPCが成立．

（ⅰ）第1象限
  ・Pが単位円周上にあるとき，円周角の定理より，$y \geqq 0$の部分にあれば，∠APC=∠BPCが成立．
  ・Pが単位円の内部にあるとき，右図のように，直線lに関する点Aの対称点A′を考えると，∠PBQ<∠PAQがいえる．また，∠AQC=∠BQCより∠BPC<∠APC．よって不適．
  ・Pが単位円の外部にあるときも内部のときと同様に考えることで，不適．

（ⅱ）第4象限
  ・$y \geqq -x-1$にあるとき，∠APC>∠BPCとなるので不適．
  ・$y \leqq -x-1$にあるとき，PA<PBより∠BPAの二等分線は線分OAと交わるので不適．

（以下略）

分析

* 解答1では，角度を文字で置くのではなく，長さをa, b, cとして，角度の条件を立式しているところが大きなポイントとなっている．

* 解答2のような初等幾何を用いた解答は，必要条件を示すにとどまることが多いので，答案の中では，きちんと逆についても言及しておく必要がある．

55 条件をみたす領域

難易度
時間 20分

a, b は実数で，$b \neq 0$ とする．xy 平面に原点 $O(0, 0)$ および 2 点 $P(1, 0)$, $Q(a, b)$ をとる．

(1) $\triangle OPQ$ が鋭角三角形となるための a, b の条件を不等式で表し，点 (a, b) の範囲を ab 平面上に図示せよ．

(2) m, n を整数とする．a, b が (1) で求めた条件を満たすとき，不等式
$$(m + na)^2 - (m + na) + n^2 b^2 \geq 0$$
が成り立つことを示せ． (1998年 文科)

ポイント

・鋭角三角形である条件
  ⇨ 辺の長さに関する関係式，あるいは初等幾何的解法（解答 2）を用いる．

解答 1

(1) $\triangle OPQ$ が鋭角三角形となるための条件は，
$$\begin{cases} OP^2 < OQ^2 + PQ^2 \\ OQ^2 < OP^2 + PQ^2 \\ PQ^2 < OP^2 + OQ^2 \end{cases}$$
$\Leftrightarrow \begin{cases} 1 < a^2 + b^2 + (a-1)^2 + b^2 \\ a^2 + b^2 < 1 + (a-1)^2 + b^2 \\ (a-1)^2 + b^2 < 1 + a^2 + b^2 \end{cases}$

$\therefore \left(a - \dfrac{1}{2}\right)^2 + b^2 > \dfrac{1}{4}, \ 0 < a < 1$

よって，右図の斜線部（境界含まない）

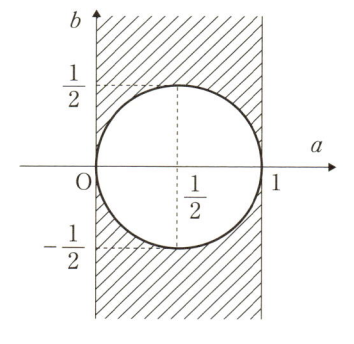

(2) $(m + na)^2 - (m + na) + n^2 b^2$
$= m^2 + 2mna - m - na + n^2(a^2 + b^2) \geq m^2 + 2mna - m - na + n^2 a$ …①
$(\because \ a^2 + b^2 > a, \ n^2 \geq 0)$

$f(a) = m^2 + 2mna - m - na + n^2 a$ とおくと $f(a) = n(2m + n - 1)a + m(m - 1)$ と変形できるので，a の 1 次関数となる．

$$f(0) = m(m-1)$$
$$f(1) = 2mn + n^2 - n + m^2 - m$$
$$= (m+n)^2 - (m+n)$$
$$= (m+n)(m+n-1)$$

一般に，整数 (整数 -1) $\geqq 0$ …②であるから，
$$f(0) \geqq 0, \ f(1) \geqq 0$$

$f(a)$ は 1 次関数であるから

$0 < a < 1$ において $f(a) \geqq 0$

∴ $(m+na)^2 - (m+na) + n^2 b^2 \geqq 0$

解答 2

(1)　∠QOP，∠QPO が鋭角であるから，
$$0 < a < 1$$
また，∠OQP $= 90°$ となるとき，点 Q は OP を直径とする円周上になる．
この円の内部または周上に点 Q があるとき，
$$∠OQP \geqq 90°$$
となるので，△OPQ が鋭角三角形であるためには，この円の外部に点 Q があればよい．

(以下，解答 1 と同様)

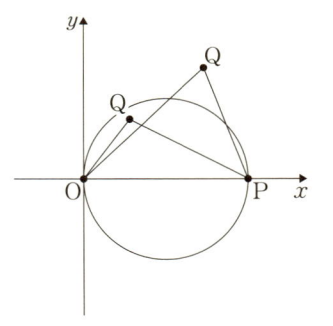

分析

* (2)では，(1)の条件を用いて①のような式変形を行うところと，②のように整数の性質から，$f(0) \geqq 0$, $f(1) \geqq 0$ を示すところが，大きなポイントとなっている．
* $f(a)$ は a の 1 次関数であるから，変域 $0 < a < 1$ での両端の符号を調べるだけで十分である．
  そこで，②のように整数の性質を利用して，$f(0) \geqq 0$, $f(1) \geqq 0$ を示している．
* 2016 年文科でも，鋭角三角形の条件が出題されている．

56 場合分け線形計画法①

難易度 ■■□□
時間 20分

a, b を実数とする.次の4つの不等式を同時に満たす点 (x, y) 全体からなる領域を D とする.
$$x + 3y \geq a, \quad 3x + y \geq b, \quad x \geq 0, \quad y \geq 0$$
領域 D における $x + y$ の最小値を求めよ. （2003年 文理共通）

ポイント

・領域で図示される存在条件のもと，$x+y$ の最小値
  $\Rightarrow$ $x+y=k$ （k は定数）として，線形計画法を考える.

・領域の形が変わる線形計画法 → それぞれの領域で，共有点をもつ限界を考える.

解答

直線 $l_1 : x + 3y = a$ は $(a, 0)$, $\left(0, \dfrac{a}{3}\right)$ を通る

直線 $l_2 : 3x + y = b$ は $\left(\dfrac{b}{3}, 0\right)$, $(0, b)$ を通る.

l_1 と l_2 の交点 P の座標は，$\left(\dfrac{3b-a}{8}, \dfrac{3a-b}{8}\right)$

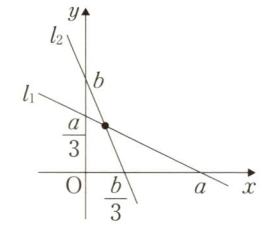

(ⅰ) $a \leq 0$ かつ $b \leq 0$ のとき 領域 D は (ⅰ) 図

直線 $l : x + y = k \Leftrightarrow y = -x + k$ の k を動かして，共有点をもつときを考えると，$x + y$ は $x = 0, y = 0$ のとき最小値 0.

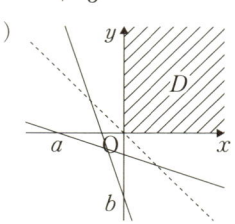

(ⅱ) $a \geq 0$ かつ $b \leq \dfrac{a}{3}$ のとき 領域 D は (ⅱ) 図

同様に考えて，$x = 0, y = \dfrac{a}{3}$ のとき最小値 $\dfrac{a}{3}$.

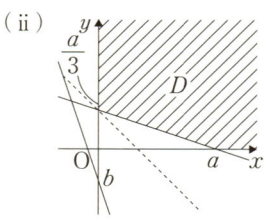

(ⅲ) $b \geq 0$ かつ $a \leq \dfrac{b}{3}$ のとき　領域 D は(ⅲ)図

同様に考えて，$x = \dfrac{b}{3}$, $y = 0$ で最小値 $\dfrac{b}{3}$.

(ⅳ) $\dfrac{a}{3} \leq b \leq 3a$ のとき領域 D は(ⅳ)図

同様に考えて，点 P を通るときであるから，
$x = \dfrac{3b-a}{8}$, $y = \dfrac{3a-b}{8}$ のとき最小値 $\dfrac{a+b}{4}$.

(ⅰ)〜(ⅳ)から

$\quad a \leq 0$ かつ $b \leq 0$ のとき 0

$\quad a \geq 0$ かつ $b \leq \dfrac{a}{3}$ のとき $\dfrac{a}{3}$

$\quad b \geq 0$ かつ $a \leq \dfrac{b}{3}$ のとき $\dfrac{b}{3}$

$\quad \dfrac{a}{3} \leq b \leq 3a$ のとき $\dfrac{a+b}{4}$

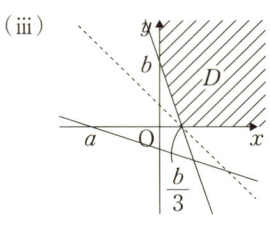

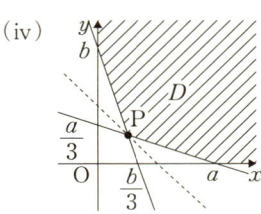

分析

* (ⅳ)の条件 $\dfrac{a}{3} \leq b \leq 3a$ は，$\dfrac{b}{3} \leq a \leq 3b$ としてもよい．

* 対象の式 $x+y$ が x, y に関して対称であることと，
条件式 $x+3y \geq a$, $3x+y \geq b$, $x \geq 0$, $y \geq 0$ において，a と b を入れ替えたとき，x と y を入れ替えると元の式と同値になること，
以上から，最終的な解答が，a と b に関して対称的な形になることは予想できる．

57 場合分け線形計画法②

難易度　
時間　25分

a, b を実数の定数とする．実数 x, y が $x^2+y^2 \leq 25$, $2x+y \leq 5$ をともに満たすとき，$z=x^2+y^2-2ax-2by$ の最小値を求めよ． (2013年　文科)

ポイント

・領域で図示される存在条件のもと，$f(x, y)$ の最小値
　$\Rightarrow$ $f(x, y)=k$ (k は定数) として，線形計画法を考える．
・共有点の取り方に注意 $\Rightarrow$ 共有点の取り方で場合分けし，それぞれの領域で，共有点をもつ限界を考える．

解答

連立不等式
$$x^2+y^2 \leq 25, \quad 2x+y \leq 5$$
の表す領域は右図の斜線部（境界含む）．この領域を D とする．

$z=x^2+y^2-2ax-2by$ から
$\Leftrightarrow \quad z=(x-a)^2+(y-b)^2-a^2-b^2$
$\Leftrightarrow \quad (x-a)^2+(y-b)^2=z+a^2+b^2 \quad \cdots ①$

実数 x, y が存在するためには，$z+a^2+b^2 \geq 0$ であることが必要であり，そのとき，①は中心 (a, b)，半径 $\sqrt{z+a^2+b^2}$ の円を表す．この円を C とする．z の最小値は，領域 D と円 C が共有点をもつときの半径の最小値から考える．

$(0, 5)(4, -3)$ を通り，直線 $y=-2x+5$ に垂直な直線の方程式はそれぞれ
$$y=\frac{1}{2}x+5, \quad y=\frac{1}{2}x-5 \quad \cdots ②$$
であることに注意して，円 C の中心 $A(a, b)$ の場所を共有点の取り方で場合分けして考える．

(ⅰ) 　領域 D の内部
(ⅱ) 　領域 E_1 の内部
(ⅲ) 　領域 E_2 の内部
(ⅳ) 　領域 E_3 の内部
(ⅴ) 　領域 E_4 の内部

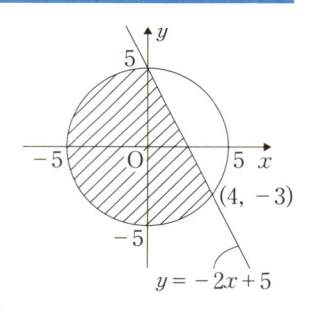

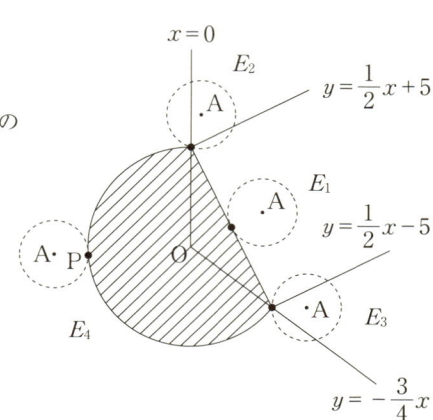

(ⅰ) $a^2+b^2 \leqq 25$ かつ $b \leqq -2a+5$ のとき
半径の最小値は 0. $\quad \therefore \quad z$ の最小値は $\quad -a^2-b^2$

(ⅱ) $b \geqq -2a+5$ かつ $\dfrac{1}{2}a-5 \leqq b \leqq \dfrac{1}{2}a+5 \leqq$ のとき
半径の最小値は，中心 A と直線 $y=-2x+5$ の距離であるから
$$\dfrac{|2a+b-5|}{\sqrt{2^2+1^2}} = \dfrac{|2a+b-5|}{\sqrt{5}}$$
$\therefore \quad z$ の最小値は $\quad \dfrac{(2a+b-5)^2}{5}-a^2-b^2 = \dfrac{1}{5}(-a^2-4b^2+4ab-20a-10b+25)$

(ⅲ) $a \geqq 0$ かつ $b \geqq \dfrac{1}{2}a+5$ のとき
半径の最小値は，中心 A と点 $(0,5)$ の距離であるから
$$\sqrt{(a-0)^2+(b-5)^2} = \sqrt{a^2+b^2-10b+25}$$
$\therefore \quad z$ の最小値は $\quad \left(\sqrt{a^2+b^2-10b+25}\right)^2-a^2-b^2 = -10b+25$

(ⅳ) $-\dfrac{3}{4}a \leqq b \leqq \dfrac{1}{2}a+5$ のとき
半径の最小値は，中心 A と点 $(4,-3)$ の距離であるから
$$\sqrt{(a-4)^2+\{b-(-3)\}^2} = \sqrt{a^2+b^2-8a+6b+25}$$
$\therefore \quad z$ の最小値は $\quad \left(\sqrt{a^2+b^2-8a+6b+25}\right)^2-a^2-b^2 = -8a+6b+25$

(ⅴ) $a^2+b^2 \geqq 25$ かつ「$a \leqq 0$ または $b \leqq \dfrac{3}{4}a$」のとき
半径の最小値は，$\mathrm{OA}-\mathrm{OP}$ であるから
$$\mathrm{OA}-\mathrm{OP} = \sqrt{a^2+b^2}-5$$
$\therefore \quad z$ の最小値は $\quad \left(\sqrt{a^2+b^2}-5\right)^2-a^2-b^2 = 25-10\sqrt{a^2+b^2}$

分析

* 円 C が領域 D と接する部分が，領域 D の「曲線部」「直線部」「端点」で場合分けするために，端点 $(0,5)(4,-3)$ から，直線部分に垂直な直線を引いて，領域を分けている．

58 条件をみたす点の範囲

難易度 □□□□ 時間 20分

座標平面上の 2 点 A$(-1, 1)$, B$(1, -1)$ を考える．また，P を座標平面上の点とし，その x 座標の絶対値は 1 以下であるとする．次の条件（ⅰ）または（ⅱ）を満たす点 P の範囲を図示し，その面積を求めよ．

（ⅰ） 頂点の x 座標の絶対値が 1 以上の 2 次関数のグラフで，点 A，P，B をすべて通るものがある．

（ⅱ） 点 A，P，B は同一直線上にある．

(2015 年　文科)

ポイント

・点 P の範囲の図示
　⇨ 点 P の座標を (X, Y) として，条件を立式し，X と Y の関係式を導く．

・具体的な 2 点を通る 2 次関数のグラフ
　⇨ $y = ax^2 + bx + c$ に 2 点の座標を代入することで，係数に関係する文字は 1 つにできる．

解答

点 P の座標を (X, Y)（$-1 \leq x \leq 1$）とおく．

（ア）　点 P が条件（ⅱ）を満たすとき

　　点 P は線分 AB 上の点であるから　　$Y = -X$（$-1 \leq X \leq 1$）　…①

（イ）　点 P が条件（ⅰ）を満たすとき

　　2 次関数を $y = ax^2 + bx + c$（$a \neq 0$）とおくと，この関数のグラフが A$(-1, 1)$，B$(1, -1)$ を通るから　　$1 = a - b + c$, $-1 = a + b + c$

　　これを解いて　　$b = -1$, $c = -a$

　　このとき，2 次関数は
$$y = ax^2 - x - a \quad \cdots ②$$
⇔ $y = a\left(x - \dfrac{1}{2a}\right)^2 - \dfrac{1}{4a} - a$

　　頂点の x 座標の絶対値が 1 以上であるから
$$\left|\dfrac{1}{2a}\right| \geq 1$$
⇔ $-\dfrac{1}{2} \leq a \leq \dfrac{1}{2}$　かつ　$a \neq 0$　…③

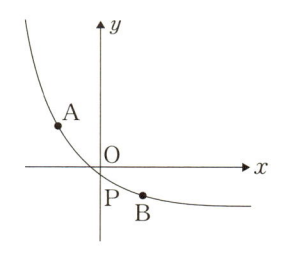

- $X \neq -1, 1$ すなわち $-1 < X < 1$ のとき

  $X^2 - 1 \neq 0$ であるから，②より $Y = aX^2 - X - a \Leftrightarrow a = \dfrac{X+Y}{X^2-1}$

  これを③に代入して $-\dfrac{1}{2} \leq \dfrac{X+Y}{X^2-1} < 0, \ 0 < \dfrac{X+Y}{X^2-1} \leq \dfrac{1}{2}$

  $-1 < X < 1$ より，$X^2 - 1 < 0$ であるから

  $$0 < X+Y \leq -\dfrac{1}{2}(X^2-1), \ \dfrac{1}{2}(X^2-1) \leq X+Y < 0$$

  すなわち $-X < Y \leq -\dfrac{1}{2}X^2 - X + \dfrac{1}{2}, \ \dfrac{1}{2}X^2 - X - \dfrac{1}{2} \leq Y < -X$ …④

- $X = -1, 1$ のとき

  ②から $X = -1$ のとき $Y = 1$ $X = 1$ のとき $Y = -1$

  これは(ア)に含まれるから，このとき点Pは条件（ⅱ）を満たす．

以上から，条件(ⅰ)または(ⅱ)を満たす点Pの範囲は
①，④の式を $X \to x, \ Y \to y$ として

$$\dfrac{1}{2}x^2 - x - \dfrac{1}{2} \leq y \leq -\dfrac{1}{2}x^2 - x + \dfrac{1}{2}$$

この不等式の表す領域は，右の図の斜線部分（境界含む）． 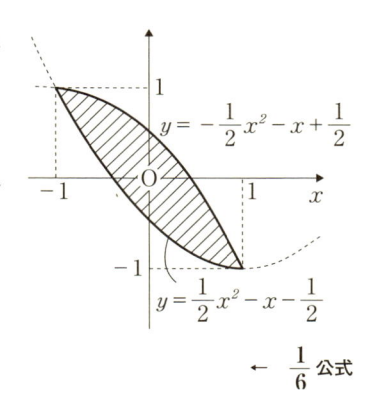
よって，求める面積は

$$\int_{-1}^{1} \left\{ -\dfrac{1}{2}x^2 - x + \dfrac{1}{2} - \left(\dfrac{1}{2}x^2 - x - \dfrac{1}{2} \right) \right\} dx$$
$$= \int_{-1}^{1} (-x^2 + 1) dx = -\int_{-1}^{1} (x+1)(x-1) dx$$
$$= \dfrac{1}{6} \{1 - (-1)\}^3 = \dfrac{4}{3} \quad \text{…⑤}$$

← $\dfrac{1}{6}$ 公式

分析

* 条件をみたす点の「軌跡」「領域」や，直線の「通過領域」などの問題においては，その点（直線上の点）を (X, Y) とおいて，条件式を考えていき，最後に $X \to x, Y \to y$ として考えるとよい．

* ⑤の計算は面積公式を用いても良い．

59 直線の通過領域

難易度 ■■□□□
時間 30分

$0 \leq t \leq 1$ を満たす実数 t に対して, xy 平面上の点 A, B を
$A\left(\dfrac{2(t^2+t+1)}{3(t+1)}, -2\right)$, $B\left(\dfrac{2}{3}t, -2t\right)$ と定める.
t が $0 \leq t \leq 1$ を動くとき, 直線 AB の通りうる範囲を図示せよ. (1997年 文科)

ポイント

- 図形の通過領域の問題
  ⇨ 「fix, move」(解答1) あるいは「逆像法」(解答2) を用いる.
- 「fix, move」 ⇨ x, y のどちらか1文字を固定して, t を動かして最大最小を考える解答1.
- 「逆像法」 ⇨ 通過領域内の点を (X, Y) として, t の存在条件にさかのぼる解答2.

解答1

直線 AB の方程式は
$$y + 2t = \dfrac{-2t-(-2)}{\dfrac{2}{3}t - \dfrac{2(t^2+t+1)}{3(t+1)}}\left(x - \dfrac{2}{3}t\right) \Leftrightarrow y + 2t = (t^2-1)(3x-2t) \quad \cdots ①$$

$x = X$ と固定すると, ← fix
$$① \Leftrightarrow y = -2t^3 + 3Xt^2 - 3X$$

ここで, $f(t) = -2t^3 + 3Xt^2 - 3X$ とおくと, $f'(t) = -6t(t-X)$.

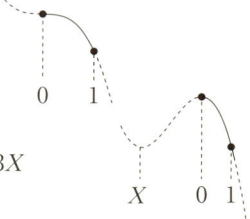

(ⅰ) $X = 0$ のとき

$y = f(t)$ は単調減少なので, $f(1) \leq y \leq f(0) \Leftrightarrow -2 \leq y \leq -3X$

(ⅱ) $X < 0$ のとき

$y = f(t)$ は $0 \leq t \leq 1$ で単調減少なので,
$f(1) \leq y \leq f(0) \Leftrightarrow -2 \leq y \leq -3X$

一方, $X > 0$ のとき, $f(0) = -3X$ であり,
$f(t) = -3X \Leftrightarrow t^2(2t-3X) = 0$ より,
右図のように描ける. $\cdots ②$

以下, $X = 1$, $\dfrac{3}{2}X = 1$ のときを, 場合分けの基準とする.

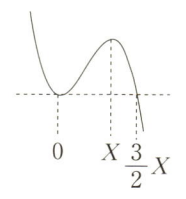

（ⅲ） $0 < X \leq \dfrac{2}{3}$ のとき

　　　右図より，$0 \leq t \leq 1$ では $f(1) \leq y \leq f(X)$ $\Leftrightarrow$ $-2 \leq y \leq X^3 - 3X$

（ⅳ） $\dfrac{2}{3} < X \leq 1$ のとき

　　　右図より，$0 \leq t \leq 1$ では $f(0) \leq y \leq f(X)$ $\Leftrightarrow$ $-3X \leq y \leq X^3 - 3X$

（ⅴ） $1 < X$ のとき

　　　右図より，$0 \leq t \leq 1$ では $f(0) \leq y \leq f(1)$ $\Leftrightarrow$ $-3X \leq y \leq -2$

（ⅰ）～（ⅴ）から，

X を動かして考えると，

直線 AB の通過領域は右図の斜線部（境界含む）.

解答2

（①まで解答1と同様）

通過領域内の点を (X, Y) として，①に代入すると，

$$① \Leftrightarrow 2t^3 - 3Xt^2 + Y + 3X = 0$$

$g(t) = 2t^3 - 3Xt^2 + Y + 3X$ とするとき，

$0 \leq t \leq 1$ において，$g(t) = 0$ が少なくとも1つの解をもつ条件 …③

を考える．$g'(t) = 6t^2 - 6Xt = 6t(t - X)$ であるから

（ⅰ） $X \leq 0$ のとき　$0 \leq t \leq 1$ において，$g'(t) \geq 0$ であるから，$g(t)$ は単調増加．

　　　③ $\Leftrightarrow$ $g(0) \leq 0 \land g(1) \geq 0$

　　　$\therefore -2 \leq Y \leq -3X$

（ⅱ） $0 < X < 1$ のとき

　　　③ $\Leftrightarrow$ $f(X) \leq 0 \land [f(0) \geq 0 \lor f(1) \geq 0]$

　　　$\therefore Y - X^3 + 3X \leq 0 \land [Y + 3X \geq 0 \lor 2 + Y \geq 0]$

t	0	$\cdots$	X	$\cdots$	1
$g'(t)$		$-$	0	$+$	
$g(t)$	$Y + 3X$	↘	$Y - X^3 + 3X$	↗	$2 + Y$

（ⅲ） $X \geq 1$ のとき $0 \leq t \leq 1$ において，$g'(t) \leq 0$ であるから，$g(t)$ は単調減少．

　　　③ $\Leftrightarrow$ $g(0) \geq 0 \land g(1) \leq 0$

　　　$\therefore -3X \leq Y \leq -2$

（以下解答1と同様）

分析

* ②の性質は，右図のような

「3次関数のグラフの等間隔性」

からも考えても良い．（24 分析＊参照）

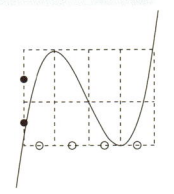

60 ベクトルと図形

難易度 / 時間 15分

自然数 k に対し，xy 平面上のベクトル $\vec{v_k} = \begin{pmatrix} \cos(k \times 45°) \\ \sin(k \times 45°) \end{pmatrix}$ を考える．a, b を正の数とし，平面上の点 P_0, P_1, $\cdots$, P_8 を

$$P_0 = (0, 0)$$
$$\overrightarrow{P_{2n}P_{2n+1}} = a\vec{v_{2n+1}},\ n = 0,\ 1,\ 2,\ 3$$
$$\overrightarrow{P_{2n+1}P_{2n+2}} = b\vec{v_{2n+2}},\ n = 0,\ 1,\ 2,\ 3$$

により定める．このとき以下の問に答えよ．

(1) P_0, P_1, $\cdots$, P_8 を順に結んで得られる 8 角形の面積 S を a, b を用いて表せ．
(2) 面積 S が 7, 線分 P_0P_4 の長さが $\sqrt{10}$ のとき，a, b の値を求めよ．

(1995 年　文科)

ポイント

- ベクトルの基本性質 ⇨ 「平行移動可能」「寄道可能」を常に意識する．
- $\vec{v_k}$ の設定 ⇨ $\vec{v_k} = \begin{pmatrix} \cos(k \times 45°) \\ \sin(k \times 45°) \end{pmatrix}$ の k に具体値 $k=1,\ 2,\ 3\cdots$ を代入して考える．
- $\overrightarrow{P_{2n}P_{2n+1}} = a\vec{v_{2n+1}}$, $\overrightarrow{P_{2n+1}P_{2n+2}} = b\vec{v_{2n+2}}$
  ⇨ $n = 0,\ 1,\ 2,\ 3$ を代入して，ベクトルの作る図形を考える．

解答

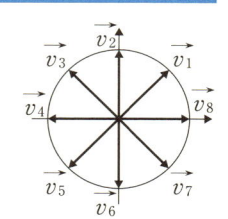

$\vec{v_k}$ を単位円上に表現すると右図のようになる．
$\vec{v_1} \sim \vec{v_8}$ は，すべて大きさ 1．

$$\overrightarrow{P_{2n}P_{2n+1}} = a\vec{v_{2n+1}},\ n = 0,\ 1,\ 2,\ 3$$
$$\overrightarrow{P_{2n+1}P_{2n+2}} = b\vec{v_{2n+2}},\ n = 0,\ 1,\ 2,\ 3$$

具体的に，$n = 0,\ 1,\ 2,\ 3$ を代入して考えると，

$$\overrightarrow{P_0P_1} = a\vec{v_1},\quad \overrightarrow{P_1P_2} = b\vec{v_2},\quad \overrightarrow{P_2P_3} = a\vec{v_3},\quad \overrightarrow{P_3P_4} = b\vec{v_4}$$
$$\overrightarrow{P_4P_5} = a\vec{v_5},\quad \overrightarrow{P_5P_6} = b\vec{v_6},\quad \overrightarrow{P_6P_7} = a\vec{v_7},\quad \overrightarrow{P_7P_8} = b\vec{v_8}$$

これらの条件から
点 P_0〜P_8 を図示すると，右図のようになる．

(1) 8角形を
正方形，長方形，直角二等辺三角形に分けて考えて
$$S = b^2 + 4 \times \frac{1}{\sqrt{2}}ab + 4 \times \frac{1}{2}\left(\frac{a}{\sqrt{2}}\right)^2$$
$$= a^2 + 2\sqrt{2}\,ab + b^2$$

(2) (1)より $S = a^2 + 2\sqrt{2}\,ab + b^2 = 7$ …①
3角形 $P_4 P_7 P_8$ において，3平方の定理より，
$$b^2 + (\sqrt{2}\,a + b)^2 = (\sqrt{10})^2$$
$$\Leftrightarrow\ 2a^2 + 2\sqrt{2}\,ab + 2b^2 = 10 \quad\cdots②$$
②$-$①，②$-2\times$①より
$$a^2 + b^2 = 3,\ ab = \sqrt{2}$$
$$\therefore\ a + b = \sqrt{(a^2 + b^2) + 2ab}\ (\because\ a,\ b > 0)$$
$$= 1 + \sqrt{2}$$

$a,\ b$ は
$$t^2 - (1 + \sqrt{2})t + \sqrt{2} = 0$$
の2実数解なので，これを解いて
$$(a, b) = (1, \sqrt{2}),\ (\sqrt{2}, 1)$$

分析

* ベクトルの性質「平行移動可能」「寄道可能」のうち，本問では「寄道可能」を考えて，8角形を描いている．

* 本問のような，題意が複雑で読み取りが難しい問題は，登場する文字（n や k）に具体値を代入して，具体的に図形やグラフなどを描いて考えると良い．

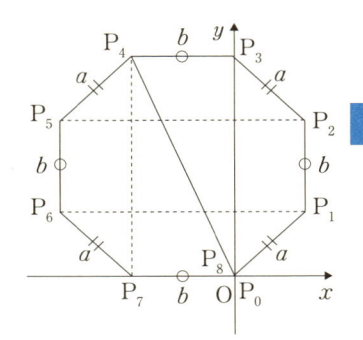

61 ベクトルと三角形

難易度 ／ 時間 25分

△ABC において $\angle BAC = 90°$, $|\vec{AB}| = 1$, $|\vec{AC}| = \sqrt{3}$ とする．
△ABC の内部の点 P が $\dfrac{\vec{PA}}{|\vec{PA}|} + \dfrac{\vec{PB}}{|\vec{PB}|} + \dfrac{\vec{PC}}{|\vec{PC}|} = \vec{0}$ を満たすとする．

(1) $\angle APB$, $\angle APC$ を求めよ．
(2) $|\vec{PA}|$, $|\vec{PB}|$, $|\vec{PC}|$ を求めよ．

(2013年 理科)

ポイント

- $\angle BAC = 90°$, $|\vec{AB}| = 1$, $|\vec{AC}| = \sqrt{3}$ ⇨ △ABC は $1 : 2 : \sqrt{3}$ の直角三角形．
- 「$\angle APB$, $\angle APC$ を求めよ」

  ⇨ $\cos \angle APB = \dfrac{\vec{PA} \cdot \vec{PB}}{|\vec{PA}||\vec{PB}|}$, $\cos \angle APC = \dfrac{\vec{PA} \cdot \vec{PC}}{|\vec{PA}||\vec{PC}|}$ の形を作るように式変形する．

- $|\vec{PA}|$, $|\vec{PB}|$, $|\vec{PC}|$ を求めよ ⇨ 角度の条件から，相似を見つけて，その条件を利用する．

解答 1

(1) $\dfrac{\vec{PA}}{|\vec{PA}|} + \dfrac{\vec{PB}}{|\vec{PB}|} + \dfrac{\vec{PC}}{|\vec{PC}|} = \vec{0}$ …①

$\Leftrightarrow \dfrac{\vec{PC}}{|\vec{PC}|} = -\left(\dfrac{\vec{PA}}{|\vec{PA}|} + \dfrac{\vec{PB}}{|\vec{PB}|} \right)$

両辺の大きさをとって，2乗すると

$\dfrac{|\vec{PC}|^2}{|\vec{PC}|^2} = \dfrac{|\vec{PA}|^2}{|\vec{PA}|^2} + 2\dfrac{\vec{PA} \cdot \vec{PB}}{|\vec{PA}||\vec{PB}|} + \dfrac{|\vec{PB}|^2}{|\vec{PB}|^2}$

$\Leftrightarrow 1 = 1 + 2\dfrac{\vec{PA} \cdot \vec{PB}}{|\vec{PA}||\vec{PB}|} + 1 \quad \therefore \quad \dfrac{\vec{PA} \cdot \vec{PB}}{|\vec{PA}||\vec{PB}|} = -\dfrac{1}{2}$

$\dfrac{\vec{PA} \cdot \vec{PB}}{|\vec{PA}||\vec{PB}|} = \cos \angle APB$ より $\cos \angle APB = -\dfrac{1}{2}$ $\therefore$ $\angle APB = 120°$

同様に①より, $\dfrac{\vec{PB}}{|\vec{PB}|} = -\left(\dfrac{\vec{PA}}{|\vec{PA}|} + \dfrac{\vec{PC}}{|\vec{PC}|} \right)$

$\dfrac{\vec{PA} \cdot \vec{PC}}{|\vec{PA}||\vec{PC}|} = -\dfrac{1}{2} = \cos \angle APC$

$\therefore$ $\angle APC = 120°$

134

(2)　$\angle BAC = 90°$，$AB = 1$，$AC = \sqrt{3}$ から $\angle ABC = 60°$

$\quad\angle PAB = 180° - \angle APB - \angle PBA$
$\quad\quad\quad\quad = 180° - 120° - \angle PBA = 60° - \angle PBA = \angle PBC$

また $\angle BPC = 360° - \angle APB - \angle APC = 120°$

$$\therefore\quad \angle APB = \angle BPC$$
$$\therefore\quad \triangle PAB \infty \triangle PBC$$

$AB : BC = 1 : 2$ であるから，$\triangle PAB$ と $\triangle PBC$ の相似比は $1 : 2$ である．
$AP = x$ とおくと，$AP : BP = 1 : 2$ から $BP = 2x$
$PB : PC = 1 : 2$ から $PC = 2PB = 4x$
$\triangle PAB$ において余弦定理より

$$x^2 + (2x)^2 - 2 \cdot x \cdot 2x \cos 120° = 1^2$$
$$\Leftrightarrow\ 7x^2 = 1\quad \therefore\quad x = \frac{1}{\sqrt{7}}\quad (\because\ x > 0)$$

$\therefore\quad |\overrightarrow{PA}| = \dfrac{1}{\sqrt{7}},\ |\overrightarrow{PB}| = \dfrac{2}{\sqrt{7}},\ |\overrightarrow{PC}| = \dfrac{4}{\sqrt{7}}$

解答 2

(1)　$\dfrac{\overrightarrow{PA}}{|\overrightarrow{PA}|} = \overrightarrow{PA'},\ \dfrac{\overrightarrow{PB}}{|\overrightarrow{PB}|} = \overrightarrow{PB'},\ \dfrac{\overrightarrow{PC}}{|\overrightarrow{PC}|} = \overrightarrow{PC'}$ とすると，
$\overrightarrow{PA'} + \overrightarrow{PB'} + \overrightarrow{PC'} = \vec{0},\ |\overrightarrow{PA'}| = |\overrightarrow{PB'}| = |\overrightarrow{PC'}| = 1$ より，
点 P は $\triangle A'B'C'$ の重心であり，外心でもある．よって，$\triangle A'B'C'$ は正三角形．
よって，$\angle APB = 120°,\ \angle APC = 120°$

分析

* 本問のように，三角形の内部に存在して，$\angle APB = \angle APC = \angle BPC = 120°$ となる点をフェルマー点という．一般に，$\triangle ABC$ の内部の動点 P がフェルマー点であるときに，$AP + BP + CP$ は最小となる．

* (2)は座標を設定して，
辺 AB を弦とする円周角 $120°$ の円と，
辺 AC を弦とする円周角 $120°$ の円の交点として
点 P の座標を求めてもよい．

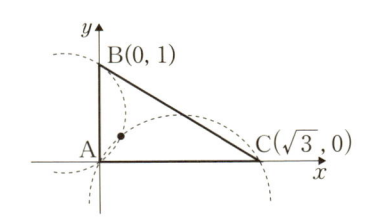

§3 図形 解説

傾向・対策

　「図形」分野は，文理を問わず東大入試における花形分野です．この分野の問題によって大きく得点差が開き，合否を分けるのは図形分野の問題の出来だと言っても過言ではありません．教科書の単元では「図形と計量（数Ⅰ）」「図形の性質（数A）」「図形と方程式（数Ⅱ）」「微積分（数Ⅱ）」「ベクトル（数B）」など，多くの単元が絡んでくることになります．東大入試における「図形」分野の問題は，微視的に厳密に細かく図形を考えることよりも，大局的に捉える「感覚的な思考力」が要求されることが多くなります．具体的には，平面図形に関しては，初等幾何・座標幾何・ベクトル幾何の中から適切な道具を選ぶこと自体が大きなポイントとなりますし，空間図形に関しては，対称性や特殊性を踏まえたうえで，面を抽出して，出来る限り2次元で考えていくことが大きなポイントとなります．

　対策は，もしかしたら馬鹿馬鹿しいように聞こえるかもしれませんが，多く手を動かして「たくさん図を描くこと」です．多岐にわたる図形問題に大きく共通して言える一番有効なアプローチは，実は図を描くことなのです．漫然となんとなく描くのではなく，様々な方向から描くこと，ある断面だけを描くこと，重要な部分だけを描くことなども意識しておくとよいでしょう．図を描く意味は，描いた図を利用して解法を進めていくことだけでなく，図を描く過程で感じ得られた図形的特徴を活かしながら，それをヒントに問題を再認識していくことです．図を描くという経験を，思考にまで昇華する，というのは東大が受験生に求めている大きな能力の一つでもあるのです．

　具体的には，平面図形では円や三角形，立体図形では四面体（正四面体），正四角錐，球などが題材として頻出です．特に特徴が多い図形であることが理由として考えられます．また，条件を満たす点の軌跡や領域を問われることも多く，この場合は座標を前提とした代数的処理も重要となってきます．図形分野は苦手だと自覚する受験生も少なくない分野ではありますが，東大合格を実現するためには，決して回避することはできないし，積極的に対策していきたい最重要分野です．

学習のポイント

　　　　　・有効な図を描くことを普段から心がける．
　　　　　・初等幾何・座標幾何・ベクトル幾何からの手法選択．
　　　　　・図形の対称性や特殊性を積極的に利用する．
　　　　　・座標を前提にした代数的処理に慣れる．
　　　　　・存在条件と領域の関係には注意する．

§4 整数・数列

	内容	出題年	難易度	時間
62	有理数の性質	1977年	■□□□□	15分
63	整数と図形	1992年	■■□□□	15分
64	4乗数の下2桁	2007年	■■□□□	15分
65	離散不等式	2015年	■■□□□	10分
66	離散関数の最小値	1995年	■■□□□	20分
67	整数の性質	2005年	■■□□□	20分
68	整数の大小評価	1980年	■■□□□	15分
69	累乗と大小評価	2006年	■■□□□	15分
70	因数分解と評価	1989年	■■□□□	15分
71	n乗数になる条件	2012年	■■□□□	20分
72	2項係数の性質①	2009年	■■■□□	20分
73	2項係数の性質②	2015年	■■■□□	20分
74	漸化式と倍数①	1993年	■■□□□	15分
75	漸化式と倍数②	2016年	■■□□□	10分
76	除法と漸化式	2002年	■■□□□	15分
77	三角関数と漸化式	1994年	■■■□□	20分
78	対称式と漸化式	1997年	■■■□□	20分
79	解と係数と漸化式	2003年	■■■□□	20分
80	連立漸化式	2008年	■■■□□	20分
81	特殊な漸化式	2011年	■■■□□	20分
82	特殊な条件の整数組	2011年	■■■□□	30分
83	不等式と論理	2001年	■■■■□	25分

62 有理数の性質

難易度 ■□□□
時間 15分

xy 平面上の，原点 O とは異なる 2 点 A(a_1, a_2)，B(b_1, b_2) に対し，OA=a，OB=b，$\angle$AOB=θ とおく．2 点 A，B の座標 a_1，a_2，b_1，b_2 が有理数であるとき，次の 3 条件は互いに同値であることを証明せよ．

(i) ab は有理数である．
(ii) $\cos\theta$ は有理数である．
(iii) $\sin\theta$ は有理数である．

(1977 年　文理共通)

ポイント

- 一般に「Q が有理数」 ⇨ $Q=\dfrac{q}{p}$（p は自然数，q は整数，p, q は互いに素）と一意に表せる．
- $\cos\theta$ と座標の関係式 ⇨ 2 通りのベクトルの内積計算を考える．
- $\sin\theta$ と座標の関係式 ⇨ 2 通りの三角形の面積公式を考える．

解答

$\sin\theta\neq 0$ かつ $\cos\theta\neq 0$ とすると，

[(i) ⇔ (ii) の証明]

$\overrightarrow{OA}$ と $\overrightarrow{OB}$ の内積を考えると，
$$\overrightarrow{OA}\cdot\overrightarrow{OB}=|\overrightarrow{OA}||\overrightarrow{OB}|\cos\theta$$
$$\Leftrightarrow\quad ab\cos\theta=a_1b_1+a_2b_2 \quad\cdots\text{①}$$

← 2 通りで表現

① より，$\cos\theta=\dfrac{a_1b_1+a_2b_2}{ab}$ であるから，ab が有理数のとき，$\cos\theta$ は有理数．

また，$ab=\dfrac{a_1b_1+a_2b_2}{\cos\theta}$ であるから，$\cos\theta$ が有理数のとき，ab は有理数．

[(i) ⇔ (iii) の証明]

△OAB の面積を S とすると，
$$S=\frac{1}{2}ab\sin\theta=\frac{1}{2}|a_1b_2-a_2b_1| \quad\cdots\text{②}$$

← 面積公式

② より，$\sin\theta=\dfrac{|a_1b_2-a_2b_1|}{ab}$ であるから，ab が有理数のとき，$\sin\theta$ は有理数．

また，$ab=\dfrac{|a_1b_2-a_2b_1|}{\sin\theta}$ であるから，$\sin\theta$ が有理数のとき，ab は有理数．

[(ⅱ) ⇔ (ⅲ) の証明]

（ⅰ）⇔（ⅱ）かつ（ⅰ）⇔（ⅲ）のとき，（ⅱ）⇔（ⅲ）が成り立つ．
よって（ⅰ）（ⅱ）（ⅲ）は同値．

また，
$\sin\theta=0$ または $\cos\theta=0$ のとき，
①②より，$a_1b_1+a_2b_2=0$ または $a_1b_2-a_2b_1=0$ であるから，
$$ab = \sqrt{a_1^2+a_2^2}\sqrt{b_1^2+b_2^2}$$
$$= \sqrt{(a_1b_1+a_2b_2)^2+(a_1b_2-a_2b_1)^2}$$
$$= |a_1b_2-a_2b_1| \text{ または } |a_1b_1+a_2b_2|$$
となり，有理数となるので，（ⅰ）（ⅱ）（ⅲ）は同値．

分析

* 数の体系

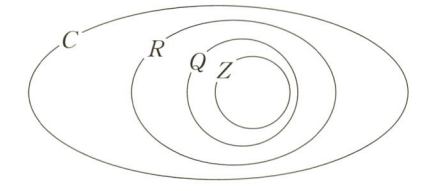

C：複素数
R：実数
Q：有理数
Z：整数

* 一般に，有理数全体の集合を Q とすると，
$$Q+Q=Q$$
$$Q-Q=Q$$
$$Q\times Q=Q$$
$$Q\div Q=Q$$
が成り立つ．このように四則演算について閉じているものを「体」という．
（これに対して，整数全体の集合 Z は加減乗にのみ閉じているので「環」という）

63 整数と図形

難易度 ■■□□
時間 15分

xy 平面において，x 座標，y 座標ともに整数であるような点を格子点と呼ぶ．格子点を頂点に持つ三角形 ABC を考える．

(1) 辺 AB，AC それぞれの上に両端を除いて奇数個の格子点があるとすると，辺 BC 上にも両端を除いて奇数個の格子点があることを示せ．

(2) 辺 AB，辺 AC 上に両端を除いて丁度 3 点ずつ格子点が存在するとすると，三角形 ABC の面積は 8 で割り切れる整数であることを示せ．（1992 年　文理共通）

ポイント

・辺 BC 上には両端除いて奇数個の格子点がある
　⇨ 辺 BC の中点 M が格子点であることを示せば十分．解答 1

・両端が格子点の辺上の格子点
　⇨ 両端 2 点の x 座標差と y 座標差の最大公約数に注目する．
　　（互いに素ならば，両端以外に格子点はない）解答 2

解答 1

(1) 辺 AB 上の両端を除いた格子点の個数を $2k-1$（k は自然数）とし，その格子点を A に近い方から順に $P_1, P_2, \cdots, P_{2k-1}$ とおくと
$$AP_1 = P_1P_2 = \cdots = P_{2k-2}P_{2k-1} = P_{2k-1}B$$
だから，p_1, p_2 を整数として
$$\vec{AB} = 2k\vec{AP_1} = 2k(p_1, p_2)$$
と表せる．同様に，l を自然数，q_1, q_2 を整数として
$$\vec{AC} = 2l(q_1, q_2)$$
と表せる．ここで，辺 BC の中点を M とおくと
$$\vec{AM} = \frac{\vec{AB} + \vec{AC}}{2} = (kp_1 + lq_1, kp_2 + lq_2)$$
よって，M は格子点であり，辺 BM，MC 上の両端を除いた格子点の個数は等しい．その個数を n（n は自然数）とすると，辺 BC 上の両端を除いた格子点の個数は $2n+1$ で奇数．よって，題意は示された．

(2) 格子点は3点なので，(1)で $k=l=2$ のときを考える．
$$\vec{AB} = (4p_1, 4p_2), \quad \vec{AC} = (4q_1, 4q_2)$$
このとき，$\triangle ABC$ の面積 S は
$$S = \frac{1}{2}\sqrt{|\vec{AB}|^2|\vec{AC}|^2 - (\vec{AB}\cdot\vec{AC})^2}$$
$$= 8|p_1 p_2 - p_2 q_1|$$
よって，S は8で割り切れる整数．

解答2

(1) $A = O$ として一般性を失わない．$B(a, b)$, $C(c, d)$ とする．
a と b の最大公約数を g, c と d の最大公約数を h とすると，
$a = ga'$, $b = gb'$, $c = hc'$, $d = hd'$. (a', b', c', d' は整数)
辺 AB 上の両端除く格子点の個数は，$g-1$ コ
辺 AC 上の両端除く格子点の個数は，$h-1$ コ
これらが奇数なので，g, h は共に偶数．
点 B と点 C の座標の差を考えると，
$$c - a = hc' - ga', \quad d - b = hd' - gb'$$
g, h は共に偶数であるから，$c-a$, $d-b$ の最大公約数 j は偶数となる．
このとき辺 BC 上（両端除く）の格子点の個数は $j-1$ 個となり，これは奇数となる．

(2) 格子点は3点なので，$g=h=4$ のときを考える．
$\triangle ABC$ の面積 S は
$$S = \frac{1}{2}|ad - bc| = \frac{1}{2}|4a'\cdot 4d' - 4b'\cdot 4c'|$$
$$= 8|a'd' - b'c'|$$
よって，S は8で割り切れる整数．

分析

* 格子点の個数に関する問題は，本問のように整数問題として考えるときと，個数の総和を数列を利用して考えるときがある．

類題

直角三角形の3辺の長さがすべて整数のとき，面積は2の整数倍であることを示せ．

(一橋大)

> 3辺を a, b, c とすると，$a^2 + b^2 = c^2$
> $\mod 8$ で考えると，a, b の少なくとも一方は4の倍数．よって，面積 $S = \frac{1}{2}ab$ は偶数となる．
>
> | n | 0 | 1 | 2 | 3 | 4 | 5 | 6 | 7 |
> |---|---|---|---|---|---|---|---|---|
> | n^2 | 0 | 1 | 4 | 1 | 0 | 1 | 4 | 1 |
>
> $(\mod 8)$

63 整数と図形

64　4乗数の下2桁

難易度：■■□□　時間：15分

正の整数の下2桁とは，100の位以上を無視した数をいう．例えば2000，12345の下2桁は，それぞれ0，45である．m が正の整数全体を動くとき，$5m^4$ の下2桁として現れる数をすべて求めよ．　　　　　　　　　　　　　　　　　　　　　　　　　　　　　　　　　(2007年　文科)

ポイント

- $5m^4$ の下2桁に関する問題　⇨　整数 m を下2桁に注目した表現にする．
  $$m = 100N + 10a + b\ (N,\ a,\ b は 0 以上の整数,\ 0 \leq a \leq 9,\ 0 \leq b \leq 9)$$
- $m = 100N + 10a + b$ で $5m^4$ を考える　⇨　下2桁に影響するのは b のみ．
- $m = 10N + a$（$N,\ a$ は0以上の整数，$0 \leq a \leq 9$）とおけば十分．
  ⇨　$5a^4$ の下2桁を調べる．

解答1

正の整数 m の一の位の数を a とすると，
$$m = 10N + a\ (N,\ a は 0 以上の整数,\ 0 \leq a \leq 9)\quad \cdots ①$$
と表すことができる．

$$\begin{aligned}
5m^4 &= 5(10N + a)^4 \\
&= 5(10^4 N^4 + {}_4C_1 10^3 N^3 a + {}_4C_2 10^2 N^2 a^2 + {}_4C_3 10 N a^3 + {}_4C_4 a^4) \quad \leftarrow\ 2項定理 \\
&= 5(10000 N^4 + 4 \cdot 1000 N^3 a + 6 \cdot 100 N^2 a^2 + 40 N a^3 + a^4) \\
&= 100(500 N^4 + 200 N^3 a + 30 N^2 a^2 + 2 N a^3) + 5a^4
\end{aligned}$$

よって，$5m^4$ の下2桁は $5a^4$ の下2桁と等しい．

0から9までの整数 a について，

$a^2,\ a^4,\ 5a^4$ の下2桁を調べると，次の表のようになる．

a	0	1	2	3	4	5	6	7	8	9
a^2	0	1	4	9	16	25	36	49	64	81
a^4	0	1	16	81	56	25	96	01	96	61
$5a^4$	0	5	80	05	80	25	80	05	80	05

よって，$5m^4$ の下2桁として現れる数は 0，5，25，80

解答 2

mod 100 で考える.
$$m \equiv n \pmod{100} \quad (n \text{ は整数}, \ 0 \leq n \leq 99)$$
$$n = 10a + b \quad (a, \ b \text{ は 0 以上の整数}, \ 0 \leq a \leq 9, \ 0 \leq b \leq 9) \quad \cdots ②$$
とすると,
$$5m^4 \equiv 5n^4 \equiv 5(10a+b)^4 \equiv 5b^4 \pmod{100}$$
(以下同様)

分析

* ①の N は 10 以上の整数も取りうること, ①と②で, N の範囲の違いに注意する.

* ①の代わりに,「$m = 10N \pm a$ (N, a は 0 以上の整数, $0 \leq a \leq 5$)」としても可.

* 一般に, 正の整数 n は
  * $n = 10N + a$ (N は 0 以上の整数, a は 0 から 9 までの整数)
  * $n = 10^m \cdot a_m + 10^{m-1} \cdot a_{m-1} + \cdots + a_0$ ($a_m \sim a_0$ は 0 から 9 までの整数)
  * $n = 2^m(2l+1)$ (m, l は 0 以上の整数)

  などとおくことができる.

類題

「3 でわって 2 余る平方数」「4 でわって 3 余る平方数」
「5 でわって 2 余る平方数」「5 でわって 3 余る平方数」が存在しないことを示せ.

n	0	1	2
n^2	0	1	1

(mod 3)

n	0	1	2	3
n^2	0	1	0	1

(mod 4)

n	0	1	2	3	4
n^2	0	1	4	4	1

(mod 5)

65 離散不等式

以下の命題 A, B それぞれに対し, その真偽を述べよ. また, 真ならば証明を与え, 偽ならば反例を与えよ.

命題 A n が正の整数ならば, $\dfrac{n^3}{26}+100 \geqq n^2$ が成り立つ.

命題 B   整数 n, m, l が $5n+5m+3l=1$ を満たすならば,
$10nm+3ml+3nl<0$ が成り立つ.

(2015 年　文科)

ポイント

- [命題 A]　左辺に移項した $\dfrac{n^3}{26}+100-n^2 \geqq 0$
  ⇨ 因数分解しにくいので, 関数として考える.
- [命題 A]　$f(x)=\dfrac{1}{26}x^3-x^2+100$ と設定する.
  ⇨ x を整数限定で, 最小値を考える.
- [命題 B]　$5n+5m+3l=1$ の条件式
  ⇨ 1 文字消去できる. 要領よく 1 文字消去する.
- [命題 B]　「整数 n, m, l」 ⇨ 整数問題特有の解法の適用を考える.

解答

[命題 A]

$f(x)=\dfrac{1}{26}x^3-x^2+100 \,(x>0)$ とすると　　　← 関数設定

$$f'(x)=\dfrac{3}{26}x^2-2x=\dfrac{3}{26}x\left(x-\dfrac{52}{3}\right)$$

$f'(x)=0$ とすると　$x=0, \dfrac{52}{3}$

$x>0$ における $f(x)$ のグラフは右図.

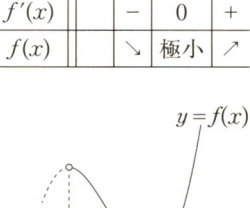

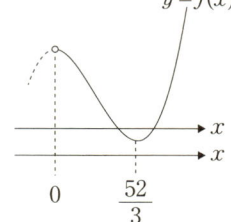

ただし, x は整数しかとりえないことに注意する.　…①

$\dfrac{52}{3}=17.3\cdots$ であるから,

n を整数とすると, $f(n)$ の最小値は $f(17)$ または $f(18)$.

$$f(17)=\dfrac{1}{26}\cdot 17^3-17^2+100=\left(\dfrac{17}{26}-1\right)\cdot 17^2+100=-\dfrac{1}{26}$$

よって, $n=17$ のとき　$\dfrac{n^3}{26}+100<n^2$

∴ 命題 A は偽. 反例は $n=17$.

x	0	$\cdots$	$\dfrac{52}{3}$	$\cdots$
$f'(x)$		$-$	0	$+$
$f(x)$		↘	極小	↗

[命題 B]

$5n + 5m + 3l = 1$ から

$$3l = 1 - 5n - 5m \quad \cdots ②$$

②より，

$$\begin{aligned}
10nm + 3ml + 3nl &= 10nm + 3l(m+n) \\
&= 10nm + (1-5n-5m)(m+n) \\
&= m + n - 5m^2 - 5n^2 \\
&= m(1-5m) + n(1-5n)
\end{aligned}$$

← 因数分解くずれ

一般に，p を整数とすると

$$p = 0 \text{ のとき} \quad p(1-5p) = 0$$
$$p \neq 0 \text{ のとき} \quad p(1-5p) < 0 \quad \cdots ③$$

よって

$$(m, n) = (0, 0) \text{ のとき} \quad m(1-5m) + n(1-5n) = 0$$
$$(m, n) \neq (0, 0) \text{ のとき} \quad m(1-5m) + n(1-5n) < 0$$

$(m, n) = (0, 0)$ とすると，②から，$3l = 1 \Leftrightarrow l = \dfrac{1}{3}$ となり不適．

よって，$(m, n) \neq (0, 0)$ であり　$10nm + 3ml + 3nl < 0$

∴ 命題 B は真．

分析

* ①のような「整数限定の関数」を「離散関数」と呼ぶことにする．

* ③では，一般に

$$AB > 0 \Leftrightarrow \text{「}A, B \text{は同符号」}$$
$$AB = 0 \Leftrightarrow \text{「}A, B \text{の少なくとも一方が} 0\text{」}$$
$$AB < 0 \Leftrightarrow \text{「}A, B \text{は異符号」}$$

であることを考えている．

66 離散関数の最小値

難易度 / 時間 20分

N は自然数，n は N の正の約数とする．
$$f(n) = n + \frac{N}{n}$$
とするとき，次の各 N に対して $f(n)$ の最小値を求めよ．

(1) $N = 2^k$（k は正の整数）

(2) $N = 7!$

(1995年 理科)

ポイント

- 分数関数の最小値 ⇨ 微分をする前に，相加・相乗平均の関係の利用を考える．
- $\sqrt{2^k}$ が 2^k の約数かどうか ⇨ k について偶奇で場合分け．
- 離散関数の最大最小
  ⇨ 連続関数としてグラフを描き，「トビトビ」であることを後で考える．

解答

(1) $f(x) = x + \dfrac{N}{x}$（x は実数）とおくと，相加・相乗平均の関係より，

$$f(x) = x + \frac{N}{x} \geq 2\sqrt{x \cdot \frac{N}{x}} = 2\sqrt{N} \quad （等号は x = \sqrt{N} のとき成立）$$

また，グラフは右図のようになる．…①

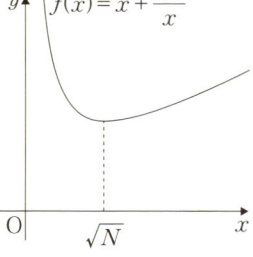

(i) k：偶数のとき $k = 2m$（m は自然数）とおける．
このとき $\sqrt{N} = 2^m$ は N の正の約数であり，$f(n)$ が最小．
$$\therefore \quad \min f(n) = f(2^m) = 2 \cdot 2^m = 2^{\frac{k}{2}+1}$$

(ii) k：奇数のとき $k = 2m-1$（m は自然数）とおける．
このとき $\sqrt{N} = 2^{m-\frac{1}{2}}$ は，N の約数ではないので，
$f(n)$ が最小となるのは，$\sqrt{N}$ に近い $n = 2^{m-1}$, 2^m のいずれかのとき．
$f(2^{m-1}) = f(2^m) = 3 \cdot 2^{m-1}$ より
$$\therefore \quad \min f(n) = f(2^{m-1}) = f(2^m) = 3 \cdot 2^{m-1} = 3 \cdot 2^{\frac{k-1}{2}}$$

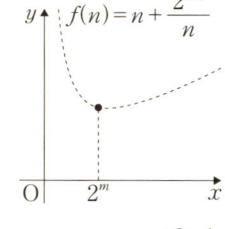

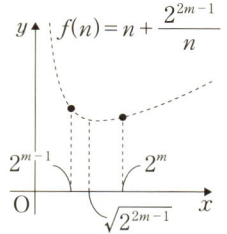

(2)　$7! = 5040$

　　$70^2 = 4900$，$71^2 = 5041$ より　$\sqrt{N}$ は整数でない．

　　$7! = 5040 = 70 \cdot 72$ であり，　…②

　　また，71 は 7! の約数ではないので，

　　$f(n)$ が最小となるのは，$n = 70$，72 のいずれかのとき．

$$f(70) = 70 + \frac{5040}{70} = 142$$

$$f(72) = 72 + \frac{5040}{72} = 142 \quad \text{より，}$$

　　$n = 70$，72 のとき　$f(n)$ は最小．

$$\therefore \quad \min f(n) = f(70) = f(72) = 142$$

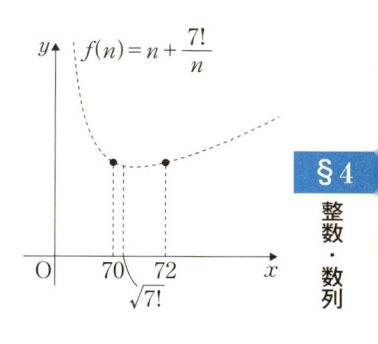

分析

* ①は，厳密には，$f'(x)$ の符号を調べて，下のような増減表を書いて考える．

x	$\cdots$	$\sqrt{N}$	$\cdots$
$f'(x)$	$-$	0	$+$
$f(x)$	↘	極小	↗

* ②は，$7! = 7 \cdot 6 \cdot 5 \cdot 4 \cdot 3 \cdot 2 \cdot 1 = 2^4 \cdot 3^2 \cdot 5 \cdot 7$　と素因数分解をしてから $70 \cdot 72$ の形を見つけても良い．

* 一般に，離散関数 $f(n)$ の最大最小は，

$$\begin{cases} \cdot \dfrac{f(n+1)}{f(n)} \text{と1との大小を調べる．} \\ \cdot f(n+1) - f(n) \text{と0との大小を調べる．} \end{cases}$$

　　などが代表的な解法となる．

67 整数の性質

難易度 ■■■□□
時間 20分

3以上9999以下の奇数 a で，$a^2 - a$ が10000で割り切れるものをすべて求めよ．

(2005年　文理共通)

ポイント

- 整数問題における具体値 ⇨ 素因数分解して考える．
- 連続する2整数 ⇨ 互いに素，つまり共通する素因数を持たない．
- 積の形で表される整数 ⇨ 素因数の振分けを考える．
- 1次不定方程式 ⇨ 特殊解を見つけて，式変形を行う．
- 係数が大きい不定方程式 ⇨ ユークリッドの互除法を用いた解法が有効．解答3

解答1

条件より，$a(a-1) = 10000N$ （N は自然数） …①　とおける．

$$① \Leftrightarrow a(a-1) = 2^4 \cdot 5^4 \cdot N \quad \cdots ②$$

← 素因数分解

ここで，a，$a-1$ は互いに素なので，
2数は共通の素因数を持たない．
また，a は奇数なので，
②の右辺の素因数のうち，2は全て $a-1$ の素因数に含まれる．
よって，

$$a - 1 = 16b \quad (b \text{ は自然数},\ 1 \leq b \leq 624)$$

とおける．

また，$a \leq 9999$ より，①式の右辺の素因数5は全て a に含まれる．
よって，

$$a = 625c \quad (c \text{ は自然数},\ 1 \leq c \leq 15)$$

とおける．

$$a = 625c = 16b + 1 \Leftrightarrow 625c - 16b = 1 \quad \cdots ③$$

← 1次不定方程式

$$③ \Leftrightarrow 625(c-1) = 16(b-39)$$

$$\therefore (b, c) = (625k + 39,\ 16k + 1) \quad (k \text{ は整数})$$

$1 \leq b \leq 624$ より，$k = 0$　よって　$a = 625$

解答 2

(③まで同様)

③において，mod 16 を考えると，
$$625c - 16b \equiv 1c - 0 \equiv 1 \pmod{16}$$
$1 \leq c \leq 15$ より，$c = 1$．よって $a = 625$

解答 3

(③まで同様)
$$625c - 16b = 1 \iff 16(39c - b) + c = 1 \quad \cdots ④$$
ここで，$39c - b = d$ とすると，
$$④ \iff 16d + c = 1$$
$$\iff 16(d - 1) = -(c + 15)$$

← 1次不定方程式

∴ $(d, c) = (k+1, -16k-15)$ （k は整数）

$1 \leq c \leq 15$ より，$k = -1$．

∴ $(d, c) = (0, 1) \iff (b, c) = (39, 1)$ よって $a = 625$

解答 4

(③まで同様)
$$625c - 16b = 1 \iff b = \frac{625c - 1}{16} = 39c + \frac{c - 1}{16}$$
$1 \leq c \leq 15$，b は整数より，$c = 1$ よって $a = 625$

分析

* 一般に，連続する 2 整数は，互いに素である．（証明は 71 類題）
* 本問とは直接的には無関係だが，
  連続する 2 整数の積は偶数．
  また一般に，
  連続する n 整数の積は $n!$ の倍数
  となる．
* 解答 3 はユークリッドの互除法を利用した不定方程式の解法となっている．

67 整数の性質

68 整数の大小評価

難易度
時間 15分

n, a, b, c, d は 0 または正の整数であって,
$$\begin{cases} a^2+b^2+c^2+d^2 = n^2-6 \\ a+b+c+d \leq n \\ a \geq b \geq c \geq d \end{cases}$$ を満たすものとする.

このような数の組 (n, a, b, c, d) をすべて求めよ． (1980 年 文科)

ポイント

- 「n, a, b, c, d は 0 または正の整数」 ⇨ 整数問題の手法を考える．
- 「$a \geq b \geq c \geq d$」 ⇨ 「すり替え」を用いて，文字の値を絞り込んでいく．

解答

$$a^2+b^2+c^2+d^2 = n^2-6 \quad \cdots ①$$
$$a+b+c+d \leq n \quad \cdots ②$$
$$a \geq b \geq c \geq d \geq 0 \quad \cdots ③$$

② から
$$(a+b+c+d)^2 \leq n^2$$
$$\Leftrightarrow a^2+b^2+c^2+d^2 + 2(ab+ac+ad+bc+bd+cd) \leq n^2$$
$$\Leftrightarrow n^2 - 6 + 2(ab+ac+ad+bc+bd+cd) \leq n^2$$

③ から,
$$2 \cdot 6d^2 \leq 2(ab+ac+ad+bc+bd+cd) \leq 6 \quad \cdots ④ \qquad ← \text{すり替え}$$
$$\therefore \quad 12d^2 \leq 6$$
$$\therefore \quad d = 0$$

このとき，①，② は
$$a^2+b^2+c^2 = n^2-6, \quad a+b+c \leq n$$

同様に
$$2 \cdot 3c^2 \leq 2(ab+ac+bc) \leq 6 \quad \cdots ⑤ \qquad ← \text{すり替え}$$
$$\therefore \quad 6c^2 \leq 6$$
$$\therefore \quad c = 0, \ 1$$

（ⅰ）$c=0$ のとき
$$a^2+b^2=n^2-6, \quad a+b\leqq n$$
から
$$(a+b)^2=n^2-6+2ab\leqq n^2$$
$$\therefore \quad 2b^2\leqq 2ab\leqq 6 \quad \cdots ⑥ \qquad \leftarrow \text{すり替え}$$
$$\therefore \quad b=0, \ 1$$

・ $b=0$ のとき
$$a^2=n^2-6, \quad a\leqq n$$
$$(n+a)(n-a)=6$$
$n+a, \ n-a$ の偶奇は一致するので，これを満たす整数 $a, \ n$ は存在しない．

・ $b=1$ のとき
$$a^2=n^2-7, \quad a\leqq n-1$$
$$(n+a)(n-a)=7, \quad a\leqq n-1$$
$$\therefore \quad n=4, \ a=3$$

（ⅱ）$c=1$ のとき
$$a^2+b^2=n^2-7, \quad a+b\leqq n-1$$
から
$$(a+b)^2=n^2-7+2ab\leqq(n-1)^2$$
$$\therefore \quad 2b^2\leqq 2ab\leqq 8-2n \quad \cdots ⑦ \qquad \leftarrow \text{すり替え}$$
$$\therefore \quad b^2+n\leqq 4$$

このとき $b=1, \ n=3, \ a=1$

（ⅰ）（ⅱ）より
$$(n, a, b, c, d)=(4, 3, 1, 0, 0), \ (3, 1, 1, 1, 0)$$

分析

* ④では，$a\to d, \ b\to d, \ c\to d$，⑤では，$a\to c, \ b\to c$，⑥⑦では，$a\to b$ のすり替えを行い，整数値を絞り込んでいる．

69 累乗と大小評価

難易度 ■■□□□
時間 15分

n を正の整数とする.実数 x, y, z に対する方程式
$$x^n + y^n + z^n = xyz \quad \cdots ①$$
を考える.

(1) $n=1$ のとき,①を満たす正の整数の組 (x, y, z) で,$x \leqq y \leqq z$ となるものをすべて求めよ.

(2) $n=3$ のとき,①を満たす正の実数の組 (x, y, z) は存在しないことを示せ.

(2006年 文科)

ポイント

・整数問題における大小関係
⇨ $x \leqq y \leqq z$ を用いて「すり替え」を行い,範囲を絞り込む.

・「すり替え」の方法
⇨ 「左辺 or 右辺に適用する」「大きく or 小さくすり替える」に注意して考える.

解答 1

(1) $n=1$ のとき,
$$① \Leftrightarrow x+y+z = xyz \quad \cdots ②$$
$0 < x \leqq y \leqq z$ であるから
$$x+y+z \leqq z+z+z = 3z \qquad \leftarrow \text{すり替え}$$
よって
$$xyz \leqq 3z \Leftrightarrow xy \leqq 3 \ (\because \ z > 0)$$
x, y は $0 < x \leqq y$ を満たす自然数であるから
$$(x, y) = (1, 1),\ (1, 2),\ (1, 3)$$

(ⅰ) $(x, y) = (1, 1)$ のとき,② $\Leftrightarrow$ $2+z = z$ $\Leftrightarrow$ $2 = 0$ よって不適.

(ⅱ) $(x, y) = (1, 2)$ のとき,② $\Leftrightarrow$ $3+z = 2z$ $\therefore$ $z = 3$
よって,$(x, y, z) = (1, 2, 3)$ これは $x \leqq y \leqq z$ を満たす.

(ⅲ) $(x, y) = (1, 3)$ のとき,② $\Leftrightarrow$ $4+z = 3z$ $\Leftrightarrow$ $z = 2$
このとき,$x \leqq y \leqq z$ を満たさないから不適.

よって(ⅰ)～(ⅲ)より,$(x, y, z) = (1, 2, 3)$

(2) $n=3$ のとき,
$$① \Leftrightarrow x^3 + y^3 + z^3 = xyz$$

152

この方程式を満たす正の実数の組 (x, y, z) が存在すると仮定する．
$0 < x \leq y \leq z$ としてよい．このとき
$$x^3 + y^3 + z^3 = xyz \leq zzz = z^3$$

← すり替え

よって
$$x^3 + y^3 + z^3 \leq z^3 \iff x^3 + y^3 \leq 0 \quad \cdots ③$$

一方，$x > 0$，$y > 0$ であるから
$$x^3 + y^3 > 0 \quad \cdots ④$$

③と④は矛盾．
よって，$n = 3$ のとき，①を満たす正の実数の組 (x, y, z) は存在しない．

解答2

(1) $xyz = x + y + z$ かつ $0 \leq x \leq y \leq z$ より
$$1 = \frac{1}{yz} + \frac{1}{zx} + \frac{1}{xy} \leq \frac{3}{x^2} \quad \therefore \quad x^2 \leq 3$$

← すり替え

x は正の整数なので $x = 1$
$$yz - y - z = 1 \iff (y-1)(z-1) = 2$$

← 因数分解くずれ

$$\therefore \quad (x, y, z) = (1, 2, 3)$$

(2) 相加・相乗平均の関係より
$$x^3 + y^3 + z^3 \geq 3 \times \sqrt[3]{x^3 y^3 z^3} = 3xyz > xyz$$

$\therefore$ $x^3 + y^3 + z^3 = xyz$ を満たす正の実数 x, y, z は存在しない．

解答3

(2)
$$x^3 + y^3 + z^3 = xyz$$
$$\iff x^3 + y^3 + z^3 - 3xyz = -2xyz$$
$$\iff \frac{1}{2}(x+y+z)((x-y)^2 + (y-z)^2 + (z-x)^2) = -2xyz$$

左辺は0以上，右辺は負となるので，これをみたす正の実数 x, y, z は存在しない．

分析

* (1)では，$x \leq y \leq z$ の不等式を，$x + y + z = xyz$ の「左辺」に適用し，本来よりも「大きくすり替え」て，絞り込んでいるのに対して，

  (2)では，$x \leq y \leq z$ の不等式を，$x^3 + y^3 + z^3 = xyz$ の「右辺」に適用し，本来よりも「大きくすり替え」て，絞り込んでいる．

70 因数分解と評価

難易度 ■■□□
時間 15分

$\dfrac{10^{210}}{10^{10}+3}$ の整数部分の桁数と，一の位の数字を求めよ．ただし，$3^{21}=10460353203$ を用いてもよい．

(1989年 理科)

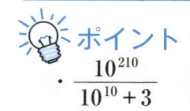

ポイント

- $\dfrac{10^{210}}{10^{10}+3}$ ⇒ 桁数だけを求めればいいので，分母を $10^{10}<10^{10}+3<10^{11}$ と（粗く）評価する．
- 分子の 10^{210} が扱いにくい ⇒ $x^n-y^n=(x-y)(x^{n-1}+x^{n-2}y+\cdots+y^{n-1})$ の形が利用できるように分子を変形する．

解答 1

[前半]

$10^{10}<10^{10}+3<10^{11}$ …① より，

$$\dfrac{10^{210}}{10^{11}}<\dfrac{10^{210}}{10^{10}+3}<\dfrac{10^{210}}{10^{10}}=10^{200}$$

よって，$\dfrac{10^{210}}{10^{10}+3}$ の整数部分は 200 桁．

[後半]

$t=10^{10}$ とすると，

$$\begin{aligned}\dfrac{10^{210}}{10^{10}+3}&=\dfrac{t^{21}}{t+3}\\&=\dfrac{t^{21}-(-3)^{21}}{t-(-3)}-\dfrac{3^{21}}{t-(-3)}\quad\cdots ②\\&=t^{20}+t^{19}(-3)+t^{18}(-3)^2+\cdots+(-3)^{20}-\dfrac{3^{21}}{t-(-3)}\quad\cdots ③\end{aligned}$$

← 足して引く

③において，$3^{21}=10460353203$ より，

$$3^{20} \text{ の 1 の位の数は } 1 \quad \cdots ④$$

$$\dfrac{3^{21}}{t+3}=\dfrac{10460353203}{10^{10}+3}=1.04\cdots \quad \cdots ⑤$$

であるから，

$$\dfrac{10^{210}}{10^{10}+3}=10N+1-1.04\cdots\ (N \text{ は自然数})$$

と表されるので，1 の位の数は 9 である．

解答2

[後半]

$s = 10^{10} + 3$ とすると,

$$10^{210} = (s-3)^{21}$$
$$= s^{21} - {}_{21}C_1 s^{20} \cdot 3 + {}_{21}C_2 s^{19} \cdot 3^2 - \cdots + {}_{21}C_{20} s \cdot 3^{20} - 3^{21}$$

$$\therefore \quad \frac{10^{210}}{10^{10}+3} = s^{20} - {}_{21}C_1 s^{19} \cdot 3 + \cdots + {}_{21}C_{20} 3^{20} - \frac{3^{21}}{10^{10}+3} \quad \cdots ⑥$$

$s \equiv 3 \pmod{10}$ より, ⑥の最後の項を取り除いた式は

$$s^{20} - {}_{21}C_1 s^{19} \cdot 3 + \cdots + {}_{21}C_{20} 3^{20}$$
$$\equiv 3^{20}({}_{21}C_0 - {}_{21}C_1 + \cdots + {}_{21}C_{20}) \pmod{10} \quad \cdots ⑦$$

ここで, 二項定理

$$(a+b)^n = {}_nC_0 a^n + {}_nC_1 a^{n-1}b + {}_nC_2 a^{n-2}b^2 + \cdots + {}_nC_r a^{n-r}b^r + \cdots + {}_nC_{n-1}ab^{n-1} + {}_nC_n b^n$$

において, $a=1$, $b=-1$, $n=21$ とすると,

$$(1-1)^{21} = {}_{21}C_0 - {}_{21}C_1 + {}_{21}C_2 - \cdots - {}_{21}C_{21} = 0$$

よって, ⑦の式は

$$3^{20}({}_{21}C_0 - {}_{21}C_1 + \cdots + {}_{21}C_{20})$$
$$\equiv 3^{20}({}_{21}C_0 - {}_{21}C_1 + \cdots + {}_{21}C_{20} - {}_{21}C_{21} + {}_{21}C_{21})$$
$$\equiv 3^{20} \equiv 1 \pmod{10}$$

($\because$ $3^{21} = 10460353203$ より, 3^{20} の1の位の数は1)

(以下同様)

分析

* ①は, $10^{10}+3$ を 10^{210} を割ったときに桁数がはっきりする数 (10^n の形) で評価している.

* 一般に, 二項定理

$$(a+b)^n = {}_nC_0 a^n + {}_nC_1 a^{n-1}b + {}_nC_2 a^{n-2}b^2 + \cdots + {}_nC_r a^{n-r}b^r + \cdots + {}_nC_{n-1}ab^{n-1} + {}_nC_n b^n$$

において,

$a = b = 1$ とすると, $2^n = {}_nC_0 + {}_nC_1 + {}_nC_2 + \cdots + {}_nC_{n-1} + {}_nC_n$

$a=1$, $b=-1$ とすると, $0 = {}_nC_0 - {}_nC_1 + {}_nC_2 - \cdots \begin{cases} +{}_nC_n & (n:偶数) \\ -{}_nC_n & (n:奇数) \end{cases}$

n:偶数のとき, 上2式の辺々を足したり引いたりして,

$$2^{n-1} = {}_nC_0 + {}_nC_2 + {}_nC_4 + \cdots + {}_nC_{n-2} + {}_nC_n$$
$$2^{n-1} = {}_nC_1 + {}_nC_3 + {}_nC_5 + \cdots + {}_nC_{n-3} + {}_nC_{n-1}$$

が成り立つ.

70 因数分解と評価

71 n 乗数になる条件

難易度
時間 20分

n を 2 以上の整数とする．自然数（1 以上の整数）の n 乗になる数を n 乗数とよぶことにする．

(1) 連続する 2 個の自然数の積は n 乗数でないことを示せ．
(2) 連続する n 個の自然数の積は n 乗数でないことを示せ． （2012 年 理科）

ポイント

- そのまま証明しにくい問題 ⇨ 背理法を利用する．
- 連続する 2 つの自然数 ⇨ 互いに素である（＊参考）ことから，素数に注目して証明を構成する．
- n 乗数に含まれる素因数 ⇨ 素因数の指数は全て n の倍数になっている．

解答

(1) 連続する 2 個の自然数 k, $k+1$ の積 $k(k+1)$ が n 乗数 l^n（l は自然数）である，と仮定する．

l が $l = p_1^{a_1} \cdot p_2^{a_2} \cdots$ （$p_1, p_2, \cdots$：素数，$a_1, a_2, \cdots$：自然数）と素因数分解されたとすると

$$l^n = p_1^{a_1 n} \cdot p_2^{a_2 n} \cdots = k(k+1) \quad \cdots ①$$

ところで，連続 2 整数の k と $k+1$ は互いに素であるから k と $k+1$ に共通な素因数は存在しない． ← ＊

このことから，①のそれぞれの $p_i^{a_i n}$ は，k か $k+1$ のいずれかの約数である．

よって，k も $k+1$ も n 乗数になる．

一方，n 乗数の差は 2^n と 1^n の差が最小で，

$$2^n - 1^n \geq 2^2 - 1^2 = 3$$

であるため，連続 2 整数の k と $k+1$ が共に n 乗数になることはない． $\cdots ②$

以上より，連続する 2 個の自然数の積は n 乗数でない．

(2) $n=2$ のときは，(1)で $n=2$ とすれば題意は示される．

$n \geq 3$ のとき連続する n 個の自然数 k, $k+1$, ……, $k+n-1$ の積が n 乗数 l^n（l は自然数）である．

$$k(k+1)(k+2)\cdots\cdots(k+n-1) = l^n \quad \cdots ③$$
← 両辺の個数が一致

と仮定する．

$k < l < k+n-1$ であるから，l は

$$k+1,\ k+2,\ \cdots,\ k+n-2$$

のいずれかに等しい．それを，

$$l = k+m \quad (1 \leq m \leq n-2) \quad \cdots ④$$

とする．

ここで，$k+m+1$ の素因数の 1 つを p とすると，

③より，p は $l = k+m$ の約数でもある． $\cdots ⑤$

ところで，連続 2 整数の $k+m$ と $k+m+1$ は互いに素であるから，$l=1$
← ＊

④より，$l = k+m \geq 2$ となるはずなので矛盾．

以上から，連続する n 個の自然数の積は n 乗数でない．

分析

* ①は，

「n 乗数の差が 1 となるとき，$a^n - b^n = (a-b)(a^{n-1} + a^{n-2}b + \cdots + b^{n-1}) = 1$
となるはずだが，$a^{n-1} + a^{n-2}b + \cdots + b^{n-1} \geq 2$ より不適」

と考えてもよい．

* ⑤は厳密には，「p は l^n の約数」 → 「p は l の約数」（∵ p は素数）を考えている．

類題

一般に，「連続する 2 整数は互いに素」であることを示せ．

> k と $k+1$ の最大公約数を g とすると，
> $$k = ga,\ k+1 = gb \quad (a,\ b \text{ は互いに素な自然数})$$
> とおける．よって
> $$(k+1) - k = gb - ga \quad \text{すなわち} \quad 1 = g(b-a)$$
> したがって，g は 1 の約数であるから $g = 1$
> ∴ k と $k+1$ は互いに素である．

72　2項係数の性質①

自然数 $m \geq 2$ に対し，$m-1$ 個の二項係数 ${}_m\mathrm{C}_1$, ${}_m\mathrm{C}_2$, ……, ${}_m\mathrm{C}_{m-1}$ を考え，これらすべての最大公約数を d_m とする．すなわち d_m はこれらすべてを割り切る最大の自然数である．

(1) m が素数ならば，$d_m = m$ であることを示せ．
(2) すべての自然数 k に対し，$k^m - k$ が d_m で割り切れることを，k に関する数学的帰納法によって示せ．

(2009年　文科)

ポイント

- 「m が素数ならば，$d_m = m$ である」
  ⇨ ${}_m\mathrm{C}_1 = {}_m\mathrm{C}_{m-1} = m$ なので，${}_m\mathrm{C}_k$ $(2 \leq k \leq m-2)$ がすべて m で割りきれることを示せば十分．
- 数学的帰納法による証明 ⇨ 「k に関する（m ではなく）」に注意して構成する．

解答1

(1) $m = 2$ のときと，$m \geq 3$ のときに分けて考える．

(ⅰ) $m = 2$ のとき

d_2 は 1 個の二項係数 ${}_2\mathrm{C}_1 = 2$ を割り切る最大の自然数であるから，$d_2 = 2$.
∴ $d_m = m$

(ⅱ) m が 3 以上の素数のとき

${}_m\mathrm{C}_1 = m$ であるから，${}_m\mathrm{C}_2$, ${}_m\mathrm{C}_3$, ……, ${}_m\mathrm{C}_{m-1}$ が m の倍数であることを示せば，m が最大公約数ということになる．

$k = 2, 3, ……, m-1$ のとき

$${}_m\mathrm{C}_k = \frac{m!}{k!(m-k)!} = \frac{m}{k} \times \frac{(m-1)!}{(k-1)!(m-k)!} = \frac{m}{k} \times {}_{m-1}\mathrm{C}_{k-1} \quad \cdots ①$$

よって

$$k \cdot {}_m\mathrm{C}_k = m \cdot {}_{m-1}\mathrm{C}_{k-1}$$

$k < m$ かつ m は素数であるから，k と m は互いに素なので ${}_m\mathrm{C}_k$ は m の倍数．
∴ $d_m = m$

(ⅰ)，(ⅱ)から，m が素数ならば，$d_m = m$.

(2) 「$k^m - k$ が d_m で割り切れる」 …②

[1] $k=1$ のとき
$1^m - 1 = 0$ であり，$d_m \neq 0$ であるから，0 は d_m で割り切れる．
∴ ②は成立．

[2] $k=l$ のとき②の成立を仮定．
「$l^m - l$ が d_m で割り切れる」$k=l+1$ のときを考えると
$$(l+1)^m - (l+1) = (l^m + {}_mC_1 l^{m-1} + {}_mC_2 l^{m-2} + \cdots\cdots + 1) - (l+1)$$
$$= (l^m - l) + {}_mC_1 l^{m-1} + {}_mC_2 l^{m-2} + \cdots\cdots + {}_mC_{m-1} l$$

仮定から $l^m - l$ は d_m で割り切れる．
また，(1) より d_m は ${}_mC_1$, ${}_mC_2$, ……，${}_mC_{m-1}$ の最大公約数であるから，${}_mC_1 l^{m-1} + {}_mC_2 l^{m-2} + \cdots\cdots + {}_mC_{m-1} l$ は d_m で割り切れる．
よって，$(l+1)^m - (l+1)$ は d_m で割り切れる．
∴ $k=l+1$ のときも②は成立．

[1]，[2]から，②はすべての自然数 k について成り立つ．

解答 2

(1) $\quad {}_mC_k = \dfrac{m!}{k!(m-k)!} = \dfrac{m(m-1)\cdots(m-(k-1))}{k(k-1)\cdots 1}$

m が素数のとき，m と k, $k-1$, $\cdots$, 1 は互いに素だから，
$\dfrac{(m-1)\cdots(m-(k-1))}{k(k-1)\cdots 1}$ が約分されて整数となる．

よって，${}_mC_k$ は m の倍数．

分析

* 本問は，
フェルマーの小定理
　　　　p が素数，a が任意の自然数のとき，$a^p \equiv a \pmod{p}$
　　　　特に，a が p と互いに素な自然数のとき，
　　　　両辺を a でわることができるので，$a^{p-1} \equiv 1 \pmod{p}$
の証明法を背景にしている．

73　2項係数の性質②

m を 2015 以下の正の整数とする．$_{2015}C_m$ が偶数となる最小の m を求めよ．

(2015 年　理科)

ポイント

- $_{2015}C_m$ の偶奇　　⇨　展開して，各項の偶奇を調べる．
- $_{2015}C_m$ の計算における分母／分子の 2 の素因数
  ⇨　実験してみて，m の値に目安をつける．
- 自然数 m の表現　⇨　一般に，$m = 2^a \cdot b$ (a は 0 以上の整数，b は奇数) と一意に表現できる．

解答 1

$$_{2015}C_m = \frac{2015 \times 2014 \times \cdots \times (2016-m)}{m!}$$
$$= \frac{2016-1}{1} \cdot \frac{2016-2}{2} \cdot \cdots \cdot \frac{2016-m}{m} \quad \cdots ①$$

ここで，自然数 k に対して，

$$k = 2^a \cdot b \text{ (a は 0 以上の整数，b は奇数)} \quad \cdots ② \qquad ← *$$

とすると，
$k \leq 31$ においては $a \leq 4$ であるから，　　　　　　　　　　　　　　← 発見的

$$2016 - k = 2^5 \cdot 63 - 2^a \cdot b = 2^a(2^{5-a} \cdot 63 - b) \text{ と表され，}$$

$$\frac{2016-k}{k} = \frac{2^a \cdot (2^{5-a} \cdot 63 - b)}{2^a \cdot b} = \frac{2^{5-a} \cdot 63 - b}{b}$$

は分母分子共に奇数となるため，$_{2015}C_k$ は奇数．

以上から $_{2015}C_1,\ _{2015}C_2,\ \cdots,\ _{2015}C_{31}$ はすべて奇数．

一方，

$$_{2015}C_{32} = \frac{2016-1}{1} \cdot \frac{2016-2}{2} \cdot \cdots \cdot \frac{1985}{31} \cdot \frac{1984}{32}$$
$$= (奇数) \cdot 62$$

となるので，

$_{2015}C_m$ が偶数となる最小の m は 32

である．

解答2

(①まで同様)

整数 n を素因数分解したときの 2 の指数を $d(n)$ とすると,

①の分子 2015, 2014, 2013, … について,

$$d(2015) = 0, \ d(2014) = 1, \ d(2013) = 0, \ d(2012) = 2,$$
$$d(2011) = 0, \ d(2010) = 1, \ d(2009) = 0, \ d(2008) = 3,$$
$$d(2007) = 0, \ d(2006) = 1, \ d(2005) = 0, \ d(2004) = 2, \ \cdots$$

①の分母 1, 2, 3, … について,

$$d(1) = 0, \ d(2) = 1, \ d(3) = 0, \ d(4) = 2,$$
$$d(5) = 0, \ d(6) = 1, \ d(7) = 0, \ d(8) = 3,$$
$$d(9) = 0, \ d(10) = 1, \ d(11) = 0, \ d(12) = 2, \ \cdots$$

分母, 分子, それぞれの一番右の列だけを取り出すと,

$$d(2000) = d(16) = 4, \ d(1996) = d(20) = 2, \ d(1992) = d(24) = 3$$
$$d(1988) = d(28) = 2, \ d(1984) = 6, \ d(32) = 5$$

となることから,

$_{2015}C_m$ が偶数となる最小の m は 32

分析

* ①のように項を整理することで, 素因数 2 の個数について考えやすくしている.
* 一般に, 整数 n は
  ・$n = 10N + a$ (N は 0 以上の整数, a は 0 から 9 までの整数)
  ・$n = 10^m \cdot a_m + 10^{m-1} \cdot a_{m-1} + \cdots + a_0$ ($a_m \sim a_0$ は 0 から 9 までの整数)
  ・$n = 2^m(2l+1)$ (m, l は 0 以上の整数)

  などとおくことができる.

  解答1の②は上記 $n = 2^m(2l+1)$ の $2l+1$ を b とおいたものである.
* 本問は, パスカルの三角形を偶奇で考えることで, 題意が捉えやすくなる.
* C の性質としては, 以下のようなものに注意しておきたい.
  ・$_nC_k = {}_{n-1}C_{k-1} + {}_{n-1}C_k$
  ・$\sum_{k=0}^{n} {}_nC_k = 2^n$
  ・$k \cdot {}_nC_k = n \cdot {}_{n-1}C_{k-1}$

74 漸化式と倍数①

整数からなる数列 $\{a_n\}$ を漸化式

$$\begin{cases} a_1=1,\ a_2=3 \\ a_{n+2}=3a_{n+1}-7a_n\ (n=1,\ 2,\ \cdots) \end{cases}$$

によって定める．a_n が偶数となる n を決定せよ． (1993年 文科)

難易度／時間 15分

ポイント

- 偶数となる n の決定 ⇨ 2 を法とする合同式の利用．
- 隣接 3 項間漸化式 ⇨ 必要に応じて，一般項を求めることも可能．
- 漸化式で表される整数列 ⇨ 一般項を求める必要はないことも多い．
- 一般項を求めずに考える漸化式 ⇨ 実験によって，周期性や規則性を見出す．

解答 1

$a_n \equiv b_n \pmod{2}\ (0 \leq b_n \leq 1)$ とする．

$a_1=1,\ a_2=3,\ a_3=3a_2-7a_1=2$ より，

$$b_1=1,\ b_2=1,\ b_3=0.$$

← 実験

また，$a_{n+2}=3a_{n+1}-7a_n$ より，

$$b_{n+2} \equiv 3b_{n+1}-7b_n \equiv b_{n+1}-b_n \pmod{2}$$

数列 $\{b_n\}$ を表にすると以下のようになる．

n	1	2	3	4	5	6	7	…
b_n	1	1	0	1	1	0	1	…

← 実験による

$\{b_n\}$ は，前 2 項にのみ依存するので，1，1，0 を繰り返す．（周期 3）

∴ $a_3,\ a_6,\ a_9,\ \cdots$ が偶数となる．

よって，a_n が偶数となる n は $n=3m$ （m は自然数）．

解答 2

任意の $n=1,\ 2,\ \cdots$ に対し，

$$\begin{aligned} a_{n+3} &= 3a_{n+2}-7a_{n+1} \\ &= 3(3a_{n+1}-7a_n)-7a_{n+1} \\ &= 2a_{n+1}-21a_n \end{aligned}$$

$\{a_n\}$ は整数列なので,
$$a_n \text{ が偶数} \Leftrightarrow a_{n+3} \text{ が偶数}$$
$a_1=1$, $a_2=3$, $a_3=3a_2-7a_1=2$ より,
$$a_3,\ a_6,\ a_9,\ \cdots \text{ が偶数}.$$
よって a_n が偶数となる n は $n=3m$ (m は自然数).

解答3

偶奇にだけ注目すると,漸化式より
$$a_n,\ a_{n+1} \text{ が偶数, 偶数のとき, } a_{n+2} \text{ は偶数}.$$
$$a_n,\ a_{n+1} \text{ が偶数, 奇数のとき, } a_{n+2} \text{ は奇数}.$$
$$a_n,\ a_{n+1} \text{ が奇数, 偶数のとき, } a_{n+2} \text{ は奇数}.$$
$$a_n,\ a_{n+1} \text{ が奇数, 奇数のとき, } a_{n+2} \text{ は偶数}.$$
よって,数列 $\{a_n\}$ は,
$\{a_n\}$:奇数,奇数,偶数,奇数,奇数,偶数,奇数,$\cdots$ と続くので, ← 周期3
a_n が偶数となるのは,n が3の倍数のとき.

分析

* $a_1=1$, $a_2=3$, $a_{n+2}=3a_{n+1}-7a_n$ の一般項を求めると,
$$a_n = -\frac{i}{\sqrt{19}}\left\{\left(\frac{3+\sqrt{19}\,i}{2}\right)^n - \left(\frac{3-\sqrt{19}\,i}{2}\right)^n\right\}$$
となるが,本問の題意を示す上で,有用ではない.

* 一般に,$a_{n+2}=ka_{n+1}+la_n$ 型の隣接3項間漸化式の一般項は,
$x^2-kx-l=0$ の2解を α, β として,$\alpha \neq \beta$ のとき $a_n=p\alpha^n+q\beta^n$ の形になる.

類題

(本問と同じ数列 $\{a_n\}$)

a_n が10の倍数となるための n の条件を求めよ. (1993年 理科)

> $a_n \equiv c_n \pmod 5$ $(0 \leq b_n \leq 4)$ とする. $c_{n+2} \equiv 3c_{n+1}-7c_n \equiv 3c_{n+1}-2c_n \pmod 5$.
> 数列 $\{c_n\}$ を書き出すと,$c_4 \equiv 0 \pmod 5$ で,周期4となる.
> 偶数になる条件と合わせて,a_n が10の倍数となる n は $n=12m$ (m は自然数).

75 漸化式と倍数②

難易度 ☐☐☐
時間 10分

以下の問いに答えよ．ただし，(1)については，結論のみを書けば良い．

(1) n を正の整数とし，3^n を 10 で割った余りを a_n とする．a_n を求めよ．
(2) n を正の整数とし，3^n を 4 で割った余りを b_n とする．b_n を求めよ．
(3) 数列 $\{x_n\}$ を次のように定める．
$$x_1 = 1, \quad x_{n+1} = 3^{x_n} \quad (n = 1, 2, 3, \cdots)$$
x_{10} を 10 で割った余りを求めよ． (2016 年　文科)

ポイント

- 剰余に関する問題 ⇨ 合同式の利用を考える．
- 累乗の剰余によって構成される数列
  ⇨ 周期性を予想して，実験をして周期を見つける．
- 合同式の利用 ⇨ 「合同式は加減乗にのみ閉じている」に注意しながら式変形をする．（∗）

解答

(1) k を 0 以上の整数として，
$$a_n = \begin{cases} 3 & (n = 4k+1) \\ 9 & (n = 4k+2) \\ 7 & (n = 4k+3) \\ 1 & (n = 4k+4) \end{cases}$$
← 場合分けして答える

(2) $3^n \equiv (-1)^n \equiv b_n \pmod{4} \ (0 \leq b_n \leq 3)$ であるから，
$$b_n = \begin{cases} 3 & (n = 2k+1) \\ 1 & (n = 2k+2) \end{cases}$$
← 場合分けして答える

(3) 与えられた漸化式で定まる数列 $\{x_n\}$ の項はすべて奇数なので，(2)の結果より，
$$3^{\{x_n\}} \equiv 3 \pmod{4}$$
$$\therefore \quad x_{n+1} \equiv 3^{x_n} \equiv 3 \pmod{4} \quad (n \geq 1)$$
よって，$n \geq 2$ のとき，x_n は 4 で割って 3 余る数である． …①

← $n=1$ のときのみ 4 で割って 1 余る．

また，一方で，(1)より 3^n を 10 で割った余りを考えると，

n	1	2	3	4	5	6	7	8	9	10	11	$\cdots$
$a_n \equiv 3^n$	3	9	7	1	3	9	7	1	3	9	7	$\cdots$

$\pmod{10}$ ← 表で示す

上表より，数列 $\{a_n\}$ は周期 4 で
$$3, 9, 7, 1$$
を繰り返す．このことと①から，
$$x_{n+1}=3^{x_n}\equiv 7 \pmod{10} \quad (n\geq 2)$$
である．

よって，x_{10} を 10 で割った余りは，7．

分析

* 一般に，a と b の p で割った余りが等しいとき，$a \equiv b \pmod{p}$ と表現する．
  合同式は，加減乗についてのみ演算可能で，$a \equiv b$, $c \equiv d \pmod p$ のとき，
  $$a+c \equiv b+d, \quad a-c \equiv b-d, \quad ac \equiv bd, \quad a^n \equiv b^n, \quad f(a) \equiv f(b) \; (f(x) \text{は整数多項式})$$
  が成り立つ．また，a と p が互いに素のときに限り，$ab \equiv ac \Leftrightarrow b \equiv c \pmod{p}$ が成り立つ．

* 剰余に関する有名な定理としては，フェルマーの小定理，ウィルソンの定理，中国剰余定理などが知られている．

  ・フェルマーの小定理
    p が素数で，a と p と互いに素な自然数のとき，$a^{p-1} \equiv 1 \pmod{p}$

  ・ウィルソンの定理
    p が素数のとき，$(p-1)! \equiv -1 \pmod{p}$

  ・中国剰余定理
    a_1, a_2 が互いに素な整数のとき，$n \equiv r_1 \pmod{a_1}$, $n \equiv r_2 \pmod{a_2}$ をみたす n が 0 以上 $a_1 a_2$ 未満の範囲にただ 1 つ存在する．（3 元以上でも成り立つ．）

類題

$a_n = 19^n + (-1)^{n-1} 2^{4n-3}$ ($n=1, 2, 3, \cdots$) のすべてを割り切る素数を求めよ．（東工大）

> $a_1 = 19 + 2 = 21 = 3 \cdot 7$, $a_2 = 19^2 + (-1) \cdot 2^5 = 329 = 7 \cdot 47$ より，題意の素数の候補は 7．
> ここで，$a_n = 19^n + (-1)^{n-1} 2^{4n-3} \equiv (-2)^n + (-1)^{n-1} \cdot 2 \cdot (2^4)^{n-1}$
> $$\equiv (-2)^n + (-1)^{n-1} \cdot 2 \cdot 2^{n-1}$$
> $$\equiv -2 \cdot (-2)^{n-1} + 2 \cdot (-2)^{n-1} \equiv 0 \pmod{7}$$
> よって，求める素数は 7．

76 除法と漸化式

n は正の整数とする．x^{n+1} を x^2-x-1 で割った余りを $a_n x + b_n$ とおく．

(1) 数列 a_n, b_n ($n=1, 2, 3, \cdots\cdots$) は $\begin{cases} a_{n+1} = a_n + b_n \\ b_{n+1} = a_n \end{cases}$ を満たすことを示せ．

(2) $n=1, 2, 3, \cdots\cdots$ に対して，a_n, b_n はともに正の整数で，互いに素であることを証明せよ．

(2002年　文理共通)

ポイント

- 整式の除法の問題 ⇨ 乗法の形で表現して考える．
- 係数に関する漸化式 ⇨ n 番目の状態から $n+1$ 番目の状態を作り，係数を比較する．
- すべての自然数に関する証明 ⇨ 数学的帰納法の利用を考える．
- 「互いに素である」ことの証明 ⇨ 公約数を g とおいて，$g=1$ であることを示す．

解答

(1) $x^{n+1} = (x^2 - x - 1)P(x) + a_n x + b_n$ とおける．

両辺に x をかけて，整理すると

$$x^{n+2} = (x^2 - x - 1)xP(x) + a_n x^2 + b_n x$$
$$= (x^2 - x - 1)xP(x) + a_n(x^2 - x - 1) + a_n(x+1) + b_n x \quad \cdots ①$$
$$= (x^2 - x - 1)\{xP(x) + a_n\} + (a_n + b_n)x + a_n \quad \cdots ②$$

x^{n+2} を $x^2 - x - 1$ で割った余りは $a_{n+1}x + b_{n+1}$ であるから，②より

$$a_{n+1} = a_n + b_n, \quad b_{n+1} = a_n$$

(2) [前半]

$x^2 = (x^2 - x - 1) + x + 1$ であるから $a_1 = 1$, $b_1 = 1$

まず，a_n, b_n がともに正の整数であることを数学的帰納法で証明する．

[1] $n=1$ のとき　$a_1 = b_1 = 1$ であるから成り立つ．

[2] $n=k$ のとき　a_k, b_k がともに正の整数と仮定する．

(1)から $a_{k+1} = a_k + b_k$, $b_{k+1} = a_k$

よって，a_{k+1}, b_{k+1} はともに正の整数．

[後半]

[1], [2] から，すべての自然数 n について，a_n, b_n は正の整数.

次に，a_n, b_n は互いに素であることを証明する.

$n \geq 2$ のとき a_n と b_n の最大公約数を g とする.

$a_{n-1} = b_n$ より，a_{n-1} は g で割り切れる.

よって，$b_{n-1} = a_n - a_{n-1}$ より，b_{n-1} も g で割り切れる.

これを繰り返すと，a_1, b_1 はいずれも g で割り切れることがわかる. ← 降下法

これと $a_1 = b_1 = 1$ から $g = 1$.

よって，a_n と b_n は互いに素.

分析

* ①②は，

    $a_n x^2 + b_n x$ を $x^2 - x - 1$ で割るという除法を実行し，

    商が a_n，余りが $(a_n + b_n)x + a_n$ ということを導いている.

* (2)における **[前半]** は，2系列に関する数学的帰納法を用いている.

* (2)における **[後半]** は，漸化式を利用した降下法を用いて $g = 1$ を導いている.

* 連立漸化式 $\begin{cases} a_{n+1} = a_n + b_n \\ b_{n+1} = a_n \end{cases}$ を整理すると，

$$a_{n+1} = a_n + a_{n-1}, \quad b_{n+2} = b_{n+1} + b_n$$

が導ける．この漸化式で表される数列のことをフィボナッチ数列という．
フィボナッチ数列 $\{a_n\}$ の一般項は，

$$a_n = \frac{1}{\sqrt{5}} \left(\left(\frac{1+\sqrt{5}}{2} \right)^n - \left(\frac{1-\sqrt{5}}{2} \right)^n \right)$$

となることが知られている.

* フィボナッチ数列に関する問題としては1992年文科でも出題されている.

77 三角関数と漸化式

$a = \sin^2 \dfrac{\pi}{5}$, $b = \sin^2 \dfrac{2\pi}{5}$ とおく．このとき，以下のことが成り立つことを示せ．

(1) $a+b$ および ab は有理数である．

(2) 任意の自然数 n に対し $(a^{-n}+b^{-n})(a+b)^n$ は整数である． (1994 年 理科)

ポイント

- 対称式 ⇨ 基本対称式のみで表現できる．
- $\theta = \dfrac{\pi}{5}$ のときの $\sin\theta$, $\cos\theta$
  ⇨ 3 倍角の公式を用いて具体値を導くことができる．
- 基本対称式の値 ⇨ 各変数の存在条件（実数条件）の吟味が必要．
- 自然数限定の全称命題 ⇨ 数学的帰納法の利用可能性．
- $a^n + b^n$ の形 ⇨ 数列，漸化式（隣接 3 項間）の利用可能性．

解答

(1) $\theta = \dfrac{\pi}{5}$ とすると，$3\theta = \pi - 2\theta$ から

$$\sin 3\theta = \sin(\pi - 2\theta) = \sin 2\theta$$
$$\Leftrightarrow \quad 3\sin\theta - 4\sin^3\theta = 2\sin\theta\cos\theta$$
$$\therefore \quad \sin\theta(4\cos^2\theta - 2\cos\theta - 1) = 0$$

← 3 倍角

$0 < \sin\theta < 1$, $0 < \cos\theta < 1$ より，

$$\cos\theta = \dfrac{1+\sqrt{5}}{4} \qquad \sin^2\theta = 1 - \cos^2\theta = \dfrac{5-\sqrt{5}}{8}$$

$$a + b = \sin^2\theta + \sin^2 2\theta$$
$$= \sin^2\theta\,(1 + 4\cos^2\theta) = \dfrac{5}{4}$$
$$ab = \sin^2\theta \cdot \sin^2 2\theta$$
$$= 2\sin^4\theta\cos^2\theta = \dfrac{5}{16}$$

よって，$a+b$, ab は有理数．

(2) $c_n = (a^{-n}+b^{-n})(a+b)^n$ $(n=1, 2, \cdots)$ とおくと

$$c_n = (a^{-n}+b^{-n})(a+b)^n = \frac{a^n+b^n}{a^n b^n}(a+b)^n = \left(\frac{a+b}{ab}\right)^n (a^n+b^n)$$

(1)より,$\dfrac{a+b}{ab}=4$ であるから,$c_n = 4^n(a^n+b^n)$

[1] $n=1, 2$ のとき $c_1 = 4(a+b) = 5$
$$c_2 = 16(a^2+b^2)$$
$$= 16\{(a+b)^2 - 2ab\} = 15$$

より,c_1, c_2 は整数.

[2] $n=k, k+1$ のとき,c_k, c_{k+1} が整数であると仮定. ← 2つ仮定

$n=k+2$ のとき
$$c_{k+2} = 4^{k+2}(a^{k+2}+b^{k+2})$$
$$= 4(a+b)(4^{k+1}(a^{k+1}+b^{k+1})) - 4^2 ab(4^k(a^k+b^k))$$
$$= 5c_{k+1} - 5c_k$$

より,c_{k+1}, c_k が整数であるから,c_{k+2} は整数.

[1][2]より,数学的帰納法によって,題意は示せた.

分析

* 一般に,
  $\theta = \dfrac{\pi}{5}$ の三角関数の具体値は求められることを認識しておくとよい.
  (1)のような「3倍角の公式から導く」方法の他に,
  右図のような $AB=AC$ の二等辺三角形を用いても,以下のように導ける.

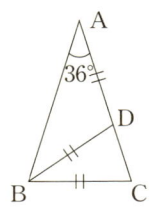

  > $BC=1$, $AB=AC=x$ とし,$\triangle ABC \backsim \triangle BCD$ より,
  > $AB:BC = BC:CD = x:1$ ∴ $CD = \dfrac{1}{x}$
  > $AC = x = 1 + \dfrac{1}{x}$,$x>0$ より $x = \dfrac{1+\sqrt{5}}{2}$
  > 余弦定理より,$\cos\dfrac{\pi}{5} = \dfrac{2x^2-1}{2x^2} = \dfrac{1+\sqrt{5}}{4}$.

77 三角関数と漸化式

78 対称式と漸化式

難易度 ■■□□□
時間 20分

a, b は実数で $a^2+b^2=16$, $a^3+b^3=44$ を満たしている.

(1) $a+b$ の値を求めよ.

(2) n を 2 以上の整数とするとき, a^n+b^n は 4 で割り切れる整数であることを示せ.

(1997年 文科)

ポイント

- 対称式 ⇨ 基本対称式のみで表現できる.
- 基本対称式 ⇨ 「解と係数の関係」として捉え, 方程式を復元できる.
- 基本対称式の値 ⇨ 各変数の存在条件（実数条件）の吟味が必要.
- 自然数限定の全称命題 ⇨ 数学的帰納法の利用可能性を考える.
- a^n+b^n の形 ⇨ 数列, 漸化式（隣接 3 項間）の利用可能性を考える.
- 「○で割り切れる」 ⇨ 合同式の利用可能性を考える.

解答 1

(1) $a+b=s$, $ab=t$ とおくと, ← 基本対称式置換

a, b は $x^2-sx+t=0$ の2解.

a, b が実数であるから,

$s^2-4t \geq 0$ …① ← 判別式 $D \geq 0$

$$a^2+b^2=16 \iff s^2-2t=16 \quad \cdots ②$$
$$a^3+b^3=44 \iff s^3-3st=44 \quad \cdots ③$$

①②より, $s^2-2(s^2-16) \geq 0$ ∴ $|s| \leq 4\sqrt{2}$ …④

②③より, $s^3-48s+88=0 \iff (s-2)(s^2+2s-44)=0$ ∴ $s=2, -1 \pm 3\sqrt{5}$

ここで, $2.23 < \sqrt{5} < 2.24$, $1.41 < \sqrt{2} < 1.42$ より, …⑤
$$-1-3\sqrt{5} < -7.69 < -4\sqrt{2},$$
$$-1+3\sqrt{5} > 5.69 > 4\sqrt{2}$$
← 根号の評価

であるから, ④より, $s=-1 \pm 3\sqrt{5}$ は不適.

∴ $a+b=2$, $ab=t=-6$

170

(2) [1] $n=2, 3$ のとき
 $a^2+b^2=16$, $a^3+b^3=44$ であるから, 成り立つ.
[2] $n=k, k+1$（ただし, k は 2 以上の整数）のとき a^n+b^n が 4 の倍数であると仮定.
 $n=k+2$ のとき
$$a^{k+2}+b^{k+2}=(a+b)(a^{k+1}+b^{k+1})-ab(a^k+b^k)=2(a^{k+1}+b^{k+1})+6(a^k+b^k)$$
となり, $a^{k+2}+b^{k+2}$ は 4 の倍数.
[1], [2]から, 2 以上のすべての整数 n について, a^n+b^n は 4 の倍数となる.

解答 2

(1)（④まで同様）
②③より, $s^3-48s+88=0$ ⇔ $(s-2)(s^2+2s-44)=0$
ここで $f(s)=s^2+2s-44$ とおくと,
$y=f(s)$ のグラフを考えると, 軸は $s=-1$ であり,
$f(4\sqrt{2})=32+8\sqrt{2}-44=-12+8\sqrt{2}=4(2\sqrt{2}-3)<0$
であるから,
$f(s)=0$ は $|s|\leq 4\sqrt{2}$ の範囲に実数解をもたない. ∴ $s=2$
（以下同様）

解答 3

(2) $c_n \equiv a^n+b^n \pmod{4}$ （$0 \leq c_n \leq 3$）とする.
 $a^{n+2}+b^{n+2}=(a+b)(a^{n+1}+b^{n+1})-ab(a^n+b^n)$ より,
$$c_{n+2}=2c_{n+1}+6c_n.$$ ← 漸化式
$c_1=a+b=2$, $c_2=a^2+b^2=16$, より, c_n：偶数（n はすべての自然数）. …⑥
$c_{n+2}=2c_{n+1}+6c_n \equiv 2c_{n+1}+2c_n \equiv 2(c_n+c_{n+1}) \pmod{4}$ であり,
また⑥より, 2 以上の自然数 n で $c_n \equiv 0 \pmod{4}$.

分析

* ⑤では, 根号の評価を小数第 2 位までで考えている.（小数第 1 位までだと不足）

* 解答 2 では, グラフを利用して, $4\sqrt{2}$ と $-1+3\sqrt{5}$ の大小を判別している.

* 解答 3 では, 隣接 3 項間の漸化式が立式できるが, この漸化式は一般項を求める必要はない.

78 対称式と漸化式

79 解と係数と漸化式

2次方程式 $x^2-4x+1=0$ の2つの実数解のうち大きいものを α, 小さいものを β とする. また, $n=1, 2, 3, \cdots$ に対し, $s_n=\alpha^n+\beta^n$ とおく.

(1) s_1, s_2, s_3 を求めよ. また, $n\geqq 3$ に対し, s_n を s_{n-1} と s_{n-2} で表せ.
(2) s_n は正の整数であることを示し, s_{2003} の一の位の数を求めよ.
(3) α^{2003} 以下の最大の整数の一の位の数を求めよ.

(2003年 文科)

ポイント

・解 α, β の対称式 ⇨ 解と係数の関係から $\alpha+\beta, \alpha\beta$ を用意する.（基本対称式）
・「正の整数である」
　　　　　　⇨ 「正であること」と「整数であること」に分けて，それぞれ示す.
・α^{2003} について ⇨ s_{2003} や β^{2003} についての性質を用いて，間接的に考える.

解答1

(1) 解と係数の関係より,
$$\alpha+\beta=4, \quad \alpha\beta=1$$
よって
$$s_1=\alpha+\beta=4,$$
$$s_2=\alpha^2+\beta^2=(\alpha+\beta)^2-2\alpha\beta=14,$$
$$s_3=\alpha^3+\beta^3=(\alpha+\beta)^3-3\alpha\beta(\alpha+\beta)=52$$
また，一般に
$$\alpha^n+\beta^n=(\alpha+\beta)(\alpha^{n-1}+\beta^{n-1})-\alpha\beta(\alpha^{n-2}+\beta^{n-2})$$
が成り立つ.
$$\therefore \quad n\geqq 3 \text{ に対して} \quad s_n=4s_{n-1}-s_{n-2} \quad \cdots ①$$

(2)[前半]
$x^2-4x+1=0$ の解を求めると，
$$\alpha=2+\sqrt{3}, \quad \beta=2-\sqrt{3} \qquad \leftarrow \text{解の公式}$$
$\alpha>0$, $\beta>0$ であるから
$$\alpha^n+\beta^n>0 \quad \therefore \quad s_n>0 \quad \cdots ②$$
$s_1=4$, $s_2=14$ と①より, $n=1, 2, 3, \cdots$ に対し, s_n は整数. $\cdots ③$
②，③から, s_n は正の整数.

[後半]

①より，$\{s_n\}$ の一の位の数は，直前 2 項によってのみ決定される．

$$s_1 = 4, \quad s_2 = 14, \quad s_3 = 52$$
$$s_4 = 4s_3 - s_2 = 4 \times 52 - 14 = 194,$$
$$s_5 = 4s_4 - s_3 = 4 \times 194 - 52 = 724$$

①を繰り返し用いると，s_n の一の位は 4, 4, 2 を周期 3 で繰り返す． ← 周期数列

$2003 = 3 \times 667 + 2$ であるから，s_{2003} の一の位は 4

(3)　$\beta = 2 - \sqrt{3} = 0.267\cdots$ から　$0 < \beta < 1$
$$\therefore \quad 0 < \beta^{2003} < 1$$

(2)より，$s_{2003} = \alpha^{2003} + \beta^{2003}$ の一の位は 4 であることから，

α^{2003} 以下の最大の整数の一の位は　$4 - 1 = 3$　…④

解答2

(2)**[後半]**

$s_n \equiv d_n \pmod{10}$　$(0 \leq d_n \leq 9)$ とすると，

$d_1 \equiv 4 \pmod{10}$，$d_2 \equiv 4 \pmod{10}$ であり，①より，

$$d_n \equiv 4d_{n-1} - d_{n-2} \pmod{10}$$

n	1	2	3	4	5	6	7	⋯
d_n	4	4	2	4	4	2	4	⋯

$\{d_n\}$ を表にすると，右のようになり，周期 3 の数列となる．

(以下同様)

分析

* ④は，具体的には
$$\alpha^{2003} = s_{2003} - \beta^{2003} = \square\square\cdots\square 4 - 0.00\cdots = \square\square\cdots\square 3.99\cdots$$

となるため，α^{2003} 以下の最大の整数の一の位の数は 3 となる．（α^{2003} は整数ではない）

類題

2 次方程式 $x^2 - 4x - 1 = 0$ の 2 つの実数解のうち大きいものを α，小さいものを β とする．$n = 1, 2, 3, \cdots\cdots$ に対し，$s_n = \alpha^n + \beta^n$ とおく．

(1)　s_1, s_2, s_3 を求めよ．また，$n \geq 3$ に対し，s_n を s_{n-1} と s_{n-2} で表せ．

(2)　β^3 以下の最大の整数を求めよ．

(3)　α^{2003} 以下の最大の整数の一の位の数を求めよ．　　　　　(2003 年　理科)

(1)　$s_1 = 4$, $s_2 = 18$, $s_3 = 76$, $s_n = 4s_{n-1} + s_{n-2}$　　(2)　-1　　(3)　6

79 解と係数と漸化式

80 連立漸化式

p を自然数とする．次の関係式で定められる数列 $\{a_n\}$, $\{b_n\}$ を考える．

$$\begin{cases} a_1 = p, \ b_1 = p+1 \\ a_{n+1} = a_n + pb_n \quad (n=1, 2, 3, \cdots) \\ b_{n+1} = pa_n + (p+1)b_n \quad (n=1, 2, 3, \cdots) \end{cases}$$

(1) $n = 1, 2, 3, \cdots$ に対し，次の 2 つの数がともに p^3 で割り切れることを示せ．

$$a_n - \frac{n(n-1)}{2}p^2 - np, \quad b_n - n(n-1)p^2 - np - 1$$

(2) p を 3 以上の奇数とする．このとき，a_p は p^2 で割り切れるが，p^3 では割り切れないことを示せ．

(2008 年 文科)

ポイント

- 連立漸化式 ⇨ 一般項を問われない場合は，解く必要は必ずしもない．漸化式は序数下げの道具として利用する．
- 「$n = 1, 2, 3, \cdots$ に対し」 ⇨ 数学的帰納法の利用を考える．
- 数学的帰納法と漸化式 ⇨ 数学的帰納法における序数下げに漸化式を用いる．

解答

(1) 「$n = 1, 2, 3, \cdots$ に対し，2 つの数

$$a_n - \frac{n(n-1)}{2}p^2 - np, \quad b_n - n(n-1)p^2 - np - 1$$

がともに p^3 で割り切れる」 …① とする．

[1] $n = 1$ のとき ← 数学的帰納法

$$a_1 - \frac{1(1-1)}{2}p^2 - 1 \cdot p = p - 0 - p = 0$$

$$b_1 - 1(1-1)p^2 - 1 \cdot p - 1 = (p+1) - 0 - p - 1 = 0$$

これらはともに p^3 で割り切れる．よって，①は成り立つ．

[2] $n = k$ のとき①の成立を仮定すると，

$$a_k - \frac{k(k-1)}{2}p^2 - kp = lp^3 \quad (l \text{ は整数})$$

$$b_k - k(k-1)p^2 - kp - 1 = mp^3 \quad (m \text{ は整数})$$

$n = k+1$ のときを考えて,問題文の漸化式を利用すると

$$a_{k+1} - \frac{(k+1)k}{2}p^2 - (k+1)p$$
$$= a_k + pb_k - \frac{(k+1)k}{2}p^2 - (k+1)p$$
$$= \left\{lp^3 + \frac{k(k-1)}{2}p^2 + kp\right\} + p\{mp^3 + k(k-1)p^2 + kp + 1\} - \frac{(k+1)k}{2}p^2 - (k+1)p$$
$$= \{l + mp + k(k-1)\}p^3$$

$$b_{k+1} - (k+1)kp^2 - (k+1)p - 1$$
$$= pa_k + (p+1)b_k - (k+1)kp^2 - (k+1)p - 1$$
$$= p\left\{lp^3 + \frac{k(k-1)}{2}p^2 + kp\right\} + (p+1)\{mp^3 + k(k-1)p^2 + kp + 1\} - (k+1)kp^2$$
$$\quad - (k+1)p - 1$$
$$= \left\{lp + m(p+1) + \frac{3k(k-1)}{2}\right\}p^3$$

∴ $n = k+1$ のときも①が成り立つ.

[1],[2]から,$n = 1, 2, 3, \cdots$ に対し①が成り立つ.

(2) (1)から,

$$a_p - \frac{p(p-1)}{2}p^2 - p \cdot p = hp^3 \quad (h \text{ は整数})$$

と表される.この等式から

$$a_p = p^3\left(\frac{p-1}{2} + h\right) + p^2$$

p は 3 以上の奇数であるから,$\frac{p-1}{2} + h$ は整数.また,p^2 は p^3 で割り切れない.

∴ a_p は p^2 で割り切れるが p^3 では割り切れない.

分析

* 東京大学の数学入試では,本問のように
「頑張れば一般項を導くことができるが,一般項を求めずに,
数学的帰納法などにおける『序数下げ』の道具として,与えられた漸化式を利用する」
ような問題が出題されることが多い.問題で問われている内容に注意する.

81 特殊な漸化式

実数 x の小数部分を，$0 \leqq y < 1$ かつ $x-y$ が整数となる実数 y のこととし，これを記号 $\langle x \rangle$ で表す．実数 a に対して，無限数列 $\{a_n\}$ の各項 a_n ($n=1, 2, 3, \cdots$) を次のように順次定める．

(ⅰ) $a_1 = \langle a \rangle$

(ⅱ) $\begin{cases} a_n \neq 0 \text{ のとき，} a_{n+1} = \left\langle \dfrac{1}{a_n} \right\rangle \\ a_n = 0 \text{ のとき，} a_{n+1} = 0 \end{cases}$

(1) $a = \sqrt{2}$ のとき，数列 $\{a_n\}$ を求めよ．

(2) 任意の自然数 n に対して $a_n = a$ となるような $\dfrac{1}{3}$ 以上の実数 a をすべて求めよ．

(2011年　文科)

ポイント

- 特殊なルールで構成される数列　⇨　具体的に値を代入して，特徴を見つける．
- 一般項を問われない漸化式　⇨　漸化式を「序数上げ」「序数下げ」として使う．
- 「任意の自然数 n に対して $a_n = a$」　⇨　少なくとも $a_1 = a_2 = a$ となる．（必要条件）

解答

(1) $1 < \sqrt{2} < 2$ であるから
$$a_1 = \langle \sqrt{2} \rangle = \sqrt{2} - 1$$
$$a_2 = \left\langle \dfrac{1}{\sqrt{2}-1} \right\rangle = \langle \sqrt{2}+1 \rangle$$

$\langle \sqrt{2}+1 \rangle = \langle \sqrt{2}-1 \rangle$ であるので，
$$a_2 = \sqrt{2} - 1$$

これは a_1 と等しいので，n が 3 以上の自然数のときも
$$a_n = \sqrt{2} - 1$$

∴　数列 $\{a_n\}$ は任意の自然数 n に対して $a_n = \sqrt{2} - 1$ となる数列．

(2)　$a_n = a$ は小数部分であるから

$$0 \leq a < 1$$

これと条件 $a \geq \dfrac{1}{3}$ から

$$\dfrac{1}{3} \leq a < 1 \iff 1 < \dfrac{1}{a} \leq 3 \quad \cdots ①$$

また，$a_1 = a$，$a_2 = a$ から

$$a_2 = \left\langle \dfrac{1}{a} \right\rangle = a \quad \cdots ②$$

が成り立つ．また，②が成り立てば，漸化式を繰り返すことで任意の自然数 n に対して $a_n = a$ となる．

（ⅰ）　$1 < \dfrac{1}{a} < 2$ のとき

　②から

$$\dfrac{1}{a} - 1 = a$$
$$\iff a^2 + a - 1 = 0 \iff a = \dfrac{-1 \pm \sqrt{5}}{2}$$

$\dfrac{1}{2} < a < 1$ より $a = \dfrac{-1 + \sqrt{5}}{2}$

（ⅱ）　$2 \leq \dfrac{1}{a} < 3$ のとき

　②から

$$\dfrac{1}{a} - 2 = a$$
$$\iff a^2 + 2a - 1 = 0 \iff a = -1 \pm \sqrt{2}$$

$\dfrac{1}{3} < a \leq \dfrac{1}{2}$ より $a = -1 + \sqrt{2}$

（ⅲ）　$\dfrac{1}{a} = 3$ のとき

　$\left\langle \dfrac{1}{a} \right\rangle = \langle 3 \rangle = 0$，$a = \dfrac{1}{3}$ より②が成り立たないので不適．

（ⅰ）〜（ⅲ）から，$a = \sqrt{2} - 1,\ \dfrac{\sqrt{5} - 1}{2}$

分析

* 本問のような，一般項を求めにくい漸化式が題材となるときは，無理に一般項を求めず，$n = 1$，2，3 や十分に大きな n を代入して考えたり，あるいは，$n = k$ と $n = k+1$ の間の関係などに，漸化式をそのまま適用して考えることが有効となることが多い．

81　特殊な漸化式

82 特殊な条件の整数組

難易度 ■■□□
時間 30分

p, q を2つの正の整数とする．整数 a, b, c で条件
$$-q \leq b \leq 0 \leq a \leq p, \quad b \leq c \leq a$$
を満たすものを考え，このような a, b, c を $[a, b : c]$ の形に並べたものを (p, q) パターンと呼ぶ．各 (p, q) パターン $[a, b : c]$ に対して
$$w([a, b : c]) = p - q - (a + b)$$
とおく．

(1) (p, q) パターンのうち，$w([a, b : c]) = -q$ となるものの個数を求めよ．
また，$w([a, b : c]) = p$ となる (p, q) パターンの個数を求めよ．

以下 $p = q$ の場合を考える．

(2) s を p 以下の整数とする．(p, p) パターンで $w([a, b : c]) = -p + s$ となるものの個数を求めよ．

(2011年　文科)

ポイント

- 「条件をみたす整数 a, b, c を考える」 ⇨ 正の整数 p, q を定数として考える．
- a, b, c の組の個数を考える ⇨ 条件の厳しい文字から考えていく．
  （a を固定して，定数扱いし，b, c の取りうる範囲を考える）
- (2)の条件をみたす a, b, c の組の個数
  ⇨ まず，a が存在する条件を考えてから，b, c の順に個数を計算する．

解答

(1) ［前半］
$$-q \leq b \leq 0 \quad \cdots ①, \qquad 0 \leq a \leq p \quad \cdots ②, \qquad b \leq c \leq a \quad \cdots ③$$
$w([a, b : c]) = -q$ のとき
$$p - q - (a + b) = -q \quad \Leftrightarrow \quad b = p - a \quad \cdots ④$$
①④より
$$-q \leq p - a \leq 0 \quad \Leftrightarrow \quad p \leq a \leq p + q \quad \cdots ⑤$$
②⑤より
$$a = p \quad \text{このとき} \quad b = 0$$
$a = p, b = 0$ と③より　$0 \leq c \leq p$

∴　$w([a, b : c]) = -q$ となる (p, q) パターンは，$(p+1)$ 個．　　　← $c = 0 \sim p$

[後半]

$w([a,b\,;c])=p$ のとき
$$p-q-(a+b)=p \iff b=-q-a \quad \cdots ⑥$$

①⑥より
$$-q\leqq -q-a\leqq 0 \iff -q\leqq a\leqq 0 \quad \cdots ⑦$$

②⑦より
$$a=0 \quad \text{このとき} \quad b=-q$$

$a=0,\ b=-q$ と③より $\quad -q\leqq c\leqq 0$

∴ $w([a,b\,;c])=p$ となる (p,q) パターンは，$(q+1)$ 個．　　　← $c=-q\sim 0$

(2) $\quad -p\leqq b\leqq 0 \ \cdots ①',\quad 0\leqq a\leqq p \ \cdots ②,\quad b\leqq c\leqq a \ \cdots ③$

$p=q,\ w([a,b\,;c])=-p+s$ のとき
$$p-p-(a+b)=-p+s \iff b=p-s-a \quad \cdots ⑧$$

①′⑧より
$$-p\leqq p-s-a\leqq 0 \iff p-s\leqq a\leqq 2p-s \quad \cdots ⑥'$$

③は
$$p-s-a\leqq c\leqq a \quad \cdots ⑨$$

$p-s\geqq 0,\ p\leqq 2p-s$ より，
②と⑥′をともにみたす a が存在するためには
$0\leqq p-s\leqq p \iff 0\leqq s\leqq p$ が必要十分．

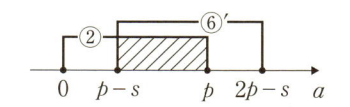

②と⑥′をみたす $a(p-s\leqq a\leqq p)$ が決まれば，
b が1つ決まり，c は⑨より，$(2a-p+s+1)$ 個．
よって，求める個数は
$$\sum_{a=p-s}^{p}(2a-p+s+1)$$
$$=\frac{1}{2}\{p-(p-s)+1\}\{(p-s+1)+(p+s+1)\}=\frac{1}{2}(s+1)(2p+2)=(s+1)(p+1)$$

∴ $w([a,b\,;c])=-p+s$ となる (p,p) パターンは，
$\quad 0\leqq s\leqq p$ のとき $(s+1)(p+1)$ 個，$s<0$ のとき 0 個

分析

* 本問を通して，東京大学は
「定数／変数の扱い」「文字式の同値変形」「多変数組の計算」
についての能力を試している．

83 不等式と論理

難易度 / 時間 25分

容量1リットルの m 個のビーカー（ガラス容器）に水が入っている．$m \geq 4$ で空のビーカーはない．入っている水の総量は1リットルである．また，x リットルの水が入っているビーカーがただ一つあり，その他のビーカーには x リットル未満の水しか入っていない．このとき，水の入っているビーカーが2個になるまで，次の(a)から(c)までの操作を，順に繰り返し行う．

　(a)　入っている水の量が最も少ないビーカーを一つ選ぶ．

　(b)　更に，残りのビーカーの中から，入っている水の量が最も少ないものを一つ選ぶ．

　(c)　次に，(a)で選んだビーカーの水を(b)で選んだビーカーにすべて移し，空になったビーカーを取り除く．

この操作の過程で，入っている水の量が最も少ないビーカーの選び方が一通りに決まらないときは，そのうちのいずれも選ばれる可能性があるものとする．

(1)　$x < \dfrac{1}{3}$ のとき，最初に x リットルの水の入っていたビーカーは，操作の途中で空になって取り除かれるか，または最後まで残って水の量が増えていることを証明せよ．

(2)　$x > \dfrac{2}{5}$ のとき，最初に x リットルの水の入っていたビーカーは，最後まで x リットルの水が入ったままで残ることを証明せよ．　　　　　　(2001年　理科)

ポイント

- ルールを正確に読解する．
  ⇨ 「水量の下位2つを1つにまとめていく．2つになるまで続ける」
- (1)「x リットルのビーカーが取り除かれるか，最後まで残って増量しているか」
  ⇨ (否定)「取り除かれず，元の量で残っている」と仮定して，矛盾を導く．(背理法)
- (1)において着目するべき操作のタイミング
  ⇨ ビーカーの数が「3個→2個」となる最後の操作．
- (2)「x リットルのビーカーが元の量で残っている」
  ⇨ (否定)「水量が変化する」と仮定して，矛盾を導く．(背理法)
- (2)において着目するべき操作のタイミング
  ⇨ 水量 x リットル以上のビーカーが現れて，水量の"順位"が2位に下がる操作．

解答

(1) 最後まで x リットルのままで残っていると仮定する.

残りが 3 個のビーカーになったとき x リットル以外の 2 つのビーカーの水の量を y リットル, z リットルとする.

$x < \dfrac{1}{3}$ より $y < \dfrac{1}{3}$, $z < \dfrac{1}{3}$

$$\therefore \quad x + y + z < \dfrac{1}{3} + \dfrac{1}{3} + \dfrac{1}{3} = 1$$

これは, $x + y + z = 1$ であることに矛盾. ← 矛盾を導く

よって, 与えられた命題は成り立つ.

(2) x リットルの水が入ったビーカーの水の量が変化すると仮定する.

条件から, 水の量が変化する操作の直前までに, x リットル以上の水の量のビーカーが少なくとも 1 つ存在していることが必要. …①

x リットル以上のビーカーが現れる直前のビーカーの数を n 個とし, 各ビーカーの水の量を

$$x, \ a_2, \ a_3, \ \cdots, \ a_n \text{リットル}$$
$$(x > a_2 \geqq a_3 \geqq \cdots \geqq a_n, \ x + a_2 + \cdots + a_n = 1)$$

とすると

$$a_{n-1} + a_n \geqq x > a_2 \geqq a_3 \geqq \cdots \geqq a_n, \ n \geqq 4$$

よって

$a_{n-1} + a_n > \dfrac{2}{5}$ かつ $a_{n-1} \geqq a_n$ より $a_{n-1} > \dfrac{1}{5}$

$$\therefore \quad a_{n-2} < \dfrac{1}{5}$$

$$\therefore \quad x + a_{n-2} + a_{n-1} + a_n > \dfrac{2}{5} + \dfrac{1}{5} + \dfrac{2}{5} = 1$$

これは $x + a_2 + \cdots + a_n = 1$ であることに矛盾. ← 矛盾を導く

よって, 与えられた命題は成り立つ.

分析

* そのまま証明しにくい命題に関しては, 本問のように背理法を利用するとうまくいくことがある. その際には「命題の否定」を正確に設定することに注意したい.
* ①は,「水量が変化するためには, 下位 2 位に入らなければならないので, そのためには x リットルのビーカーが 2 位以下になる必要がある」ことから考えている.

§4 整数・数列　解説

傾向・対策

「整数・数列」分野は，東大の数学入試を象徴する分野です．教科書の単元では「数と式（数Ⅰ）」「整数の性質（数A）」「式と証明（数Ⅱ）」「数列（数B）」が対応します．この分野からは，高級な数学的背景をもつ整数問題，他大学の入試では見られないような複雑な数列に関する問題，整数と数列の融合問題が出題されています．ある程度の発想力を必要とするものもありますが，基本は手を動かしながら"実験"をして，その整数・数列の性質を見破ったり，解法の糸口を段階的に掴んでいくような問題が大半です．もちろん，整数問題の典型解法や，数列分野における漸化式の解法の習得は前提となります．具体的には，「倍数・約数・剰余に関する整数問題」，「与えられた複雑な漸化式を解かず（一般項を求めず）に利用する数列の問題」だけでなく，整数（自然数）の離散性を活かして考える融合問題などにも注意したいところです．

対策としては，次のように言えます．「整数問題」に関しては，倍数・約数・剰余に関する典型解法が最重要となります．また，"互いに素"の条件を解法の中で使いこなせるようにしておく必要があります．「数列の問題」に関しては，漸化式の解法を前提としながらも，"実験"，逐次代入，数学的帰納法などを，適切に使えるようにしておくこと．融合問題に関しては，試行錯誤を恐れず，初見のタイプに見える問題に対しても，果敢に立ち向かっていく姿勢が重要になります．

学習のポイント

- 問題の内容を正確に把握する．
- 整数問題の典型解法を習得する．
- 倍数・約数・剰余，「互いに素」を意識する．
- "実験"をして糸口をつかむ能力をつける．
- 数学的帰納法の正しい使いこなし方を習得する．

§5 場合の数・確率

	内容	出題年	難易度	時間
84	個数の処理①	2001年	■□□□□	10分
85	個数の処理②	2000年	■■□□□	15分
86	組分けと区別	1996年	■■■■□	30分
87	場合の数と確率	1989年	■■□□□	15分
88	場合の数漸化式	1995年	■■□□□	15分
89	倍数の確率	2003年	■■□□□	15分
90	独立試行の確率①	1999年	■■□□□	20分
91	独立試行の確率②	1994年	■■■□□	25分
92	反復試行の確率①	2009年	■■□□□	15分
93	反復試行の確率②	1971年	■■□□□	15分
94	反復試行の確率③	2006年	■■□□□	15分
95	巴戦の確率	2016年	■■■□□	20分
96	確率の乗法定理	2005年	■■■□□	25分
97	確率漸化式①	2000年	■■□□□	15分
98	確率漸化式②	2012年	■■■□□	20分
99	確率漸化式③	2015年	■■■□□	25分
100	確率漸化式④	2003年	■■■■□	30分

84 個数の処理①

難易度 ■■□□
時間 10分

白石180個と黒石181個の合わせて361個の碁（ご）石が横に1列に並んでいる．碁石がどのように並んでいても，次の条件を満たす黒の碁石が少なくとも1つあることを示せ．

その黒の碁石とそれより右にある碁石をすべて除くと，残りは白石と黒石が同数となる．ただし，碁石が1つも残らない場合も同数とみなす． （2001年 文科）

ポイント

- 題意が抽象的で捉えにくい． ⇨ 「点数」を設定して，得点の変遷を考える．
- 白石を−1点，黒石を+1点．
  ⇨ どんな場合も最初は0点から始まり，最後は1点で終わる．
- 得点の変遷を考える． ⇨ ダイヤグラムを利用して可視化することも有効．

解答

左から，

$$白石を -1, 黒石を +1$$

← 点数を設定

と得点を設定すると，得点は0点から始まる．
また全体で，白石が180個，黒石が181個であるから，最後は必ず1点となる．

必ず途中に総得点が0点から1点になるときが存在し，
そのときの黒石が条件を満たす．

以上により，与えられた命題は成り立つ．

分析

* +1 を右上矢印，−1 を右下矢印として，得点の変遷をダイヤグラムで表すと図のようになる．

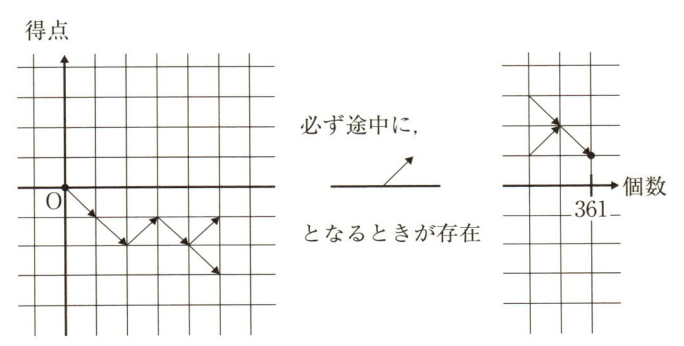

出発点は，(0, 0) であり，最終的に到着する点 (361, 1) であることと，題意をみたすような黒い碁石は，「横軸上の点を出発点とする ↗」であることから，題意の碁石は必ず存在することが感覚的に理解できる．

類題

円周上に m 個の赤い点と n 個の青い点を任意の順序に並べる．これらの点により，円周は $m+n$ 個の弧に分けられる．このとき，これらの弧のうち両端の点の色が異なるものの数は偶数であることを証明せよ．ただし，$m \geq 1$, $n \geq 1$ であるとする．(2002 年 文科)

> $m=n=1$ のとき，題意を満たす弧は 2 個となり成立．
> $m \geq 2$ または $n \geq 2$ のとき ○を赤，●を青とする．
> ○と○の間に○を入れても増えない．
> ○と○の間に●を入れると 2 個増える．
> ○と●の間に○を入れても増えない．
> ○と●を逆にしても同様．$m=n=1$ の状態から点を増やしていくとき，題意を満たす弧の増える数は 0 個または 2 個ずつである．よって，題意を満たす弧は必ず偶数．

85 個数の処理②

難易度 ／ 時間 15分

次の条件を満たす正の整数全体の集合をSとおく.
「各桁の数字は互いに異なり,どの2つの桁の数字の和も9にならない.」
ただし,Sの要素は10進法で表す.また,1桁の正の整数はSに含まれるとする.
(1) Sの要素でちょうど4桁のものは何個あるか.
(2) 小さい方から数えて2000番目のSの要素を求めよ.　　　　　　(2000年　文科)

ポイント

・個数の処理　　　⇨　辞書式配列の原則を守る.
・「どの2つの桁の数字の和も9にならない」⇨　「1を採用したら8はダメ」など.
・題意の制限の扱い方　⇨　$\{0,9\}, \{1,8\}, \{2,7\}, \{3,6\}, \{4,5\}$の5組に分ける.

解答1

2つの数字の和が9になるのは

$$\{0,9\}, \{1,8\}, \{2,7\}, \{3,6\}, \{4,5\}$$　　　← 5組に分ける

の5組.異なる組から数字を取り出して並べていくことを考える　…①

(1) 千の位,百の位,十の位,一の位の数字の選び方を順に考えて,

$$9 \cdot 8 \cdot 6 \cdot 4 = 1728 \text{ (個)}$$

(2) 1桁のものは　9（個）
2桁のものは　$9 \cdot 8 = 72$（個）
3桁のものは　$9 \cdot 8 \cdot 6 = 432$（個）

　　　∴　3桁以下のものは　$9 + 72 + 432 = 513$（個）

1□□□は　$8 \cdot 6 \cdot 4 = 192$（個）.

同様に2□□□〜7□□□の個数は　$192 \cdot 6 = 1152$（個）

　　　∴　7□□□の最大数までの個数は　$513 + 192 + 1152 = 1857$（個）

80□□の個数は　$6 \cdot 4 = 24$（個）

同様に82□□〜85□□の個数は　$24 \cdot 4 = 96$（個）

　　　∴　85□□の最大数までの個数は　$1857 + 24 + 96 = 1977$（個）

186

860□ の個数は 4（個）

同様に 862□〜867□ の個数は 4・4 = 16（個）

∴ 8679 までの個数は 1977 + 4 + 16 = 1997（個）

1997 番目の 8679 に続くのは，8692，8694，8695 よって，2000 番目は 8695

解答 2

(2) 1 桁のものは 9（個）

2 桁のものは 9・8 = 72（個）

3 桁のものは 9・8・6 = 432（個）

4 桁のものは 9・8・6・4 = 1728（個）

よって，4 桁以下のものは 9 + 72 + 432 + 1728 = 2241（個）

4 桁の最大の数 9876 からさかのぼって考える．

9□□□ の個数は，8・6・4 = 192（個）．

89□□ の個数は，6・4 = 24（個）．

87□□ の個数は，6・4 = 24（個）．

よって，8697 が 2001 番目であるので，2000 番目は 8695．

分析

* ①のように考えることができるか，が本問最大のポイントである．

* 解答 1 では，小刻みに個数を刻んで，2000 番目を慎重に求めて行っている．

* 問題の特性上，本問では解答 2 のほうが要領の良い解答となる．

* 解答のように，数字が入る枠を□として表現すると，解答を構成しやすい．

86 組分けと区別

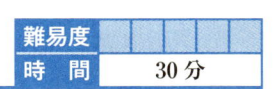

難易度
時間 30分

n を正の整数とし，n 個のボールを 3 つの箱に分けて入れる問題を考える．ただし，1 個のボールも入らない箱があってもよいものとする．次に述べる 4 つの場合について，それぞれ相異なる入れ方の総数を求めたい．

(1) 1 から n まで異なる番号のついた n 個のボールを，A，B，C と区別された 3 つの箱に入れる場合，その入れ方は全部で何通りあるか．

(2) 互いに区別のつかない n 個のボールを，A，B，C と区別された 3 つの箱に入れる場合，その入れ方は全部で何通りあるか．

(3) 1 から n まで異なる番号のついた n 個のボールを，区別のつかない 3 つの箱に入れる場合，その入れ方は全部で何通りあるか．

(4) n が 6 の倍数 $6m$ であるとき，n 個の互いに区別のつかないボールを，区別のつかない 3 つの箱に入れる場合，その入れ方は全部で何通りあるか．

(1996 年　理科)

ポイント

- 組分けの問題 ⇨ 要素（ボール）と集合（箱），それぞれの区別の有無に注意する．
- 場合の数 ⇨ 重複順列，重複組合せなどの解法モデルを適用する．
- 「区別ナシ」 ⇨ まず，「区別アリ」として計算し，その後，「重複数」で割る．

解答

(1) 重複順列を考えて，3^n 通り．

(2) A，B，C にそれぞれ x 個，y 個，z 個入れるとする．
$$x+y+z=n \quad (x\geq 0,\ y\geq 0,\ z\geq 0)$$
これは「3 種から重複を許して n 個選ぶ場合の数（重複組合せ）」である．
$$\therefore \quad {}_3\mathrm{H}_n = {}_{n+2}\mathrm{C}_n = \frac{1}{2}(n+2)(n+1) \text{ 通り．}$$

(3) (ⅰ) 2 つの箱が空のとき $\dfrac{3}{3}=1$ 通り．　…①

(ⅱ) 1 つの箱のみが空のとき $\dfrac{3(2^n-2)}{3!}=2^{n-1}-1$ 通り．　…②

(ⅲ) 空の箱がないとき $\dfrac{3^n-3(2^n-2)-3}{3!}=\dfrac{3^{n-1}-(2^n-2)-1}{2}$ 通り．　…③

$$\therefore \quad 1+2^{n-1}-1+\frac{1}{2}\times\{3^{n-1}-(2^n-2)-1\}=\frac{3^{n-1}+1}{2} \text{ 通り．}$$

(4) 区別のある3つの箱に分ける（(2)の条件）ときを以下の3つの場合に分ける．
　（ⅰ）　3箱とも同じ個数のとき　1通り
　（ⅱ）　2箱だけ同じ個数のとき
　　　　$(x, y, z) = (0, 0, 6m), (1, 1, 6m-2), \cdots, (2m-1, 2m-1, 2m+2)$ の $2m$ 通り
　　　　$(x, y, z) = (0, 3m, 3m), (2, 3m-1, 3m-1), \cdots, (2m-2, 2m+1, 2m+1)$ の m 通り
　　　　箱に区別があるので，$3m \times 3 = 9m$ 通り
　（ⅲ）　同じ個数の箱がないとき(2)から $\dfrac{1}{2}(6m+2)(6m+1) - 1 - 9m$ 通り

箱の区別を外したとき，それぞれの重複数は，
$$（ⅰ）は1 \quad （ⅱ）は3 \quad （ⅲ）は3!$$
であるので，求める場合の数は，
$$\dfrac{1}{1} + \dfrac{9m}{3} + \dfrac{\dfrac{1}{2}(6m+2)(6m+1) - 1 - 9m}{3!} = 3m^2 + 3m + 1 \quad 通り$$

分析

* (3)　①②③は，仮に「区別アリ」とした3箱における
　　①：2つの箱が空となる場合の数　　　　3通り　　を　重複数3　で割っている．
　　②：1つの箱のみが空となる場合の数　$3(2^n - 2)$ 通り　を　重複数3!　で割っている．
　　③：空の箱がない場合の数　$3^n - 3(2^n - 2) - 3$ 通り　を　重複数3!　で割っている．

* (4)と(2)の対応関係は，以下のとおりである．（$m = 1$ のとき）
　　　　　　　　(4)：箱区別ナシ　　　(2)：箱区別アリ
　　　（ⅰ）　2コ　　2コ　　2コ　　────→　1通り
　　　（ⅱ）　1コ　　1コ　　4コ　　────→　3通り
　　　（ⅲ）　1コ　　2コ　　3コ　　────→　3!通り

87 場合の数と確率

3個の赤玉と n 個の白玉を無作為に環状に並べるものとする．このとき白玉が連続して $k+1$ 個以上並んだ箇所が現れない確率を求めよ．ただし，$\dfrac{n}{3} \leq k < \dfrac{n}{2}$ とする．

(1989年 理科)

ポイント

- 円形に並べる ⇨ 特定の1つを固定して，残りの並べ方を考える．
- 赤玉を1個固定する ⇨ 題意の条件をみたすような，残り2個の赤玉の置き方を考える．
- 「$k+1$ 個以上並んだ箇所が現れない」
  ⇨ 白玉が連続する3つの連続部分を，それぞれ，$k-a$ 個，$k-b$ 個，$k-c$ 個として考える．
- 「$\dfrac{n}{3} \leq k < \dfrac{n}{2}$」
  ⇨ $2k < n$ … 連続部分は3つに分かれるということ（赤玉は隣り合わない）．
  $n \leq 3k$ … 「3つの連続部分がすべて k 個以下」は，実現可能だということ．

解答1

赤玉の1個を固定する．
残り2個の赤玉との間にはさまれる白玉の個数を，$k-a$ 個，$k-b$ 個，$k-c$ 個とおくと

$$(k-a)+(k-b)+(k-c) = 3k-(a+b+c) = n$$

$$\therefore \quad a+b+c = 3k-n \ (\geq 0) \quad \cdots ①$$

白玉が連続して $k+1$ 個以上並んだ箇所が現れないための条件は

$$0 \leq k-a \leq k, \ 0 \leq k-b \leq k, \ 0 \leq k-c \leq k$$

$$\therefore \quad 0 \leq a \leq k, \ 0 \leq b \leq k, \ 0 \leq c \leq k \quad \cdots ②$$

ここで，

$$k-(3k-n) = n-2k > 0 \qquad \leftarrow \dfrac{n}{3} \leq k < \dfrac{n}{2} \text{ より}$$

より，①かつ②は

$$a+b+c = 3k-n, \ a \geq 0, \ b \geq 0, \ c \geq 0$$

この式を満たす整数 a, b, c の組の数は「3種から重複を許して $3k-n$ 個選ぶ場合の数（重複組合せ）」だから，

$$_3H_{3k-n} = {}_{3k-n+2}C_{3k-n} = {}_{3k-n+2}C_2$$

また，全場合の数は，赤玉2個と白玉n個の並べ方を考えて
$$_{n+2}C_2 \text{ 通り}$$
よって，求める確率は
$$\frac{_{3k-n+2}C_2}{_{n+2}C_2} = \frac{(3k-n+2)(3k-n+1)}{(n+2)(n+1)}$$

解答2

右図のように，平面 $x+y+z=n$ と1辺 k の立方体を考える．平面 $x+y+z=n$ ($x\geq 0$, $y\geq 0$, $z\geq 0$) 上の格子点の数が全場合の数に対応し，平面と立方体の交わり部分（斜線部）にある格子点の数が，題意を満たす (a, b, c) の組数に対応する．

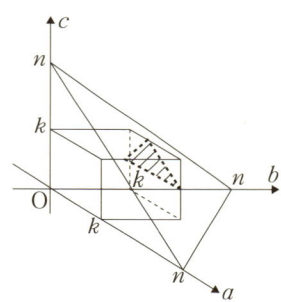

斜線部の三角形の頂点の座標は
$(k, k, n-2k)$, $(k, n-2k, n)$, $(n-2k, n, n)$
平面と立方体の交わり部分（斜線部）にある格子点の数は，ab 平面への正射影を考えた右下図の斜線部の内部の格子点の数と等しい．

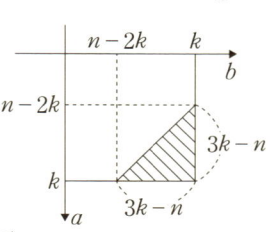

全場合の数は，
$$1+2+3+\cdots+(n+1) = \frac{1}{2}(n+1)(n+2)$$
題意の場合の数は，
$$1+2+3+\cdots+(3k-n+1) = \frac{1}{2}(3k-n+1)(3k-n+2)$$

∴ 求める確率は $\dfrac{(3k-n+2)(3k-n+1)}{(n+2)(n+1)}$

分析

* 解答1は，題意を読解して，重複組合せのモデルに帰着させることが大きなポイントになる．

* 本問のように，変数が多い場合の数を処理するときは，解答2のように格子点を利用した解法が有効となることがある．

88 場合の数漸化式

2辺の長さが1と2の長方形と，1辺の長さが2の正方形の2種類のタイルがある．縦2，横nの長方形の部屋をこれらのタイルで過不足なく敷きつめることを考える．そのような並べ方の総数をA_nで表す．たとえば，$A_1=1$, $A_2=3$, $A_3=5$である．このとき以下の問に答えよ．

(1) $n \geqq 3$のとき，A_nをA_{n-1}, A_{n-2}を用いて表せ．
(2) A_nをnで表せ．

(1995年 理科)

ポイント

・場合の数漸化式 ⇨ 「最初の1手」で場合分けして，漸化式を立式する．
・長方形と正方形のタイル
　　　　　　　　　　⇨ 長方形のタイルは横向きに並べることもできることに注意．

解答

(1) 長方形のタイルをA，正方形のタイルをBとする．

縦2，横nの並べ方は，

（ⅰ） はじめにBを並べ，その後，縦2横$n-2$の領域にタイルを並べる

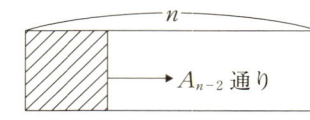

A_{n-2}通り　　← 絵を描く

（ⅱ） はじめにAを横向きに2枚並べ，その後，縦2横$n-2$の領域にタイルを並べる

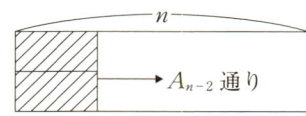

A_{n-2}通り　　← 絵を描く

（ⅲ） はじめにAを縦向きに並べ，その後，縦2横$n-1$の領域にタイルを並べる

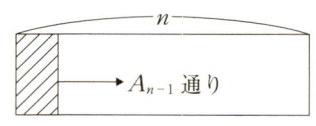

A_{n-1}通り　　← 絵を描く

の3つに排反に分けることができる．

よって，
$$A_n = A_{n-2} + A_{n-2} + A_{n-1} = 2A_{n-2} + A_{n-1}$$
$$\therefore\ A_n = A_{n-1} + 2A_{n-2}$$

(2) 隣接3項間漸化式 $A_n = A_{n-1} + 2A_{n-2}$ は，

$$A_n = A_{n-1} + 2A_{n-2}$$
$$\Leftrightarrow A_n + A_{n-1} = 2(A_{n-1} + A_{n-2}) \quad \cdots ①$$
$$\Leftrightarrow A_n - 2A_{n-1} = -(A_{n-1} - 2A_{n-2}) \quad \cdots ②$$

← 漸化式の解法

と変形できる．
ここで，$A_n + A_{n-1} = B_{n-1}$，$A_n - 2A_{n-1} = C_{n-1}$ とすると，
$A_1 = 1$，$A_2 = 3$ より，

① $\Leftrightarrow B_{n-1} = 2B_{n-2}$，$B_1 = A_2 - A_1 = 3 + 1 = 4$
② $\Leftrightarrow C_{n-1} = -C_{n-2}$，$C_1 = A_2 - 2A_1 = 1$
∴ $B_n = 2^{n+1}$，$C_n = (-1)^{n-1}$

$A_n = \dfrac{1}{3}(B_n - C_n)$ であるから，

$$A_n = \dfrac{1}{3}\{2^{n+1} + (-1)^n\}$$

類題

先頭車両から順に1からnまでの番号のついたn両編成の列車がある．ただし$n \geq 2$とする．
各車両を赤色，青色，黄色のいずれか1色で塗るとき，隣り合った車両の少なくとも一方が赤色となるような色の塗り方は何通りか． (京都大)

($n+2$) 両を塗る場合
(ⅰ) 先頭車両を赤色で塗る場合 残りの ($n+1$) 両の色の塗り方は a_{n+1} 通り
(ⅱ) 先頭車両を青色または黄色で塗る場合
　　2両目は赤色を塗り，残りのn両の塗り方は a_n 通りあるから，全部で $2a_n$ 通り
∴ $a_{n+2} = a_{n+1} + 2a_n$． この漸化式を解いて，$a_n = \dfrac{1}{3}\{2^{n+2} - (-1)^n\}$

89 倍数の確率

難易度　
時間　15分

さいころを n 回振り，第1回目から第 n 回目までに出たさいころの目の数 n 個の積を X_n とする．

(1) X_n が5で割り切れる確率を求めよ．

(2) X_n が4で割り切れる確率を求めよ．

(3) X_n が20で割り切れる確率を p_n とおくとき，$1-p_n$ を求めよ．（2003年　理科）

ポイント

- 「積が○の倍数となる」 ⇨ ○の素因数に注意して，条件を細分化する．
- 複雑な条件に基づく事象 ⇨ 否定表現を集合として設定し，ベン図等を用いて要領良く考える．
- 集合の演算 ⇨ できる限りベン図を利用して，正確に包除原理から考える．

解答

A：5の目が出ない　　　　　　　　　　　　　　← 集合を設定
B：2，4，6の目が出ない
C：2 or 6 の目が1回だけ出て，残りは1，3，5のいずれか．

と事象を設定する．

$$P(A)=\left(\frac{5}{6}\right)^n,\ P(B)=\left(\frac{3}{6}\right)^n,\ P(C)={}_nC_1\cdot\left(\frac{2}{6}\right)\cdot\left(\frac{3}{6}\right)^{n-1} \quad \cdots ①$$

(1) 少なくとも1回5の目が出る場合であるから，X_n が5で割り切れる確率は

$$P(\overline{A})=1-P(A)=1-\left(\frac{5}{6}\right)^n$$

(2) X_n が4で割り切れる確率は，$P(\overline{B\cup C})$ である．

$$P(\overline{B\cup C})=1-P(B\cup C)$$
$$=1-(P(B)+P(C)-P(B\cap C))$$

← 包除原理

ここで，

$$P(B\cap C)=0$$

であることと，①から，

$$P(\overline{B\cup C})=1-\left(\frac{1}{2}\right)^n-\frac{n}{3}\left(\frac{1}{2}\right)^{n-1}$$

(3) X_n が 20 で割り切れる確率は，$P(\overline{A \cup B \cup C})$ である．
右の図より，$P(B \cap C) = 0$ に注意して
$$1 - p_n = 1 - P(\overline{A \cup B \cup C})$$
$$= P(A \cup B \cup C)$$
$$= P(A) + P(B) + P(C) - P(A \cap B) - P(A \cap C)$$

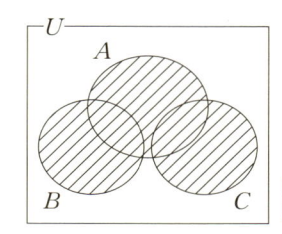

ここで，
$$P(A \cap B) = \left(\frac{2}{6}\right)^n, \quad P(A \cap C) = {}_nC_1 \cdot \left(\frac{2}{6}\right) \cdot \left(\frac{2}{6}\right)^{n-1}$$

であるから，
$$1 - p_n = P(A) + P(B) + P(C) - P(A \cap B) - P(A \cap C) \quad \cdots ②$$
$$= \left(\frac{5}{6}\right)^n + \left(\frac{3}{6}\right)^n + \frac{n}{3}\left(\frac{3}{6}\right)^{n-1} - \left(\frac{2}{6}\right)^n - \frac{n}{3}\left(\frac{2}{6}\right)^{n-1}$$
$$= \left(\frac{5}{6}\right)^n \left\{1 + \left(\frac{3}{5}\right)^n + \frac{2}{3}n\left(\frac{3}{5}\right)^n - \left(\frac{2}{5}\right)^n - n\left(\frac{2}{5}\right)^n\right\}$$

分析

* 原題は

「(3) X_n が 20 で割り切れる確率を p_n とおくとき，$\dfrac{1}{n}\log(1-p_n)$ を求めよ．」

であったが，現行の数学ⅠAⅡB範囲に収まるように改題した．

* 一般に，「積が○○の倍数になる確率」を考えるときは，解答のように集合を利用して考えると良い．

* 場合の数・確率において集合を設定する際は，「5の目が出る」よりも「5の目が出ない」のように，否定表現を集合に設定しておくことで，その後の計算において，
$$P(\overline{B \cup C}) = 1 - P(B \cup C)$$
のように，否定記号を取り除くように式変形していくことで，自動的に計算しやすくなっていく．

* ②は厳密には，$P(B \cap C) = 0$ であることを加味した包除原理と考えられるが，本問においては，ベン図から考えても十分である．．

90 独立試行の確率①

(1) 四面体 ABCD の各辺はそれぞれ確率 $\frac{1}{2}$ で電流を通すものとする．このとき，頂点 A から B に電流が流れる確率を求めよ．ただし，各辺が電流を通すか通さないかは独立で，辺以外は電流を通さないものとする．

(2) (1)で考えたような2つの四面体 ABCD と EFGH を図のように頂点 A と E でつないだとき，頂点 B から F に電流が流れる確率を求めよ． (1999年 文科)

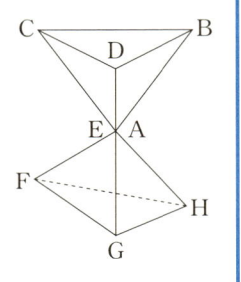

ポイント

- 電流を通す確率 ⇨ 余事象「電流を通さない確率」を考える．
- 数え上げ ⇨ モレなくダブりなく書き出す．
- 図形の特殊性 ⇨ AB 間 OFF のもと，CD 間の ON／OFF を次に考える．

解答

(1) 電流が流れない確率を求める．

	①	②	③	④	⑤	⑥	確率
(i)	×	○	○	○	×	×	$\left(\frac{1}{2}\right)^6$
(ii)	×	○	○	×	×	○	$\left(\frac{1}{2}\right)^6$
(iii)	×	○	×	○	×	○	$\left(\frac{1}{2}\right)^6$
(iv)	×	○	×	×	—	—	$\left(\frac{1}{2}\right)^4$
(v)	×	×	○	×	○	×	$\left(\frac{1}{2}\right)^6$
(vi)	×	×	○	×	×	—	$\left(\frac{1}{2}\right)^5$
(vii)	×	×	×	○	—	×	$\left(\frac{1}{2}\right)^5$
(viii)	×	×	×	×	—	—	$\left(\frac{1}{2}\right)^4$

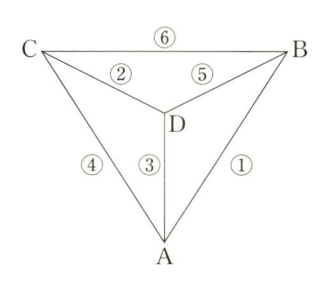

（電流通す：○ 電流通さない：× どちらでもよい：—）

196

表の(ⅰ)〜(ⅷ)の
それぞれの確率を足しあわせると，
$$\left(\frac{1}{2}\right)^6+\left(\frac{1}{2}\right)^6+\left(\frac{1}{2}\right)^6+\left(\frac{1}{2}\right)^4+\left(\frac{1}{2}\right)^6+\left(\frac{1}{2}\right)^5+\left(\frac{1}{2}\right)^5+\left(\frac{1}{2}\right)^4=\frac{1}{4}$$
よって，求める確率は
$$1-\frac{1}{4}=\frac{3}{4}$$

(2) 対称性より，(1)の答えを用いて
$$\left(\frac{3}{4}\right)^2=\frac{9}{16}$$

分析

* AB間がOFFのもとで，

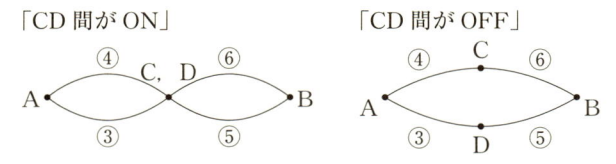

「CD間がON」 　　　　　　　　「CD間がOFF」

と，簡単なダイヤグラムで表現することができる．

* 本問では，要領よく表を書くために，特殊性と対称性を考慮して，AB間を①，CD間を②，…と置くことが，大きなポイントとなっている．

* 解答では確率の乗法定理を用いているが，場合の数で計算しても同様である．

* 同年の理科では「$\frac{1}{2} \to p$」とした同じ問題が出題されている．

91 独立試行の確率②

難易度 ■■□□
時間 25分

大量のカードがあり，各々のカードに 1，2，3，4，5，6 の数字のいずれかの 1 つが書かれている．これらのカードから無作為に 1 枚をひくとき，どの数字のカードをひく確率も正である．さらに，3 の数字のカードをひく確率は p であり，1，2，5，6 の数字のカードをひく確率はそれぞれ q に等しいとする．

これらのカードから 1 枚をひき，その数字 a を記録し，このカードをもとに戻して，もう 1 枚ひき，その数字を b とする．このとき，$a+b \leqq 4$ となる事象を A，$a<b$ となる事象を B とし，それぞれのおこる確率を $P(A)$，$P(B)$ と書く．

(1) $E=2P(A)+P(B)$ とおくとき，E を p，q で表せ．
(2) $\dfrac{1}{p}$ と $\dfrac{1}{q}$ がともに自然数であるとき，E の値を最大にするような p，q を求めよ．

(1994年 理科)

ポイント

- $a+b \leqq 4$ となる確率 $P(A)$ ⇒ $a+b \leqq 4$ となる場合をすべて書き出して考える．
- $a<b$ となる確率 $P(B)$ ⇒ $a<b$ となる確率と，$a>b$ となる確率が等しいこと（対称性）を利用して，$P(B)$ を求める．
- 「$\dfrac{1}{p}$ と $\dfrac{1}{q}$ がともに自然数」 ⇒ $\dfrac{1}{p}=m$，$\dfrac{1}{q}=n$ （m，n は自然数）とおいて，E を m，n の離散 2 変数関数として考える．

解答

(1) $a+b \leqq 4$ となるのは，
$$(a, b) = (1, 1),\ (1, 2),\ (2, 1),\ (1, 3),\ (2, 2),\ (3, 1)$$
のとき．
$$P(A) = q^2 + q^2 + q^2 + pq + q^2 + pq = 2pq + 4q^2 \quad \cdots ①$$

← それぞれ計算

また，対称性より
$$P(B) = \dfrac{1}{2}(1 - P(a=b))$$

であり，
$$P(a=b) = q^2 + q^2 + p^2 + (1-p-4q)^2 + q^2 + q^2$$

← それぞれ計算

より，
$$P(B) = \dfrac{1}{2}(1 - P(a=b)) = \dfrac{1}{2}(1 - (p^2 + 4q^2 + (1-p-4q)^2))$$
$$= -p^2 - 10q^2 - 4pq + p + 4q \quad \cdots ②$$

198

①,②より,
$$E = 2P(A) + P(B) = -p^2 - 2q^2 + p + 4q \quad \cdots ③$$

(2) $\dfrac{1}{p} = m \Leftrightarrow p = \dfrac{1}{m}$, $\dfrac{1}{q} = n \Leftrightarrow q = \dfrac{1}{n}$ (m, n は自然数) とすると ← 整数を設定

$$E = -\left(\dfrac{1}{m}\right)^2 - 2\left(\dfrac{1}{n}\right)^2 + \left(\dfrac{1}{m}\right) + 4\left(\dfrac{1}{n}\right)$$
$$= -\left(\dfrac{1}{m} - \dfrac{1}{2}\right)^2 - 2\left(\dfrac{1}{n} - 1\right)^2 + \dfrac{9}{4} = f(m, n) \quad \cdots ④$$

← m, n の離散2変数関数

ただし,$0 < p$,$0 < q$,$0 < 1 - p - 4q$ であるから
$$0 < \dfrac{1}{n}, \quad 0 < \dfrac{1}{m} \leq 1 - \dfrac{4}{n}$$
$$\therefore \quad n \geq 5, \quad m > \dfrac{n}{n-4} = 1 + \dfrac{4}{n-4} \quad \cdots ⑤$$

ここで,E を最大とするには,④の式の形から,
$\left|\dfrac{1}{m} - \dfrac{1}{2}\right|$,$\left|\dfrac{1}{n} - 1\right|$ をなるべく小さくすることを考える. ← ( )$^2 \geq 0$ より

(ⅰ) $n = 5$ のとき,$m \geq 6$
$$E = f(m, 5) \leq f(6, 5) = \dfrac{773}{900} = 0.858\cdots$$

(ⅱ) $n = 6$ のとき,$m \geq 4$
$$E = f(m, 6) \leq f(4, 6) = \dfrac{115}{144} = 0.798\cdots$$

(ⅲ) $n = 7, 8$ のとき,$m \geq 3$
$$f(m, 8) < f(m, 7) \text{ であり},\quad E \leq f(m, 7) \leq f(3, 7) = \dfrac{332}{441} = 0.752\cdots$$

(ⅳ) $n \geq 9$ のとき,$m \geq 2$
$$E \leq f(m, 9) \leq f(2, 9) = \dfrac{217}{324} = 0.669\cdots$$

よって,E を最大にする p, q の値は,$p = \dfrac{1}{6}$,$q = \dfrac{1}{5}$

分析

* 本問は「復元抽出」であることから,a と b の対称性を考えて,$P(a < b) = P(a > b)$ に注目する.
* (ⅰ)〜(ⅳ)は,n の値を fix してから,⑤をみたすように,m を変化させ,全体の最大値を探索している.

91 独立試行の確率②

92 反復試行の確率①

難易度
時間 15分

スイッチを1回押すごとに，赤，青，黄，白のいずれかの色の玉が1個，等確率 $\dfrac{1}{4}$ で出てくる機械がある．2つの箱LとRを用意する．次の3種類の操作を考える．

(A) 1回スイッチを押し，出てきた玉をLに入れる．

(B) 1回スイッチを押し，出てきた玉をRに入れる．

(C) 1回スイッチを押し，出てきた玉と同じ色の玉が，Lになければその玉をLに入れ，Lにあればその玉をRに入れる．

(1) LとRは空であるとする．操作(A)を5回行い，さらに操作(B)を5回行う．このときLにもRにも4色すべての玉が入っている確率 P_1 を求めよ．

(2) LとRは空であるとする．操作(C)を5回行う．このときLに4色すべての玉が入っている確率 P_2 を求めよ．

(3) LとRは空であるとする．操作(C)を10回行う．このときLにもRにも4色すべての玉が入っている確率を P_3 とする．$\dfrac{P_3}{P_1}$ を求めよ．

(2009年 文理共通)

ポイント

- 確率 … 「その場合の数／全場合の数」 or 「確率の乗法定理」
- 同じものを含む順列 … $\dfrac{n!}{p!q!r!\cdots}$ $(p+q+r+\cdots = n)$
- (A)と(C)はLにとっては同じ試行
    … (1)と(2)における「Lが4種類含む確率」は等しい．

解答

(1) 5回行うとき，全場合の数は
$$4^5 = 1024 \text{（通り）}$$
5回で4色揃う場合の数は，同じものを含む順列とどの色が2回出るかを考えて，
$$\dfrac{5!}{2!} \cdot 4 = 240 \text{ 通り}$$
よって，1人が5回行って4色揃う確率は，
$$\dfrac{240}{1024} = \dfrac{15}{64} \quad \cdots ①$$
2人が独立に同じ試行をするので，求める確率は，
$$P_1 = \left(\dfrac{15}{64}\right)^2 = \dfrac{225}{4096}$$

(2) 求める確率は①と同じなので，$P_2 = \dfrac{15}{64}$

(3) 10回行うとき，全場合の数は 4^{10} 通り

　　　　（ⅰ）ある色が4回出て他の色が2回ずつ出る．
　　　　（ⅱ）ある2色が3回ずつ出て他の色が2回ずつ出る．

（ⅰ）の場合の確率は

$$_4C_1 \times \dfrac{10!}{4!2!2!2!}$$

（ⅱ）の場合の確率は

$$_4C_2 \times \dfrac{10!}{3!3!2!2!}$$

よって　$P_3 = \left({}_4C_1 \times \dfrac{10!}{4!2!2!2!} + {}_4C_2 \times \dfrac{10!}{3!3!2!2!} \right) \Big/ 4^{10} = \dfrac{10!}{16} \left(\dfrac{1}{4}\right)^{10}$

$\therefore \quad \dfrac{P_3}{P_1} = \dfrac{10!}{16} \left(\dfrac{1}{4}\right)^{10} \div \dfrac{225}{4096} = \dfrac{63}{16}$

分析

* (1)において，「操作(A)を1人が5回行って4色揃う確率 p」は確率の乗法定理を用いて，

$p =$ (2回目に重複が起こる確率)$+$(3回目に〃)$+$(4回目に〃)$+$(5回目に〃)
$ = \dfrac{4}{4}\cdot\dfrac{1}{4}\cdot\dfrac{3}{4}\cdot\dfrac{2}{4}\cdot\dfrac{1}{4} + \dfrac{4}{4}\cdot\dfrac{3}{4}\cdot\dfrac{2}{4}\cdot\dfrac{2}{4}\cdot\dfrac{1}{4} + \dfrac{4}{4}\cdot\dfrac{3}{4}\cdot\dfrac{2}{4}\cdot\dfrac{3}{4}\cdot\dfrac{1}{4} + \dfrac{4}{4}\cdot\dfrac{3}{4}\cdot\dfrac{2}{4}\cdot\dfrac{1}{4}\cdot\dfrac{4}{4} = \dfrac{15}{64}$

としても求まり，$P_1 = p^2$ として導いても良い．

（ただし，(3)に関しては，処理が多く，この解法は得策ではない．）

* (3)で問われている $\dfrac{P_3}{P_1}$ は，「ランダムで当たる何かを全種類集めたい」ときにおいて，「独立プレーで2人共全種類揃える確率 P_1」と「協力プレーで2人共全種類揃える確率 P_3」の比率を表しているとも考えられる．

93 反復試行の確率②

難易度 ■■□□□
時間 15分

3人で'ジャンケン'をして勝者をきめることにする．たとえば，1人が'紙'を出し，他の2人が'石'を出せば，ただ1回でちょうど1人の勝者がきまることになる．3人で'ジャンケン'をして，負けた人は次の回に参加しないことにして，ちょうど1人の勝者がきまるまで，'ジャンケン'をくり返すことにする．
このとき，k 回目に，はじめてちょうど1人の勝者がきまる確率を求めよ．

(1971年 理科)

ポイント

・ジャンケンを繰り返す．
　⇨ 人数の変遷に注目して，確率の乗法定理を用いて考える．
・人数の変遷 ⇨ 「3人→3人」「3人→2人」「3人→1人」「2人→2人」「2人→1人」
　　に分けてそれぞれの確率を考える．

解答

1回のじゃんけんで，

　　「3人→3人」となることを A
　　「3人→2人」となることを B
　　「3人→1人」となることを C
　　「2人→2人」となることを D
　　「2人→1人」となることを E

← 変遷を分ける

とする．
それぞれの確率を計算すると，

$$p_A : \frac{1}{3}, \quad p_B : \frac{1}{3}, \quad p_C : \frac{1}{3}, \quad p_D : \frac{1}{3}, \quad p_E : \frac{2}{3}$$

k 回目で勝者が決まるのは，次の k 通り．

⟨1⟩　　A→A→A→ ⋯ →A→A→A→C
⟨2⟩　　A→A→A→ ⋯ →A→A→B→E
⟨3⟩　　A→A→A→ ⋯ →A→B→D→E
　　　　⋮
⟨$k-1$⟩　A→B→D→ ⋯ →D→D→D→E
⟨k⟩　　B→D→D→ ⋯ →D→D→D→E

$p_A = p_B = p_C = p_D$ であることに注意すると，
$\langle 2 \rangle \sim \langle k \rangle$ の確率は全て等しい．

∴　求める確率は
$$「\langle 1 \rangle の確率」+「\langle 2 \rangle の確率」\times (k-1)$$
$$= \left(\frac{1}{3}\right)^k + \left(\frac{1}{3}\right)^{k-1} \cdot \frac{2}{3} \times (k-1)$$
$$= \frac{2k-1}{3^k}$$

分析

* 時系列に従って，遷移する確率を考えるときは，本問のように確率の乗法定理を用いて考えることや，「確率漸化式」を利用して考えることが有効となることが多い．

94 反復試行の確率③

難易度 ／ 時間 15分

コンピュータの画面に，記号○と×のいずれかを表示させる操作を繰り返し行う．このとき，各操作で，直前の記号と同じ記号を続けて表示する確率は，それまでの経過に関係なく，p であるとする．最初に，コンピュータの画面に記号×が表示された．操作を繰り返し行い，記号×が最初のものも含めて3個出るよりも前に，記号○が n 個出る確率を P_n とする．ただし，記号○が n 個出た段階で操作は終了する．
(1) P_2 を p で表せ．　(2) $n \geq 3$ のとき，P_n を p と n で表せ．

(2006年　文理共通)

ポイント

- ○×が繰り返し表示される．⇨ 確率の乗法定理の利用を考える．
- 「直前の記号と同じ記号を続けて表示する確率は p」
  ⇨ ○と×の個数の内訳だけではなく，「途中で記号が何回入れ替わるか」が重要．
- (1) 場合の数は少ないので，具体的に書き出して考える．
- (2) 「×が3個出るよりも前に，記号○が n 個出る確率 P_n」
  ⇨ ×が1個出てるとき（×○○…○）と，×が2個出てるとき（×○×○…○ など）に分けて考えるが，後者の「2個めの×の出方」に注意する．　解答1
- (2) 「○○」で終わる場合と「×○」で終わる場合にわけて漸化式を立式する．

解答2

解答1

(1) 記号×が3個出るよりも前に，記号○が2個出る場合は，次の（ⅰ），（ⅱ），（ⅲ）のいずれか． …①　　← 場合分け

（ⅰ）　×○○　　　　この確率は　$(1-p)p$
（ⅱ）　×○×○　　　この確率は　$(1-p)^3$
（ⅲ）　××○○　　　この確率は　$p \cdot (1-p) \cdot p = (1-p)p^2$

∴　$P_2 = (1-p)p + (1-p)^3 + (1-p)p^2 = (1-p)(2p^2 - p + 1)$

(2) 記号×が3個出るよりも前に，記号○が n 個出る場合は，次の（ⅰ），（ⅱ），（ⅲ）のいずれか． …②　　← 場合分け

（ⅰ）　×○○…○　　　　　　この確率は　$(1-p)p^{n-1}$
（ⅱ）　××○○…○　　　　　この確率は　$p \cdot (1-p) \cdot p^{n-1} = (1-p)p^n$
（ⅲ）　×○○…○×○…○

$n+1$ 回の変化のうち，直前の記号と同じ表示は $n-2$ 回，直前の記号と異なる表示は 3 回行われる．

また，2 個目の × の位置は，$n-1$ 通りありうる．　…③

よって，この確率は　$(n-1) \times p^{n-2}(1-p)^3$　…④

$$\therefore \quad P_n = (1-p)p^{n-1} + (1-p)p^n + (n-1)p^{n-2}(1-p)^3$$
$$= (1-p)p^{n-2}\{np^2 - (2n-3)p + n-1\}$$

解答 2

(2)

$\cdots P_n \times p$

$\cdots (1-p)^3 p^{n-1}$

上の推移図から，

$$P_{n+1} = p \times P_n + (1-p)^3 p^{n-1} \quad \leftarrow 漸化式$$

両辺を p^{n+1} で割って，$Q_n = \dfrac{P_n}{p^n}$ とすると，　　←漸化式の解法

$$Q_{n+1} = Q_n + \frac{(1-p)^3}{p^2}, \quad Q_1 = \frac{P_1}{p} = \frac{1-p^2}{p}$$

$$\therefore \quad Q_n = \frac{1-p^2}{p} + (n-1)\frac{(1-p)^3}{p^2}$$

$$\therefore \quad P_n = p^{n-1}(1-p^2) + (n-1)p^{n-2}(1-p)^3$$

分析

* (2)の(ii)(iii)を一括りにして反復試行の確率の公式を用いてはいけない．
○×の出現確率が「独立」でなく，直前の記号に影響される「従属」であるからである．

* ③は，×○×○……○ 〜 ×○○…○×○ であるが，× と × の間に入る ○ の個数が，$1 \sim n-1$ 個であることから，$n-1$ 通りと考えられる．

95 巴戦の確率

難易度 / 時間 20分

A，B，Cの3つのチームが参加する野球の大会を開催する．以下の方式で試合を行い，2連勝したチームが出た時点で，そのチームを優勝チームとして大会は終了する．

(a) 1試合目でAとBが対戦する．
(b) 2試合目で，1試合目の勝者と，1試合目で待機していたCが対戦する．
(c) k 試合目で優勝チームが決まらない場合は，k 試合目の勝者と k 試合目で待機していたチームが $k+1$ 試合目で対戦する．ここで k は2以上の整数とする．

なお，すべての対戦において，それぞれのチームが勝つ確率は $\frac{1}{2}$ で，引き分けはないものとする．

(1) ちょうど5試合目でAが優勝する確率を求めよ．
(2) n を2以上の整数とする．ちょうど n 試合目でAが優勝する確率を求めよ．
(3) m を正の整数とする．総試合数が $3m$ 回以下でAが優勝する確率を求めよ．

(2016年　文科)

ポイント

- 特別なルールの勝者の変遷 ⇒ 勝者の変遷をダイヤグラムで表現して考える．
- 無限に続くかもしれない試行 ⇒ 状態の周期性（再帰性）を見出して，その性質を利用する．
- 「$3m$ 回以下でAが優勝する」 ⇒ (2)の結果を利用して，シグマを用いて計算する．

解答

(1) 5試合目でAが優勝するとき，
4試合目はAが勝ち，3試合目はBとCが対戦する．
よって，2試合目はAとBorCが戦うので，1試合目はAが勝つことが必要．勝者は，右のように変遷する．よって求める確率は，
$$p_5 = \left(\frac{1}{2}\right)^5 = \frac{1}{32}$$

(2)(i) 1試合目にAが勝つとき
右図点線内の勝者変遷（確率 $\left(\frac{1}{2}\right)^3$）を k 回繰り返し，その後，Aが勝つと優勝する．よって求める確率は，

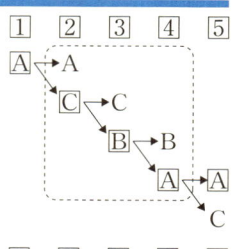

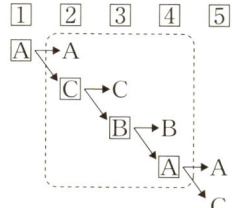

206

$$p_{3k+2} = \frac{1}{2} \cdot \left(\left(\frac{1}{2}\right)^3\right)^k \cdot \frac{1}{2} = \left(\frac{1}{2}\right)^{3k+2}$$

(ⅱ) 1試合目にAが負けるとき

右図点線内の勝者変遷（確率 $\left(\frac{1}{2}\right)^3$）を k 回繰り返し，その後，Aが勝つと優勝する．よって求める確率は，

$$p_{3k+1} = \left(\left(\frac{1}{2}\right)^3\right)^k \cdot \frac{1}{2} = \left(\frac{1}{2}\right)^{3k+1}$$

これ以外には優勝することは無いので，

$$p_n = \begin{cases} 0 & (n \text{が} 3 \text{の倍数のとき}) \\ \left(\frac{1}{2}\right)^n & (n \text{が} 3 \text{の倍数でないとき}) \end{cases}$$

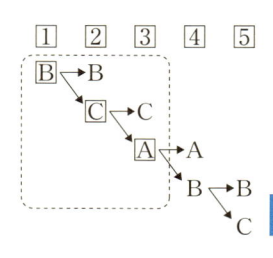

← 場合分けして答える

(3) 求める確率は，(2)より $m \geqq 2$ のとき

$$\sum_{n=2}^{3m} p_n = \sum_{k=1}^{m-1} p_{3k+1} + \sum_{k=0}^{m-1} p_{3k+2} = \sum_{k=1}^{m-1} \left(\frac{1}{2}\right)^{3k+1} + \sum_{k=0}^{m-1} \left(\frac{1}{2}\right)^{3k+2}$$

← 場合分けして計算

$$= \frac{\left(\frac{1}{2}\right)^4 \left\{1 - \left(\frac{1}{8}\right)^{m-1}\right\}}{1 - \frac{1}{8}} + \frac{\left(\frac{1}{2}\right)^2 \left\{1 - \left(\frac{1}{8}\right)^m\right\}}{1 - \frac{1}{8}}$$

← 等比数列の和

$$= \frac{5}{14} - \frac{6}{7}\left(\frac{1}{2}\right)^{3m}$$

であり，$m=1$ のとき，$\sum_{n=2}^{3} p_n = p_2 = \frac{1}{4}$ であるから，$m=1$ のときも成り立つ．

分析

* 本問において，「1試合目でAが勝ったとき，Aが優勝する確率 P」は，

$P = (2\text{試合目にAが勝つ}) + (C \to B \to A \text{の順で勝ち}) \times P$

と表現できるので，$p = \frac{1}{2} + \left(\frac{1}{2}\right)^3 P$．この漸化式を解いて $P = \frac{4}{7}$ となる．

$\left(P = \frac{1}{2} + \left(\frac{1}{2}\right)^3 \cdot \frac{1}{2} + \left(\frac{1}{2}\right)^6 \cdot \frac{1}{2} + \cdots = \lim_{n \to \infty} \sum_{k=1}^{n} \left(\frac{1}{2} \cdot \left(\frac{1}{8}\right)^{k-1}\right) = \frac{4}{7}\right.$ と直接計算してもよい）

類題

(本問と同じ問題設定)

(2) m を正の整数とする．総試合数が $3m$ 回以下でAが優勝したときの，Aの最後の対戦相手がBである条件付き確率を求めよ． (2016年　理科)

E: 総試合数が $3m$ 以下でAが優勝する事象，F: 最後の対戦相手がBであるという事象

$$P_E(F) = \frac{P(E \cap F)}{P(E)} = \frac{\frac{1}{14}\left\{1 - \left(\frac{1}{2}\right)^{3(m-1)}\right\}}{\frac{5}{14} - \frac{6}{7}\left(\frac{1}{2}\right)^{3m}} = \frac{2^{3m-2} - 2}{5 \cdot 2^{3m-2} - 3}$$

96 確率の乗法定理

難易度 ■■□□
時間 25分

Nを1以上の整数とする．数字1, 2, ……, Nが書かれたカードを1枚ずつ，計N枚用意し，甲，乙の2人が次の手順でゲームを行う．

(ⅰ) 甲が1枚カードを引く．そのカードに書かれた数をaとする．引いたカードはもとに戻す．

(ⅱ) 甲はもう1回カードを引くかどうかを選択する．引いた場合は，そのカードに書かれた数をbとする．引いたカードはもとに戻す．引かなかった場合は，$b=0$とする．$a+b>N$の場合は乙の勝ちとし，ゲームは終了する．

(ⅲ) $a+b \leq N$の場合は，乙が1枚カードを引く．そのカードに書かれた数をcとする．引いたカードはもとに戻す．$a+b<c$の場合は乙の勝ちとし，ゲームは終了する．

(ⅳ) $a+b \geq c$の場合は，乙はもう1回カードを引く．そのカードに書かれた数をdとする．$a+b<c+d \leq N$の場合は乙の勝ちとし，それ以外の場合は甲の勝ちとする．

(ⅱ)の段階で，甲にとってどちらの選択が有利であるかを，aの値に応じて考える．以下の問いに答えよ．

(1) 甲が2回目にカードを引かないことにしたとき，甲の勝つ確率をaを用いて表せ．

(2) 甲が2回目にカードを引くことにしたとき，甲の勝つ確率をaを用いて表せ．ただし，各カードが引かれる確率は等しいものとする． (2005年 文理共通)

ポイント

- 確率 ⇒ $\dfrac{その場合の数}{全場合の数}$ あるいは「確率の乗法定理」の都合の良い方で考える．
- (2)「2回目も引く」
  ⇒ $a+b(\leq N)$の値が決定した後は，(1)と同じ構造であることを利用．
- 2変数以上が含まれる場合の数 ⇒ 格子点の個数で考える． 解答2

解答 1

(1) 甲が2回目にカードを引かずに勝つのは

$$a \geq c \quad かつ \quad (a \geq c+d \quad または \quad c+d > N) \quad \cdots ①$$

のとき．$c=k (1 \leq k \leq a)$と固定すると ← 固定する

$$① \iff d \leq a-k \quad または \quad d > N-k$$

よって
$$d=1, 2, \cdots, a-k \quad または \quad N-k+1, N-k+2, \cdots, N$$
であるから，d は
$$(a-k)+(N-(N-k+1)+1)=a \quad (通り)$$
乙が1回目に k を引く確率は $\dfrac{1}{N}$，2回目に①をみたすカードを引く確率は $\dfrac{a}{N}$．
$$\therefore \quad 求める確率は \quad \sum_{k=1}^{a}\left(\dfrac{1}{N} \times \dfrac{a}{N}\right) = \dfrac{a}{N^2} \times a = \dfrac{a^2}{N^2}$$

(2) (ⅱ) 終了後の甲の点数を $a+b=l(a+1 \leqq l \leqq N)$ と固定すると，

甲が2回目に $b=l-a$ を引く確率は $\dfrac{1}{N}$，その後，最終的に甲が勝つ確率は，(1) より $\dfrac{l^2}{N^2}$

$$\therefore \quad 求める確率は \quad \sum_{l=a+1}^{N}\left\{\dfrac{1}{N} \times \dfrac{l^2}{N^2}\right\} = \dfrac{1}{N^3}\sum_{l=a+1}^{N} l^2 = \dfrac{1}{N^3}\left(\sum_{l=1}^{N} l^2 - \sum_{l=1}^{a} l^2\right)$$
$$= \dfrac{1}{N^3}\left\{\dfrac{1}{6}N(N+1)(2N+1) - \dfrac{1}{6}a(a+1)(2a+1)\right\}$$
$$= \dfrac{1}{6N^3}\{N(N+1)(2N+1) - a(a+1)(2a+1)\}$$

解答2

(1) 与条件を格子点を用いて考えると，甲が勝つときの (c, d) は，右図の黒丸に対応する．（右図は $a=5$ のとき）
$$\therefore \quad 求める確率は \quad \dfrac{a^2}{N^2}$$

(2) 甲が勝つときの (c, d) は，右図の黒丸に対応する．（右図は $a+b=10$ のとき）$a+b=l$ が決まったとき，甲が勝つ確率は $\dfrac{l^2}{N^2}$

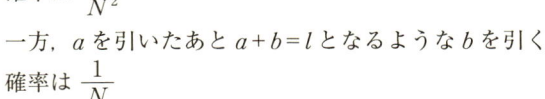

一方，a を引いたあと $a+b=l$ となるような b を引く確率は $\dfrac{1}{N}$

$$\therefore \quad 求める確率は \quad \sum_{l=a+1}^{N}\left\{\dfrac{1}{N} \times \dfrac{l^2}{N^2}\right\} = \dfrac{1}{N^3}\sum_{l=a+1}^{N} l^2 = \cdots$$

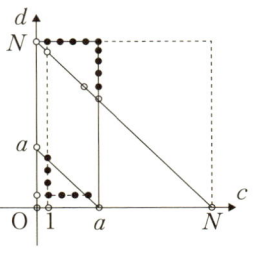

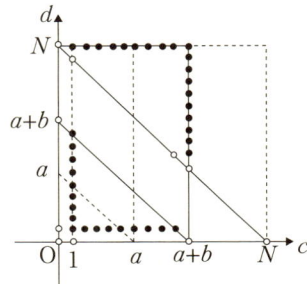

(以下同様)

分析

* 東京大学の確率の問題は，本問のように「時系列を付加」し，乗法定理を利用して解くと，要領よく解けることも多い．

97 確率漸化式①

正四面体の各頂点を A_1, A_2, A_3, A_4 とする．ある頂点にいる動点 X は，同じ頂点にとどまることなく，1 秒ごとに他の 3 つの頂点に同じ確率で移動する．X が A_i に n 秒後に存在する確率を $P_i(n)$ ($n=0, 1, 2, \cdots\cdots$) で表す．$P_1(0) = \dfrac{1}{4}$，$P_2(0) = \dfrac{1}{2}$，$P_3(0) = \dfrac{1}{8}$，$P_4(0) = \dfrac{1}{8}$ とするとき，$P_1(n)$ と $P_2(n)$ ($n=0, 1, 2, \cdots\cdots$) を求めよ．

(2000 年　文科)

ポイント

- 整数 n の変化に伴って遷移する確率　⇨　「確率漸化式」の問題だと認識する．
- 漸化式の立式　⇨　状態遷移のダイヤグラムを描いて，漸化式を立式する．
- ダイヤグラムの描き方　⇨　最後の 1 手に注目して，状態を場合分けする．
- 漸化式を解く　⇨　漸化式の典型解法を利用して，一般項を求める．

解答

n 秒後，動点 X が A_1 にあるとき，次の 1 秒の移動で，動点 X が A_1 にある確率は 0．
n 秒後，動点 X が A_1, A_2, A_3 以外の頂点にあるとき，次の 1 秒の移動で，動点 X が A_1 にある確率は各々 $\dfrac{1}{3}$．
以上より，右のようなダイヤグラムが描ける．　…①

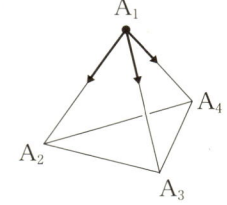

よって，$P_1(n+1)$ は，$P_1(n)$, $P_2(n)$, $P_3(n)$, $P_4(n)$ で表現できる．

$$P_1(n+1) = \frac{1}{3}P_2(n) + \frac{1}{3}P_3(n) + \frac{1}{3}P_4(n)$$
$$= \frac{1}{3}\{P_2(n) + P_3(n) + P_4(n)\}$$
$$= \frac{1}{3}\{1 - P_1(n)\} \quad \cdots ②$$
$$\Leftrightarrow \quad P_1(n+1) - \frac{1}{4} = -\frac{1}{3}\left\{P_1(n) - \frac{1}{4}\right\} \quad \cdots ③$$

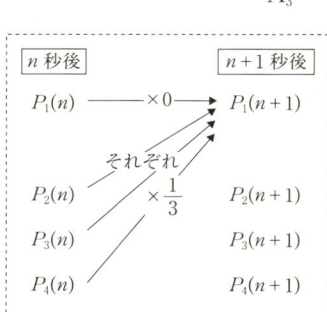

$q_n = P_1(n) - \dfrac{1}{4}$ とする．

③　$\Leftrightarrow$　$q_{n+1} = -\dfrac{1}{3}q_n$　また，$q_0 = P_1(0) - \dfrac{1}{4} = 0$．　…④

$$\therefore \quad q_n = 0 \cdot \left(-\frac{1}{3}\right)^n = 0$$

$$\Leftrightarrow \quad P_1(n) - \frac{1}{4} = 0$$

$$\therefore \quad P_1(n) = \frac{1}{4}$$

$P_2(n)$ についても，③まで同様に考えることができるので，

$$r_n = P_2(n) - \frac{1}{4} \text{ とする.}$$

$$r_{n+1} = -\frac{1}{3}r_n \quad \text{また, } r_0 = P_2(0) - \frac{1}{4} = \frac{1}{4}. \quad \cdots ⑤$$

$$\therefore \quad r_n = \frac{1}{4} \cdot \left(-\frac{1}{3}\right)^n$$

$$\Leftrightarrow \quad P_2(n) - \frac{1}{4} = \frac{1}{4} \cdot \left(-\frac{1}{3}\right)^n$$

$$\therefore \quad P_2(n) = \frac{1}{4}\left\{1 + \left(-\frac{1}{3}\right)^n\right\}$$

分析

* ①を考えて，
「n 秒後に動点 X が A_1，A_2，A_3，A_4 にあるそれぞれの確率 $P_1(n)$, $P_2(n)$, $P_3(n)$, $P_4(n)$」を用いて，「$n+1$ 秒後に動点 X が A_1 にある確率 $P_1(n+1)$」を表現する．

* ②は，$P_1(n) + P_2(n) + P_3(n) + P_4(n) = 1 \Leftrightarrow P_2(n) + P_3(n) + P_4(n) = 1 - P_1(n)$ を用いている．

* ②から③の変形は，$P_1(n+1) = P_1(n) = x$ とした特性方程式
$x = -\frac{1}{3}x + \frac{1}{3} \Leftrightarrow x = \frac{1}{4}$ を参考にして，両辺から $\frac{1}{4}$ を引いて，等比型に式変形している．

* ④⑤では，初項を $P_1(0)$，$P_2(0)$ と設定して考えていることに注意．

* 確率漸化式の問題は，本問のような「隣接 2 項間漸化式」の他に「隣接 3 項間漸化式」「複数系列の隣接 2 項間漸化式」なども出題される．

98 確率漸化式②

図のように,正三角形を9つの部屋に辺で区切り,部屋P,Qを定める.1つの球が部屋Pを出発し,1秒ごとに,そのままその部屋にとどまることなく,辺を共有する隣の部屋に等確率で移動する.球がn秒後に部屋Qにある確率を求めよ.

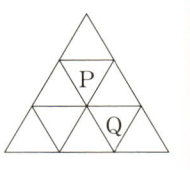

(2012年 文理共通)

ポイント

- 整数nの変化に伴って遷移する確率 ⇒ 「確率漸化式」の問題だと認識する.
- nが奇数のとき,部屋Qには存在しない
  ⇒ nが偶数のときと奇数のときで場合分けする必要がある.
- 漸化式とダイヤグラム ⇒ 最後の2手に注目して,状態を場合分けする.

解答

右図のように部屋R,部屋X_1〜X_6を定める.
球がn秒後に部屋P,Q,Rにある確率をそれぞれp_n, q_n, r_nとする.
このとき,図形の対称性から,$r_n = q_n$である. …①

(ⅰ) nが奇数のとき
　球は部屋X_1〜X_6のいずれかに存在し,部屋Qに存在し得ない ∴ $q_n = 0$

(ⅱ) nが2以上の偶数のとき
　$n+2$秒後に部屋Qにある球は,n秒後には部屋P,Q,Rのいずれかにある.
$$p_n + q_n + r_n = 1.$$

ダイヤグラムより,q_{n+2}をp_n, q_n, r_nで表現すると,

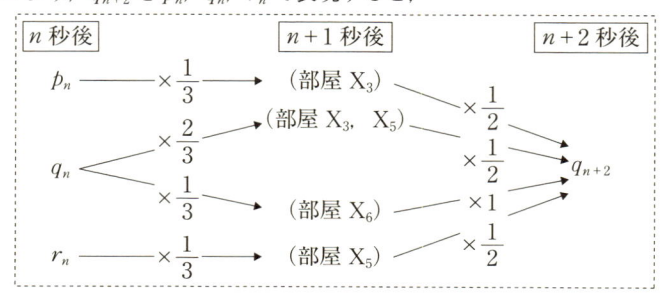

```
[n秒後]           [n+1秒後]              [n+2秒後]

pₙ ────×1/3──→ (部屋X₃) ────×1/2──┐
                                         │
           ×2/3──→(部屋X₃, X₅) ──×1/2──┤
qₙ                                        ├→ qₙ₊₂
           ×1/3──→ (部屋X₆) ────×1 ────┤
                                         │
rₙ ────×1/3──→ (部屋X₅) ────×1/2──┘
```

$$q_{n+2} = p_n \times \frac{1}{3} \times \frac{1}{2} + q_n \times \frac{2}{3} \times \frac{1}{2} + q_n \times \frac{1}{3} \times 1 + r_n \times \frac{1}{3} \times \frac{1}{2}$$
$$= \frac{1}{6} p_n + \frac{5}{6} q_n \quad (\because \ r_n = q_n) \quad \cdots ②$$

また,
$p_n + q_n + r_n = p_n + 2q_n = 1 \ (\because \ ①)$ より,$p_n = 1 - 2q_n.$ $\cdots ③$ ← 対称性の利用

③を②に代入して,

$$② \Leftrightarrow q_{n+2} = \frac{1}{6}(1 - 2q_n) + \frac{5}{6} q_n = \frac{1}{2} q_n + \frac{1}{6} \quad \cdots ④$$
$$\Leftrightarrow q_{n+2} - \frac{1}{3} = \frac{1}{2}\left(q_n - \frac{1}{3}\right) \quad \cdots ⑤$$

$a_n = q_n - \dfrac{1}{3}$ とする.

$$⑤ \Leftrightarrow a_{n+2} = \frac{1}{2} a_n \quad \text{また,} \ a_0 = q_0 - \frac{1}{3} = -\frac{1}{3}$$

よって,

$$a_n = -\frac{1}{3} \cdot \left(\frac{1}{2}\right)^{\frac{n}{2}} = q_n - \frac{1}{3}$$
$$\therefore \quad q_n = \frac{1}{3}\left(1 - \frac{1}{2^{\frac{n}{2}}}\right)$$

この式は $n = 0$ のときも成り立つ. ← $n = 0$ のときの確認

(ⅰ), (ⅱ)から,

求める確率は n が奇数のとき 0, n が偶数のとき $\dfrac{1}{3}\left(1 - \dfrac{1}{2^{\frac{n}{2}}}\right)$

分析

* ④から⑤の変形は,$q_{n+2} = q_n = x$ とした特性方程式 $x = \dfrac{1}{2} x + \dfrac{1}{6} \Leftrightarrow x = \dfrac{1}{3}$ を参考にして,④の両辺から $\dfrac{1}{3}$ を引いて,等比型に式変形している.

* ④は,厳密には隣接2項間漸化式ではないが,偶数項限定になっているだけなので本質的には隣接2項間漸化式と同じ.

98 確率漸化式②

99 確率漸化式③

投げたとき表と裏の出る確率がそれぞれ $\frac{1}{2}$ のコインを1枚用意し,次のように左から順に文字を書く.コインを投げ,表が出たときは文字列 AA を書き,裏が出たときは文字 B を書く.更に繰り返しコインを投げ,同じ規則に従って,AA,B をすでにある文字列の右側につなげて書いていく.例えば,コインを5回投げ,その結果が順に表,裏,裏,表,裏であったとすると,得られる文字列は,AABBAAB となる.このとき,左から4番目の文字は B,5番目の文字は A である.

(1) n を正の整数とする.n 回コインを投げ,文字列を作るとき,文字列の左から n 番目の文字が A となる確率を求めよ.

(2) n を2以上の整数とする.n 回コインを投げ,文字列を作るとき,文字列の左から $n-1$ 番目の文字が A で,かつ n 番目の文字が B となる確率を求めよ.

(2015 年 文科)

ポイント

・整数 n の変化に伴って遷移する確率　⇨　「確率漸化式」の問題だと認識する.
・「最後の1手で場合分け」が不向きな問題　⇨　「最初の1手で場合分け」を考える.

解答

(1) n 回コインを投げ,左から n 番目の文字が A となる確率を p_n とおく.
$n+2$ 番目の文字が A となるのは,
（ⅰ） 1回目が表のとき
　　1番目と2番目は A. 3番目から $n+2$ 番目まで n 個の文字を並べ,$n+2$ 番目の文字が A である確率は p_n
（ⅱ） 1回目が裏のとき
　　1番目は B. 2番目から $n+2$ 番目まで $n+1$ 個の文字を並べ,$n+2$ 番目の文字が A である確率は p_{n+1}
（ⅰ）,（ⅱ）は排反であるから

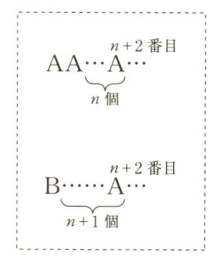

$$p_{n+2} = \frac{1}{2}p_n + \frac{1}{2}p_{n+1} \quad \cdots ①$$

← 隣接3項間漸化式

また,

$$p_1 = \frac{1}{2}, \quad p_2 = \frac{1}{2} + \frac{1}{2} \cdot \frac{1}{2} = \frac{3}{4}$$

① ⇔ $p_{n+2} + \frac{1}{2}p_{n+1} = p_{n+1} + \frac{1}{2}p_n$ ⇔ $p_{n+2} - p_{n+1} = -\frac{1}{2}(p_{n+1} - p_n)$ $\cdots ②$

$a_n = p_{n+1} + \frac{1}{2}p_n$ とすると,$a_{n+1} = a_n$,$a_1 = 1$ $\therefore$ $a_n = 1 = p_{n+1} + \frac{1}{2}p_n$ …③

$b_n = p_{n+1} - p_n$ とすると,$b_{n+1} = -\frac{1}{2}b_n$,$b_1 = \frac{1}{4}$ $\therefore$ $b_n = \frac{1}{4}\left(-\frac{1}{2}\right)^{n-1} = p_{n+1} - p_n$ …④

③,④ から $p_n = \frac{2}{3} + \frac{1}{3}\left(-\frac{1}{2}\right)^n$

(2) $n \geq 2$ のとき,n 回コインを投げ,左から $n-1$ 番目の文字が A で,かつ n 番目の文字が B となる確率を q_n とおく.

$n+1$ 番目の文字が A で,かつ $n+2$ 番目の文字が B となるのは,

(ⅰ) 1回目が表のとき

1番目と2番目は A.3番目から $n+2$ 番目まで n 個の文字を並べ,$n+1$ 番目の文字が A で,かつ $n+2$ 番目の文字が B である確率は q_n

(ⅱ) 1回目が裏のとき

1番目は B.2番目から $n+2$ 番目まで $n+1$ 個の文字を並べ,$n+1$ 番目の文字が A で,かつ $n+2$ 番目の文字が B である確率は q_{n+1}

(ⅰ),(ⅱ)は排反であるから

$$q_{n+2} = \frac{1}{2}q_n + \frac{1}{2}q_{n+1} \quad \text{…⑤} \qquad \leftarrow \text{漸化式}$$

また,

$$q_2 = 0,\quad q_3 = \frac{1}{2} \cdot \frac{1}{2} = \frac{1}{4}$$

⑤ $\Leftrightarrow$ $q_{n+2} + \frac{1}{2}q_{n+1} = q_{n+1} + \frac{1}{2}q_n$ $\Leftrightarrow$ $q_{n+2} - q_{n+1} = -\frac{1}{2}(q_{n+1} - q_n)$ …⑥

$c_n = q_{n+1} + \frac{1}{2}q_n$ とすると,$c_{n+1} = c_n$,$c_2 = \frac{1}{4}$ $\therefore$ $c_n = \frac{1}{4} = q_{n+1} + \frac{1}{2}q_n$ …⑦

$d_n = q_{n+1} - q_n$ とすると,$d_{n+1} = -\frac{1}{2}d_n$,$d_2 = \frac{1}{4}$ $\therefore$ $d_n = \frac{1}{4}\left(-\frac{1}{2}\right)^{n-2} = q_{n+1} - q_n$ …⑧

⑦,⑧から $q_n = \frac{1}{6} - \frac{2}{3} \cdot \left(-\frac{1}{2}\right)^n$

分析

* 本問は,「最初の1手で場合分け」して考えるタイプの確率漸化式の問題である.

* ①⑤は典型的な $a_{n+2} = pa_{n+1} + qa_n$ 型の隣接3項間漸化式なので,特性方程式 $x^2 = \frac{1}{2} + \frac{1}{2}x$ の解 $x = 1$,$-\frac{1}{2}$ を参考に,②⑥のような変形をしている.

100 確率漸化式④

難易度 ■■□□□
時間 30分

さいころを振り，出た目の数で17を割った余りを X_1 とする．ただし，1で割った余りは0である．更にさいころを振り，出た目の数で X_1 を割った余りを X_2 とする．以下同様にして，X_n が決まればさいころを振り，出た目の数で X_n を割った余りを X_{n+1} とする．このようにして，X_n ($n=1, 2, \cdots\cdots$) を定める．

(1) $X_3=0$ となる確率を求めよ．
(2) 各 n に対し，$X_n=5$ となる確率を求めよ．
(3) 各 n に対し，$X_n=1$ となる確率を求めよ．

(2003年 文科)

ポイント

・整数 n の変化に伴って遷移する確率 ⇨ 「確率漸化式」の問題だと認識する．
・17をサイコロの目で割った余り
　　　　　　　　⇨ $X_1 = 0, 1, 2, 5$ のいずれか．(3や4にはなりえない)
・X_n がとりうる数は $0, 1, 2, 5$ ⇨ 最後の1手に注目して，状態を場合分けする．

解答

(1) 1回目に出た目を A_1 とすると，右表のようになる．

A_1	1	2	3	4	5	6
X_1	0	1	2	1	2	5

$X_1 = 0, 1, 2, 5$ のいずれか．　…①

$X_1=0$ のとき　以後 $X_n=0$
$X_1=1$ のとき　1の目が出れば $X_2=0$　　1の目以外が出れば $X_2=1$
$X_1=2$ のとき　1, 2の目が出れば $X_2=0$　1, 2の目以外が出れば $X_2=1$
$X_1=5$ のとき　1, 5の目が出れば $X_2=0$　2, 4の目が出れば $X_2=1$
　　　　　　　　3の目が出れば $X_2=2$　　6の目が出れば $X_2=5$

$X_3=0$ となるのは，
$(A_1, A_2, A_3) = (1, -, -), (2, 1, -), (2, 1 以外, 1)$
　　　　　　　　$(3, 1 or 2, -), (3, 3 \sim 6, 1 or 2), (4, 1, -), (4, 1 以外, 1)$
　　　　　　　　$(5, 1 or 2, -), (5, 3 \sim 6, 1 or 2),$
　　　　　　　　$(6, 1 or 5, -), (6, 2 or 4, 1), (6, 3, 1 or 2), (6, 6, 1 or 5)$

(－は任意の目)

よって，求める確率は

$$\frac{1}{6^3}(6\cdot 6 + 6 + 5 + 2\cdot 6 + 4\cdot 2 + 6 + 5 + 2\cdot 6 + 4\cdot 2 + 2\cdot 6 + 2 + 2 + 2) = \frac{116}{216} = \frac{29}{54} \quad \cdots ②$$

216

(2) $X_n = 5$ となるのは，毎回 6 の目が出るときのみ．

$$\therefore \quad 求める確率は \left(\frac{1}{6}\right)^n$$

(3) $X_n = 1$ となる確率を p_n とすると，

(2)より $X_n = 5$ となる確率は $\left(\frac{1}{6}\right)^n$ であることと，右のダイヤグラムより，

$$p_{n+1} = \frac{5}{6} p_n + \frac{1}{3}\left(\frac{1}{6}\right)^n \quad \cdots ③$$

両辺を $\left(\frac{1}{6}\right)^{n+1}$ でわると，

$$6^{n+1} p_{n+1} = 5 \times 6^n p_n + 2$$

$q_n = 6^n p_n$ とすると $q_1 = 2$ であり，

$$q_{n+1} = 5 q_n + 2$$
$$\Leftrightarrow \quad q_{n+1} + \frac{1}{2} = 5\left(q_n + \frac{1}{2}\right)$$

$r_n = q_n + \frac{1}{2}$ とすると $r_1 = \frac{5}{2}$ であり，

$$r_{n+1} = 5 r_n$$

$$\therefore \quad r_n = \frac{5}{2} \cdot 5^{n-1} = q_n + \frac{1}{2}$$

$$\therefore \quad q_n = \frac{5^n - 1}{2} = 6^n p_n$$

よって，求める確率は $p_n = \dfrac{5^n - 1}{2 \cdot 6^n}$

分析

* ①の事実に早く気付いて，本問が 4 状態の遷移モデルであることから考えていきたい．

* ②では，それぞれの場合の数の和を，全場合の数 6^3 で割って，確率を求めている．

* ③は，典型的な $a_{n+1} = p a_n + q^n$ 型の隣接 2 項間漸化式である．

§5 場合の数・確率 解説

傾向・対策

「場合の数・確率」分野は,「整数・数列」分野と共に,大きく東大入試の特徴が現れている分野です.教科書の単元では「場合の数と確率（数 A）」が対応しますが,解答の中で「整数の性質（数 A）」や「数列（数 B）」が関連することも多くあります.この分野からは,具体的な連続する試行によって遷移する状態に関する場合の数や確率を問われることが多く,問題の設定そのものを理解するまでにある程度の労力を必要とすることもあります.具体的には,「複雑なルールの連続試行に関する問題」,「遷移する状態を漸化式で表現して,それを解く問題（場合の数漸化式・確率漸化式）」などが挙げられます.

対策としては,題意を正確に読解し,同値に言い換えながら,単純化していく演習が有効となります.絵や図で視覚化しながら,読み解いていくような解き方になります.また,更に頻出といえる「場合の数漸化式・確率漸化式」に対しては,題意を構造化して,ダイヤグラムを描き,漸化式を立式するトレーニングが必要となります.特に,この「場合の数漸化式・確率漸化式」に関しては,様々な応用問題が,繰り返し出題されているので,十分に対策しておく必要があります.東大数学入試の他分野の問題にも共通して言えることでありますが,「手を動かして,絵・図を描きながら,糸口を見つけていく」ということがやはり最も重要な姿勢となります.

学習のポイント

・題意の正しい理解ができるような読解力の養成.
・連続試行に伴って遷移する状態への意識.
・絵や図で視覚化し,題意を構造化する練習.
・場合の数漸化式・確率漸化式の解法に慣れる.
・場合の数漸化式・確率漸化式の応用問題への対応力をつける.

Memo

Memo

Memo

Memo

松田 聡平 (まつだ そうへい)

東進ハイスクール東大特進コース，河合塾 数学講師．
(株) 建築と数理　代表取締役社長．
京都市生まれ．東京大学大学院工学系研究科博士課程満期．
毎年，全国数万人の受験生を対象に，基礎レベルから東大レベルまでを担当する．
特に，東大特進コース等の上位層から「射程の長い本質的な数学」は高い評価を得ている．
教育コンサルタント，イラストレーターとしても活躍．
著書の『松田の数学ⅠAⅡB典型問題 Type100』（東進ブックス）は，受験生必携の書．

本書へのご意見、ご感想は、以下のあて先で、書面またはFAXにてお受けいたします。電話でのお問い合わせにはお答えいたしかねますので、あらかじめご了承ください。

〒162-0846　東京都新宿区市谷左内町21-13
株式会社技術評論社　書籍編集部
『東大文系数学　系統と分析』係
FAX：03-3267-2271

東大文系数学　系統と分析
とうだいぶんけいすうがく　けいとう　ぶんせき

2016年6月25日　初 版　第1刷発行

著　者　　松田　聡平
　　　　　まつだ　そうへい
発行者　　片岡　巌
発行所　　株式会社技術評論社
　　　　　東京都新宿区市谷左内町21-13
　　　　　電話　03-3513-6150　販売促進部
　　　　　　　　03-3267-2270　書籍編集部
印刷／製本　昭和情報プロセス株式会社

定価はカバーに表示してあります。

本書の一部または全部を著作権法の定める範囲を超え、無断で複写、複製、転載、テープ化、ファイルに落とすことを禁じます。

©2016　(株)建築と数理

> 造本には細心の注意を払っておりますが、万一、乱丁（ページの乱れ）や落丁（ページの抜け）がございましたら、小社販売促進部までお送りください。送料小社負担にてお取り替えいたします。

●装丁　下野ツヨシ（ツヨシ＊グラフィックス）
●本文デザイン、DTP　株式会社RUHIA

ISBN978-4-7741-7805-9　C7041

Printed in Japan

東大文系数学 系統と分析

別冊

実戦力を養う100問

問題抜粋

本書で取り上げた100問の問題のみを掲載しています。実際の試験をイメージしてお役立てください.

技術評論社

§1 方程式・不等式・関数

1
難易度 ■□□□　時間 5分

すべての実数 x に対して $x^2-2ax+1 \geq \dfrac{1}{2}(x-1)^2$ …(※) が成り立つためには，実数 a が $\boxed{ア} \leq a \leq \boxed{イ}$ を満足することが必要かつ十分である．また，(※)の不等式がすべての実数 x に対して成り立ち，かつ x のある正の値に対して等号が成り立つのは $a=\boxed{ウ}$ の場合であって，その x の値は $\boxed{エ}$ である．　　(1970年　文科)

2
難易度 ■■□□　時間 15分

a, b を整数として，x の4次方程式 $x^4+ax^2+b=0$ の4つの解を考える．
いま，4つの解の近似値

$$-3.45 \qquad -0.61 \qquad 0.54 \qquad 3.42$$

がわかっていて，これらの近似値の誤差の絶対値は 0.05 以下であるという．
真の解を小数第2位まで正しく求めよ．　　(1982年　文科)

3
難易度 ■□□□　時間 10分

2次方程式 $x^2-2x\log_a b+\log_b a=0$ が実数解 α, β をもち，$0<\alpha<1<\beta$ となるものとする．
このとき，a, b, 1 の大きさの順序はどのようになるか．ただし a, b はいずれも 1 と異なる正の数とする．　　(1962年　文理共通)

4
難易度 ■■□□　時間 20分

a, b, c, d を正の数とする．不等式 $\begin{cases} s(1-a)-tb>0 \\ -sc+t(1-d)>0 \end{cases}$ を同時に満たす正の数 s, t があるとき，2次方程式 $x^2-(a+d)x+(ad-bc)=0$ は $-1<x<1$ の範囲に異なる2つの実数解をもつことを示せ．　　(1996年　文理共通)

問題　1

5

x についての方程式 $px^2+(p^2-q)x-(2p-q-1)=0$ が解をもち，すべての解の実部が負となるような実数の組 (p, q) の範囲を pq 平面上に図示せよ． (1992年　文科)

6

3次方程式 $x^3+3x^2-1=0$ の1つの解を α とする．
(1) $(2\alpha^2+5\alpha-1)^2$ を $a\alpha^2+b\alpha+c$ の形の式で表せ．ただし，a, b, c は有理数とする．
(2) 上の3次方程式の α 以外の2つの解を(1)と同じ形の式で表せ．(1990年　文科)

7

0以上の実数 s, t が $s^2+t^2=1$ を満たしながら動くとき，
方程式 $x^4-2(s+t)x^2+(s-t)^2=0$ の解のとる値の範囲を求めよ．

(2005年　文科)

8

2つの放物線 $y=2\sqrt{3}(x-\cos\theta)^2+\sin\theta$, $y=-2\sqrt{3}(x+\cos\theta)^2-\sin\theta$ が相異なる2点で交わるような一般角 θ の範囲を求めよ． (2002年　理科)

9

(1) 一般角 θ に対して $\sin\theta, \cos\theta$ の定義を述べよ．
(2) (1)で述べた定義にもとづき，一般角 α, β に対して
$$\sin(\alpha+\beta)=\sin\alpha\cos\beta+\cos\alpha\sin\beta,$$
$$\cos(\alpha+\beta)=\cos\alpha\cos\beta-\sin\alpha\sin\beta$$
を証明せよ． (1999年　文理共通)

10

難易度 　　時間　10分

座標平面上の点 (x, y) が次の方程式を満たす．
$$2x^2 + 4xy + 3y^2 + 4x + 5y - 4 = 0$$
このとき，x のとりうる最大の値を求めよ．　　　　　　　　　（2012年　文科）

11

難易度 　　時間　25分

xy 平面内の領域 $-1 \leqq x \leqq 1$，$-1 \leqq y \leqq 1$ において $1 - ax - by - axy$ の最小値が正となるような定数 a，b を座標とする点 (a, b) の範囲を図示せよ．　　　（2000年　文科）

12

難易度 　　時間　20分

すべての正の実数 x，y に対し $\sqrt{x} + \sqrt{y} \leqq k\sqrt{2x+y}$ が成り立つような実数 k の最小値を求めよ．　　　　　　　　　　　　　　　　　　　　　　（1995年　文理共通）

13

難易度 　　時間　30分

n を正の整数，a を実数とする．すべての整数 m に対して $m^2 - (a-1)m + \dfrac{n^2}{2n+1}a > 0$ が成り立つような a の値の範囲を n を用いて表せ．　　　（1997年　理科）

14

難易度 　　時間　20分

関数 $f(x)$，$g(x)$，$h(x)$ を次のように定める．
$$f(x) = x^3 - 3x, \quad g(x) = \{f(x)\}^3 - 3f(x), \quad h(x) = \{g(x)\}^3 - 3g(x)$$
(1) a を実数とする．$f(x) = a$ を満たす実数 x の個数を求めよ．
(2) $g(x) = 0$ を満たす実数 x の個数を求めよ．
(3) $h(x) = 0$ を満たす実数 x の個数を求めよ．　　　　　　（2004年　文科）

15

(1) x は $0° \leq x \leq 90°$ を満たす角とする．
$$\begin{cases} \sin y = |\sin 4x| \\ \cos y = |\cos 4x| \\ 0° \leq y \leq 90° \end{cases}$$
となる y を x で表し，そのグラフを xy 平面上に図示せよ．

(2) α は $0° \leq \alpha \leq 90°$ を満たす角とする．$0° \leq \theta_n \leq 90°$ を満たす角 θ_n，$n=1, 2, \cdots$ を
$$\begin{cases} \theta_1 = \alpha \\ \sin \theta_{n+1} = |\sin 4\theta_n| \\ \cos \theta_{n+1} = |\cos 4\theta_n| \end{cases}$$
で定める．k を 2 以上の整数として，$\theta_k = 0°$ となる α の個数を k で表せ．

(1998年 文科)

§2 微積分

16

難易度 ■□□□
時間 5分

3次関数 $f(x) = x^3 + ax^2 + bx$ は極大値,極小値をもち,それらを区間 $-1 \leq x \leq 1$ 内でとるものとする.この条件を満たすような実数の組 (a, b) の範囲を ab 平面上に図示せよ.

(1993年　文科)

17

難易度 ■■□□
時間 15分

θ は,$0° < \theta < 45°$ の範囲の角度を表す定数とする.$-1 \leq x \leq 1$ の範囲で,関数 $f(x) = |x+1|^3 + |x-\cos 2\theta|^3 + |x-1|^3$ が最小値をとるときの変数 x の値を,$\cos \theta$ で表せ.

(2006年　文科)

18

難易度 ■■□□
時間 15分

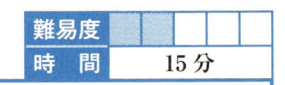

(1) t を実数の定数とする.実数全体を定義域とする関数 $f(x)$ を
$$f(x) = -2x^2 + 8tx - 12x + t^3 - 17t^2 + 39t - 18$$
と定める.このとき,関数 $f(x)$ の最大値を t を用いて表せ.

(2) (1)の「関数 $f(x)$ の最大値」を $g(t)$ とする.
t が $t \geq -\dfrac{1}{\sqrt{2}}$ の範囲を動くとき,$g(t)$ の最小値を求めよ.　(2014年　文科)

19

難易度 ■■■□
時間 20分

$k > 0$ とする.xy 平面上の2曲線 $y = k(x - x^3)$, $x = k(y - y^3)$ が第1象限に $\alpha \neq \beta$ なる交点 (α, β) をもつような k の範囲を求めよ.

(1989年　文理共通)

20

a は 0 でない実数とする．関数 $f(x)=(3x^2-4)\left(x-a+\dfrac{1}{a}\right)$ の極大値と極小値の差が最小となる a の値を求めよ．

(1998年　文科)

21

連立不等式 $y(y-|x^2-5|+4)\leqq 0$, $y+x^2-2x-3\leqq 0$ の表す領域を D とする．
(1)　D を図示せよ．　　(2)　D の面積を求めよ．

(2007年　文科)

22

a を実数とする．
(1)　曲線 $y=\dfrac{8}{27}x^3$ と放物線 $y=(x+a)^2$ の両方に接する直線が x 軸以外に 2 本あるような a の値の範囲を求めよ．
(2)　a が(1)の範囲にあるとき，この 2 本の接線と放物線 $y=(x+a)^2$ で囲まれた部分の面積 S を a を用いて表せ．

(1997年　理科)

23

2 次関数 $f(x)=x^2+ax+b$ に対して
$$f(x+1)=c\int_0^1 (3x^2+4xt)f'(t)dt$$
が x についての恒等式になるような定数 a, b, c の組をすべて求めよ．

(2010年　文科)

24

難易度　　　　　
時　間　10 分

x の 3 次関数 $f(x) = ax^3 + bx^2 + cx + d$ が，3 つの条件
$$f(1) = 1, \quad f(-1) = -1, \quad \int_{-1}^{1}(bx^2 + cx + d)dx = 1$$
をすべて満たしているとする．このような $f(x)$ の中で定積分
$$I = \int_{-1}^{\frac{1}{2}} \{f''(x)\}^2 dx$$
を最小にするものを求め，そのときの I の値を求めよ．ただし，$f''(x)$ は $f'(x)$ の導関数を表す．

(2011 年　文科)

25

難易度　　　　　
時　間　15 分

2 次以下の整式 $f(x) = ax^2 + bx + c$ に対し，$S = \int_{0}^{2}|f'(x)|dx$ を考える．

(1) $f(0) = 0$, $f(2) = 2$ のとき S を a の関数として表せ．
(2) $f(0) = 0$, $f(2) = 2$ を満たしながら f が変化するとき，S の最小値を求めよ．

(2009 年　文科)

26

難易度　　　　　
時　間　10 分

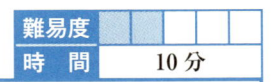

$0 \leq \alpha \leq \beta$ を満たす実数 α, β と，2 次式 $f(x) = x^2 - (\alpha+\beta)x + \alpha\beta$ について，
$$\int_{-1}^{1} f(x)dx = 1$$
が成立しているとする．このとき定積分
$$S = \int_{0}^{\alpha} f(x)dx$$
を α の式で表し，S がとりうる値の最大値を求めよ．

(2008 年　文科)

27

a, b, c を実数とし,$a \neq 0$ とする.2次関数 $f(x) = ax^2 + bx + c$ が次の条件(A),(B)を満たすとする.

(A) $f(-1) = -1$,$f(1) = 1$,$f'(1) \leq 6$

(B) $-1 \leq x \leq 1$ を満たすすべての x に対し,$f(x) \leq 3x^2 - 1$

このとき,積分 $I = \int_{-1}^{1} \{f'(x)\}^2 dx$ の値のとりうる範囲を求めよ. (2003 年 文科)

28

図のように底面の半径 1,上面の半径 $1-x$,高さ $4x$ の直円錐台 A と,底面の半径 $1-\dfrac{x}{2}$,上面の半径 $\dfrac{1}{2}$,高さ $1-x$ の直円錐台 B がある.ただし,$0 \leq x \leq 1$ である.A と B の体積の和を $V(x)$ とするとき,$V(x)$ の最大値を求めよ.

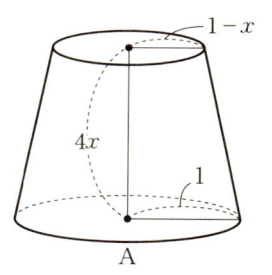

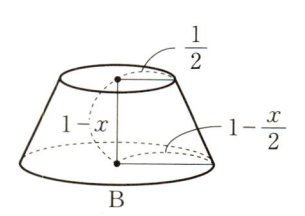

(2000 年 文科)

29

1つの頂点から出る3辺の長さが x,y,z であるような直方体において,x,y,z の和が 6,全表面積が 18 であるとき,

(1) x のとりうる値の範囲を求めよ.

(2) このような直方体の体積の最大値を求めよ. (1962 年 文理共通)

30

難易度 □□□□
時間 20分

a, b, c を整数, p, q, r を $p<0<q<1<r<2$ を満たす実数とする．関数 $f(x)=x^4+ax^3+bx+c$ が次の条件（ⅰ）（ⅱ）を満たすように a, b, c, p, q, r を定めよ．

（ⅰ） $f(x)=0$ は4個の異なる実数解をもつ．
（ⅱ） 関数 $f(x)$ は $x=p, q, r$ において極値をとる．

(1990年 文科)

31

難易度 □□□□
時間 20分

$0 \leqq t \leqq 2$ の範囲にある t に対し，方程式 $x^4-2x^2-1+t=0$ の実数解のうち最大のものを $g_1(t)$, 最小のものを $g_2(t)$ とおく．$\int_0^2 (g_1(t)-g_2(t))dt$ を求めよ．

(1993年 文科)

§3 図形

32

1辺の長さが1の正方形 ABCD の内部に点 P をとって，∠APB，∠BPC，∠CPD，∠DPA のいずれも 135° をこえないようにするとき，点 P の動き得る範囲を図示し，その面積を求めよ． (1968年　文科)

33

平面上に2定点 A, B があり，線分 AB の長さ $\overline{AB}$ は $2(\sqrt{3}+1)$ である．この平面上を動く3点 P, Q, R があって，つねに

$$\begin{cases} \overline{AP} = \overline{PQ} = 2 \\ \overline{QR} = \overline{RB} = \sqrt{2} \end{cases}$$

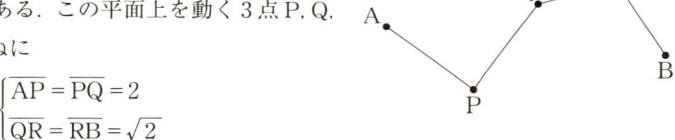

なる長さを保ちながら動いている．このとき，点 Q が動きうる範囲を図示し，その面積を求めよ． (1982年　文科)

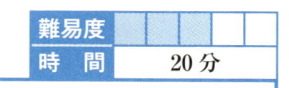

34

四角形 ABCD が，半径 $\dfrac{65}{8}$ の円に内接している．この四角形の周の長さが 44 で，辺 BC と辺 CD の長さがいずれも 13 であるとき，残りの2辺 AB と DA の長さを求めよ． (2006年　文科)

35

円周率が 3.05 より大きいことを証明せよ． (2003年　理科)

36

難易度 　　　　
時　間　15分

4点 A, B, C, D を頂点とする4面体 T において，各辺の長さが
$$AB = x, \quad AC = AD = BC = BD = 5, \quad CD = 4$$
であるとき，T の体積 V を求めよ．またこのような4面体が存在するような x の範囲を求めよ．またこの範囲で x を動かしたときの体積 V の最大値を求めよ．

(1986年　文科)

37

難易度 　　　　
時　間　10分

傾いた平面上で，もっとも急な方向の勾配が $\dfrac{1}{3}$ であるという．いま南北方向の勾配を測ったところ $\dfrac{1}{5}$ であった．東西方向の勾配はどれだけか． (1983年　文科)

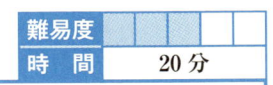

38

難易度 　　　　
時　間　20分

半径 r の球面上に4点 A, B, C, D がある．四面体 ABCD の各辺の長さは，$AB = \sqrt{3}$, $AC = AD = BC = BD = CD = 2$ を満たしている．このとき r の値を求めよ．

(2001年　文理共通)

39

難易度 　　　　
時　間　25分

xyz 空間に3点 A(1, 0, 0), B(−1, 0, 0), C(0, $\sqrt{3}$, 0) をとる．△ABC を1つの面とし，$z \geqq 0$ の部分に含まれる正四面体 ABCD をとる．更に △ABD を1つの面とし，点 C と異なる点 E をもう1つの頂点とする正四面体 ABDE をとる．
(1) 点 E の座標を求めよ．
(2) 正四面体 ABDE の $y \leqq 0$ の部分の体積を求めよ． (1998年　文科)

40

正4角錐 V に内接する球を S とする．V をいろいろ変えるとき，
$$R=\frac{S\text{の表面積}}{V\text{の表面積}}$$
のとりうる値のうち，最大のものを求めよ．
ここで正4角錐とは，底面が正方形で，底面の中心と頂点を結ぶ直線が底面に垂直であるような角錐のこととする．

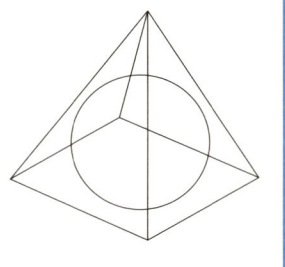

(1983年 理科)

41

空間内の点 O を中心とする1辺の長さが l の立方体の頂点を A_1, A_2, ……, A_8 とする．また，O を中心とする半径 r の球面を S とする．
(1) S 上のすべての点から A_1, A_2, ……, A_8 のうち少なくとも1点が見えるための必要十分条件を l と r で表せ．
(2) S 上のすべての点から A_1, A_2, ……, A_8 のうち少なくとも2点が見えるための必要十分条件を l と r で表せ．
ただし，S 上の点 P から A_k が見えるとは，A_k が S の外側にあり，線分 PA_k と S との共有点が P のみであることとする．

(1996年 理科)

42

A(0, 10)，B(0, 0)，C(5, 0)，D(14, 12) を平面上の4点とする．D を通り線分 AB，AC とそれぞれ E，F で交わる直線をとり，B，C，E，F が同一円周上にある異なる4点となるようにする．このとき円の方程式および E，F の座標を求めよ．

(1966年 文科)

43

2点 A(0, 1), B(0, 11) が与えられている．いま，x 軸上の正の部分に点 P(x, 0) をとって ∠APB の大きさを 30° 以上にしたい．x をどのような範囲にとればよいか．

(1970年　文科)

44

図において，ABCD は 1 辺の長さ 1km の正方形で，M，N はそれぞれ辺 CD，DA の中点である．いま，甲，乙は同時刻にそれぞれ A，B を出発し，同じ一定の速さで歩くものとする．甲は図の実線で示した道 AMB 上を進み，乙は実線で示した道 BNC 上を進み 30 分後に甲は B に，乙は C に到着した．甲，乙が最も近づいたのは出発何分後か．
また，そのときの両者の間の距離はいくらか．

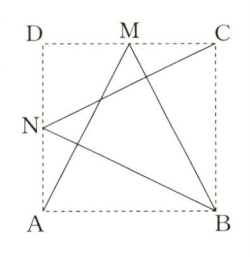

(1985年　文科)

45

座標平面において原点を中心とする半径 2 の円を C_1 とし，点 (1, 0) を中心とする半径 1 の円を C_2 とする．また，点 (a, b) を中心とする半径 t の円 C_3 が，C_1 に内接し，かつ C_2 に外接すると仮定する．ただし，b は正の実数とする．
(1) a, b を t を用いて表せ．また，t がとりうる値の範囲を求めよ．
(2) t が (1) で求めた範囲を動くとき，b の最大値を求めよ．

(2009年　文科)

46

xy 平面上の点 P(a, b) に対し，正方形 $S(P)$ を連立不等式 $|x-a| \leq \dfrac{1}{2}$, $|y-b| \leq \dfrac{1}{2}$ の表す領域として定め，原点と $S(P)$ の点との距離の最小値を $f(P)$ とする．点 (2, 1) を中心とする半径 1 の円周上を P が動くとき，$f(P)$ の最大値を求めよ．

(1996年　文科)

47

難易度　
時　間　10分

Oを原点とする座標平面上に点 A(−3, 0) をとり，$0° < \theta < 120°$ の範囲にある θ に対して，次の条件 (a), (b) を満たす2点 B, C を考える．

(a) B は $y > 0$ の部分にあり，OB = 2 かつ $\angle AOB = 180° - \theta$ である．

(b) C は $y < 0$ の部分にあり，OC = 1 かつ $\angle BOC = 120°$ である．ただし $\triangle ABC$ は O を含むものとする．

(1) $\triangle OAB$ と $\triangle OAC$ の面積が等しいとき，θ の値を求めよ．

(2) θ を $0° < \theta < 120°$ の範囲で動かすとき，$\triangle OAB$ と $\triangle OAC$ の面積の和の最大値と，そのときの $\sin\theta$ の値を求めよ．

(2010年　文科)

48

難易度　
時　間　15分

実数 t は $0 < t < 1$ を満たすとし，座標平面上の4点 O(0, 0), A(0, 1), B(1, 0), C(t, 0) を考える．また線分 AB 上の点 D を $\angle ACO = \angle BCD$ となるように定める．t を動かしたときの三角形 ACD の面積の最大値を求めよ．

(2012年　文科)

49

難易度　
時　間　15分

l を座標平面上の原点を通り傾きが正の直線とする．
更に，以下の3条件（ⅰ），（ⅱ），（ⅲ）で定まる円 C_1, C_2 を考える．

（ⅰ） 円 C_1, C_2 は2つの不等式 $x \geq 0$, $y \geq 0$ で定まる領域に含まれる．

（ⅱ） 円 C_1, C_2 は直線 l と同一点で接する．

（ⅲ） 円 C_1 は x 軸と点 (1, 0) で接し，円 C_2 は y 軸と接する．

円 C_1 の半径を r_1，円 C_2 の半径を r_2 とする．
$8r_1 + 9r_2$ が最小となるような直線 l の方程式と，その最小値を求めよ．

(2015年　文科)

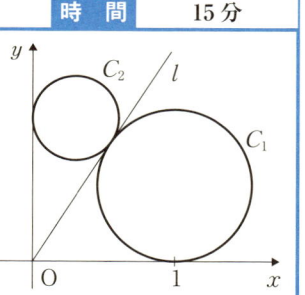

50

難易度 ☐☐☐☐
時間 15分

c を $c > \dfrac{1}{4}$ を満たす実数とする．xy 平面上の放物線 $y = x^2$ を A とし，直線 $y = x - c$ に関して A と対称な放物線を B とする．点 P が放物線 A 上を動き，点 Q が放物線 B 上を動くとき，線分 PQ の長さの最小値を c を用いて表せ．

(1999 年　文科)

51

難易度 ☐☐☐☐
時間 20分

xy 平面の放物線 $y = x^2$ 上の 3 点 P，Q，R が次の条件を満たしている．
△PQR は 1 辺の長さ a の正三角形であり，点 P，Q を通る直線の傾きは $\sqrt{2}$ である．このとき，a の値を求めよ．

(2004 年　文理共通)

52

難易度 ☐☐☐☐
時間 25分

a，b を正の数とし，xy 平面の 2 点 A$(a, 0)$ および B$(0, b)$ を頂点とする正三角形を ABC とする．ただし，C は第 1 象限の点とする．

(1) 三角形 ABC が正方形 D = $\{(x, y) | 0 \leqq x \leqq 1, 0 \leqq y \leqq 1\}$ に含まれるような (a, b) の範囲を求めよ．

(2) (a, b) が (1) の範囲を動くとき，三角形 ABC の面積 S が最大となるような (a, b) を求めよ．また，そのときの S の値を求めよ．

(1997 年　文理共通)

53

難易度 ☐☐☐☐
時間 20分

座標平面上の 1 点 $\mathrm{P}\left(\dfrac{1}{2}, \dfrac{1}{4}\right)$ をとる．放物線 $y = x^2$ 上の 2 点 Q(α, α^2)，R(β, β^2) を，3 点 P，Q，R が QR を底辺とする二等辺三角形をなすように動かすとき，△PQR の重心 G(X, Y) の軌跡を求めよ．

(2011 年　文理共通)

54
時間 25分

座標平面上の3点 A(1, 0), B(−1, 0), C(0, −1) に対し, ∠APC = ∠BPC を満たす点 P の軌跡を求めよ. ただし P ≠ A, B, C とする. 　　　(2008年　文科)

55
時間 20分

a, b は実数で, $b \neq 0$ とする. xy 平面に原点 O(0, 0) および 2 点 P(1, 0), Q(a, b) をとる.

(1) △OPQ が鋭角三角形となるための a, b の条件を不等式で表し, 点 (a, b) の範囲を ab 平面上に図示せよ.

(2) m, n を整数とする. a, b が (1) で求めた条件を満たすとき, 不等式
$$(m+na)^2 - (m+na) + n^2 b^2 \geq 0$$
が成り立つことを示せ. 　　　(1998年　文科)

56
時間 20分

a, b を実数とする. 次の 4 つの不等式を同時に満たす点 (x, y) 全体からなる領域を D とする.
$$x + 3y \geq a, \quad 3x + y \geq b, \quad x \geq 0, \quad y \geq 0$$
領域 D における $x + y$ の最小値を求めよ. 　　　(2003年　文理共通)

57
時間 25分

a, b を実数の定数とする. 実数 x, y が $x^2 + y^2 \leq 25$, $2x + y \leq 5$ をともに満たすとき, $z = x^2 + y^2 - 2ax - 2by$ の最小値を求めよ. 　　　(2013年　文科)

58

座標平面上の2点 A$(-1, 1)$, B$(1, -1)$ を考える．また，P を座標平面上の点とし，その x 座標の絶対値は 1 以下であるとする．次の条件（ⅰ）または（ⅱ）を満たす点 P の範囲を図示し，その面積を求めよ．

（ⅰ）頂点の x 座標の絶対値が 1 以上の 2 次関数のグラフで，点 A, P, B をすべて通るものがある．

（ⅱ）点 A, P, B は同一直線上にある．

(2015年　文科)

59

$0 \leqq t \leqq 1$ を満たす実数 t に対して，xy 平面上の点 A, B を
$$A\left(\frac{2(t^2+t+1)}{3(t+1)}, -2\right), \quad B\left(\frac{2}{3}t, -2t\right)$$
と定める．

t が $0 \leqq t \leqq 1$ を動くとき，直線 AB の通りうる範囲を図示せよ．

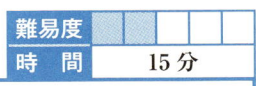

(1997年　文科)

60

自然数 k に対し，xy 平面上のベクトル $\vec{v_k} = \begin{pmatrix} \cos(k \times 45°) \\ \sin(k \times 45°) \end{pmatrix}$ を考える．a, b を正の数とし，平面上の点 P_0, P_1, $\cdots$, P_8 を

$$P_0 = (0, 0)$$
$$\overrightarrow{P_{2n}P_{2n+1}} = a\vec{v_{2n+1}}, \quad n = 0, 1, 2, 3$$
$$\overrightarrow{P_{2n+1}P_{2n+2}} = b\vec{v_{2n+2}}, \quad n = 0, 1, 2, 3$$

により定める．このとき以下の問に答えよ．

(1) P_0, P_1, $\cdots$, P_8 を順に結んで得られる 8 角形の面積 S を a, b を用いて表せ．

(2) 面積 S が 7，線分 P_0P_4 の長さが $\sqrt{10}$ のとき，a, b の値を求めよ．

(1995年　文科)

61

△ABC において ∠BAC = 90°, $|\vec{AB}| = 1$, $|\vec{AC}| = \sqrt{3}$ とする.
△ABC の内部の点 P が $\dfrac{\vec{PA}}{|\vec{PA}|} + \dfrac{\vec{PB}}{|\vec{PB}|} + \dfrac{\vec{PC}}{|\vec{PC}|} = \vec{0}$ を満たすとする.

(1) ∠APB, ∠APC を求めよ.
(2) $|\vec{PA}|$, $|\vec{PB}|$, $|\vec{PC}|$ を求めよ.

(2013 年 理科)

§4 整数・数列

62

xy 平面上の，原点 O とは異なる 2 点 A(a_1, a_2)，B(b_1, b_2) に対し，OA $= a$，OB $= b$，$\angle$AOB $= \theta$ とおく．2 点 A，B の座標 a_1, a_2, b_1, b_2 が有理数であるとき，次の 3 条件は互いに同値であることを証明せよ．
(ⅰ) ab は有理数である．
(ⅱ) $\cos\theta$ は有理数である．
(ⅲ) $\sin\theta$ は有理数である．

(1977 年　文理共通)

63

xy 平面において，x 座標，y 座標ともに整数であるような点を格子点と呼ぶ．格子点を頂点に持つ三角形 ABC を考える．
(1) 辺 AB，AC それぞれの上に両端を除いて奇数個の格子点があるとすると，辺 BC 上にも両端を除いて奇数個の格子点があることを示せ．
(2) 辺 AB，辺 AC 上に両端を除いて丁度 3 点ずつ格子点が存在するとすると，三角形 ABC の面積は 8 で割り切れる整数であることを示せ．(1992 年　文理共通)

64

正の整数の下 2 桁とは，100 の位以上を無視した数をいう．例えば 2000，12345 の下 2 桁は，それぞれ 0，45 である．m が正の整数全体を動くとき，$5m^4$ の下 2 桁として現れる数をすべて求めよ．

(2007 年　文科)

65

以下の命題 A, B それぞれに対し，その真偽を述べよ．また，真ならば証明を与え，偽ならば反例を与えよ．

命題 A　n が正の整数ならば，$\dfrac{n^3}{26}+100 \geqq n^2$ が成り立つ．

命題 B　整数 n, m, l が $5n+5m+3l=1$ を満たすならば，$10nm+3ml+3nl<0$ が成り立つ．

(2015 年　文科)

66

N は自然数，n は N の正の約数とする．
$$f(n)=n+\dfrac{N}{n}$$
とするとき，次の各 N に対して $f(n)$ の最小値を求めよ．

(1)　$N=2^k$ (k は正の整数)

(2)　$N=7!$

(1995 年　理科)

67

3 以上 9999 以下の奇数 a で，a^2-a が 10000 で割り切れるものをすべて求めよ．

(2005 年　文理共通)

68

n, a, b, c, d は 0 または正の整数であって，
$$\begin{cases} a^2+b^2+c^2+d^2=n^2-6 \\ a+b+c+d \leqq n \\ a \geqq b \geqq c \geqq d \end{cases}$$
を満たすものとする．

このような数の組 (n, a, b, c, d) をすべて求めよ．

(1980 年　文科)

69

n を正の整数とする．実数 x, y, z に対する方程式
$$x^n + y^n + z^n = xyz \quad \cdots ①$$
を考える．

(1) $n=1$ のとき，①を満たす正の整数の組 (x, y, z) で，$x \leqq y \leqq z$ となるものをすべて求めよ．

(2) $n=3$ のとき，①を満たす正の実数の組 (x, y, z) は存在しないことを示せ．

(2006年　文科)

70

$\dfrac{10^{210}}{10^{10}+3}$ の整数部分の桁数と，一の位の数字を求めよ．ただし，$3^{21}=10460353203$ を用いてもよい．

(1989年　理科)

71

n を 2 以上の整数とする．自然数（1 以上の整数）の n 乗になる数を n 乗数とよぶことにする．

(1) 連続する 2 個の自然数の積は n 乗数でないことを示せ．

(2) 連続する n 個の自然数の積は n 乗数でないことを示せ．　(2012年　理科)

72

自然数 $m \geqq 2$ に対し，$m-1$ 個の二項係数 ${}_m\mathrm{C}_1$, ${}_m\mathrm{C}_2$, ……, ${}_m\mathrm{C}_{m-1}$ を考え，これらすべての最大公約数を d_m とする．すなわち d_m はこれらすべてを割り切る最大の自然数である．

(1) m が素数ならば，$d_m = m$ であることを示せ．

(2) すべての自然数 k に対し，$k^m - k$ が d_m で割り切れることを，k に関する数学的帰納法によって示せ．

(2009年　文科)

73

難易度 □□□□
時間 20分

m を 2015 以下の正の整数とする．$_{2015}C_m$ が偶数となる最小の m を求めよ．

(2015年　理科)

74

難易度 □□□□
時間 15分

整数からなる数列 $\{a_n\}$ を漸化式
$$\begin{cases} a_1=1, \ a_2=3 \\ a_{n+2}=3a_{n+1}-7a_n \ (n=1, \ 2, \ \cdots) \end{cases}$$
によって定める．a_n が偶数となる n を決定せよ．

(1993年　文科)

75

難易度 □□□□
時間 10分

以下の問いに答えよ．ただし，(1)については，結論のみを書けば良い．

(1) n を正の整数とし，3^n を 10 で割った余りを a_n とする．a_n を求めよ．

(2) n を正の整数とし，3^n を 4 で割った余りを b_n とする．b_n を求めよ．

(3) 数列 $\{x_n\}$ を次のように定める．
$$x_1=1, \ x_{n+1}=3^{x_n} \ (n=1, \ 2, \ 3, \ \cdots)$$
x_{10} を 10 で割った余りを求めよ．

(2016年　文科)

76

難易度 □□□□
時間 15分

n は正の整数とする．x^{n+1} を x^2-x-1 で割った余りを $a_n x + b_n$ とおく．

(1) 数列 $a_n, \ b_n \ (n=1, \ 2, \ 3, \ \cdots)$ は $\begin{cases} a_{n+1}=a_n+b_n \\ b_{n+1}=a_n \end{cases}$ を満たすことを示せ．

(2) $n=1, \ 2, \ 3, \ \cdots$ に対して，$a_n, \ b_n$ はともに正の整数で，互いに素であることを証明せよ．

(2002年　文理共通)

77

$a = \sin^2 \dfrac{\pi}{5}$, $b = \sin^2 \dfrac{2\pi}{5}$ とおく．このとき，以下のことが成り立つことを示せ．

(1) $a+b$ および ab は有理数である．

(2) 任意の自然数 n に対し $(a^{-n}+b^{-n})(a+b)^n$ は整数である． (1994 年　理科)

78

a, b は実数で $a^2+b^2=16$, $a^3+b^3=44$ を満たしている．

(1) $a+b$ の値を求めよ．

(2) n を 2 以上の整数とするとき，a^n+b^n は 4 で割り切れる整数であることを示せ．

(1997 年　文科)

79

2 次方程式 $x^2-4x+1=0$ の 2 つの実数解のうち大きいものを α，小さいものを β とする．また，$n=1$, 2, 3, …… に対し，$s_n = \alpha^n + \beta^n$ とおく．

(1) s_1, s_2, s_3 を求めよ．また，$n \geq 3$ に対し，s_n を s_{n-1} と s_{n-2} で表せ．

(2) s_n は正の整数であることを示し，s_{2003} の一の位の数を求めよ．

(3) α^{2003} 以下の最大の整数の一の位の数を求めよ． (2003 年　文科)

80

p を自然数とする．次の関係式で定められる数列 $\{a_n\}$, $\{b_n\}$ を考える．

$$\begin{cases} a_1 = p, \ b_1 = p+1 \\ a_{n+1} = a_n + pb_n & (n=1, 2, 3, ……) \\ b_{n+1} = pa_n + (p+1)b_n & (n=1, 2, 3, ……) \end{cases}$$

(1) $n=1$, 2, 3, …… に対し，次の 2 つの数がともに p^3 で割り切れることを示せ．

$$a_n - \dfrac{n(n-1)}{2}p^2 - np, \quad b_n - n(n-1)p^2 - np - 1$$

(2) p を 3 以上の奇数とする．このとき，a_p は p^2 で割り切れるが，p^3 では割り切れないことを示せ．

(2008 年　文科)

81

実数 x の小数部分を，$0 \leq y < 1$ かつ $x - y$ が整数となる実数 y のこととし，これを記号 $\langle x \rangle$ で表す．実数 a に対して，無限数列 $\{a_n\}$ の各項 a_n ($n = 1, 2, 3, \cdots$) を次のように順次定める．

(ⅰ) $a_1 = \langle a \rangle$

(ⅱ) $\begin{cases} a_n \neq 0 \text{ のとき，} a_{n+1} = \left\langle \dfrac{1}{a_n} \right\rangle \\ a_n = 0 \text{ のとき，} a_{n+1} = 0 \end{cases}$

(1) $a = \sqrt{2}$ のとき，数列 $\{a_n\}$ を求めよ．

(2) 任意の自然数 n に対して $a_n = a$ となるような $\dfrac{1}{3}$ 以上の実数 a をすべて求めよ．

(2011 年　文科)

82

p, q を 2 つの正の整数とする．整数 a, b, c で条件

$$-q \leq b \leq 0 \leq a \leq p, \quad b \leq c \leq a$$

を満たすものを考え，このような a, b, c を $[a, b ; c]$ の形に並べたものを (p, q) パターンと呼ぶ．各 (p, q) パターン $[a, b ; c]$ に対して

$$w([a, b ; c]) = p - q - (a + b)$$

とおく．

(1) (p, q) パターンのうち，$w([a, b ; c]) = -q$ となるものの個数を求めよ．

また，$w([a, b ; c]) = p$ となる (p, q) パターンの個数を求めよ．

以下 $p = q$ の場合を考える．

(2) s を p 以下の整数とする．(p, p) パターンで $w([a, b ; c]) = -p + s$ となるものの個数を求めよ．

(2011 年　文科)

83

容量1リットルの m 個のビーカー（ガラス容器）に水が入っている．$m \geq 4$ で空のビーカーはない．入っている水の総量は1リットルである．また，x リットルの水が入っているビーカーがただ一つあり，その他のビーカーには x リットル未満の水しか入っていない．このとき，水の入っているビーカーが2個になるまで，次の(a)から(c)までの操作を，順に繰り返し行う．

(a) 入っている水の量が最も少ないビーカーを一つ選ぶ．

(b) 更に，残りのビーカーの中から，入っている水の量が最も少ないものを一つ選ぶ．

(c) 次に，(a)で選んだビーカーの水を(b)で選んだビーカーにすべて移し，空になったビーカーを取り除く．

この操作の過程で，入っている水の量が最も少ないビーカーの選び方が一通りに決まらないときは，そのうちのいずれも選ばれる可能性があるものとする．

(1) $x < \dfrac{1}{3}$ のとき，最初に x リットルの水の入っていたビーカーは，操作の途中で空になって取り除かれるか，または最後まで残って水の量が増えていることを証明せよ．

(2) $x > \dfrac{2}{5}$ のとき，最初に x リットルの水の入っていたビーカーは，最後まで x リットルの水が入ったままで残ることを証明せよ．

(2001年　理科)

§5 場合の数・確率

84

白石 180 個と黒石 181 個の合わせて 361 個の碁（ご）石が横に 1 列に並んでいる．碁石がどのように並んでいても，次の条件を満たす黒の碁石が少なくとも 1 つあることを示せ．

その黒の碁石とそれより右にある碁石をすべて除くと，残りは白石と黒石が同数となる．ただし，碁石が 1 つも残らない場合も同数とみなす． (2001 年　文科)

85

次の条件を満たす正の整数全体の集合を S とおく．
「各桁の数字は互いに異なり，どの 2 つの桁の数字の和も 9 にならない．」
ただし，S の要素は 10 進法で表す．また，1 桁の正の整数は S に含まれるとする．
(1) S の要素でちょうど 4 桁のものは何個あるか．
(2) 小さい方から数えて 2000 番目の S の要素を求めよ． (2000 年　文科)

86

n を正の整数とし，n 個のボールを 3 つの箱に分けて入れる問題を考える．ただし，1 個のボールも入らない箱があってもよいものとする．次に述べる 4 つの場合について，それぞれ相異なる入れ方の総数を求めたい．
(1) 1 から n まで異なる番号のついた n 個のボールを，A，B，C と区別された 3 つの箱に入れる場合，その入れ方は全部で何通りあるか．
(2) 互いに区別のつかない n 個のボールを，A，B，C と区別された 3 つの箱に入れる場合，その入れ方は全部で何通りあるか．
(3) 1 から n まで異なる番号のついた n 個のボールを，区別のつかない 3 つの箱に入れる場合，その入れ方は全部で何通りあるか．
(4) n が 6 の倍数 $6m$ であるとき，n 個の互いに区別のつかないボールを，区別のつかない 3 つの箱に入れる場合，その入れ方は全部で何通りあるか．

(1996 年　理科)

87

3個の赤玉とn個の白玉を無作為に環状に並べるものとする．このとき白玉が連続して$k+1$個以上並んだ箇所が現れない確率を求めよ．ただし，$\dfrac{n}{3} \leqq k < \dfrac{n}{2}$とする．

(1989年　理科)

88

2辺の長さが1と2の長方形と，1辺の長さが2の正方形の2種類のタイルがある．縦2，横nの長方形の部屋をこれらのタイルで過不足なく敷きつめることを考える．そのような並べ方の総数をA_nで表す．たとえば，$A_1 = 1$，$A_2 = 3$，$A_3 = 5$である．このとき以下の問に答えよ．

(1)　$n \geqq 3$のとき，A_nをA_{n-1}，A_{n-2}を用いて表せ．
(2)　A_nをnで表せ．

(1995年　理科)

89

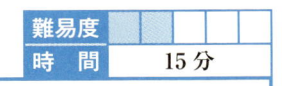

さいころをn回振り，第1回目から第n回目までに出たさいころの目の数n個の積をX_nとする．
(1)　X_nが5で割り切れる確率を求めよ．
(2)　X_nが4で割り切れる確率を求めよ．
(3)　X_nが20で割り切れる確率をp_nとおくとき，$1 - p_n$を求めよ．(2003年　理科)

90

(1) 四面体 ABCD の各辺はそれぞれ確率 $\frac{1}{2}$ で電流を通すものとする．このとき，頂点 A から B に電流が流れる確率を求めよ．ただし，各辺が電流を通すか通さないかは独立で，辺以外は電流を通さないものとする．

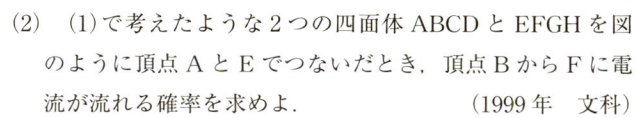

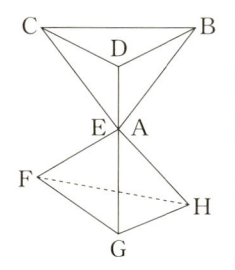

(2) (1)で考えたような 2 つの四面体 ABCD と EFGH を図のように頂点 A と E でつないだとき，頂点 B から F に電流が流れる確率を求めよ． (1999 年　文科)

91

大量のカードがあり，各々のカードに 1, 2, 3, 4, 5, 6 の数字のいずれかの 1 つが書かれている．これらのカードから無作為に 1 枚をひくとき，どの数字のカードをひく確率も正である．さらに，3 の数字のカードをひく確率は p であり，1, 2, 5, 6 の数字のカードをひく確率はそれぞれ q に等しいとする．

これらのカードから 1 枚をひき，その数字 a を記録し，このカードをもとに戻して，もう 1 枚ひき，その数字を b とする．このとき，$a+b \leqq 4$ となる事象を A，$a<b$ となる事象を B とし，それぞれのおこる確率を $P(A)$，$P(B)$ と書く．

(1) $E = 2P(A) + P(B)$ とおくとき，E を p，q で表せ．

(2) $\dfrac{1}{p}$ と $\dfrac{1}{q}$ がともに自然数であるとき，E の値を最大にするような p, q を求めよ．

(1994 年　理科)

92

難易度 □□□
時間 15分

スイッチを1回押すごとに，赤，青，黄，白のいずれかの色の玉が1個，等確率 $\frac{1}{4}$ で出てくる機械がある．2つの箱LとRを用意する．次の3種類の操作を考える．

(A) 1回スイッチを押し，出てきた玉をLに入れる．

(B) 1回スイッチを押し，出てきた玉をRに入れる．

(C) 1回スイッチを押し，出てきた玉と同じ色の玉が，Lになければその玉をLに入れ，Lにあればその玉をRに入れる．

(1) LとRは空であるとする．操作(A)を5回行い，さらに操作(B)を5回行う．このときLにもRにも4色すべての玉が入っている確率 P_1 を求めよ．

(2) LとRは空であるとする．操作(C)を5回行う．このときLに4色すべての玉が入っている確率 P_2 を求めよ．

(3) LとRは空であるとする．操作(C)を10回行う．このときLにもRにも4色すべての玉が入っている確率を P_3 とする．$\frac{P_3}{P_1}$ を求めよ．

(2009年　文理共通)

93

難易度 □□□
時間 15分

3人で'ジャンケン'をして勝者をきめることにする．たとえば，1人が'紙'を出し，他の2人が'石'を出せば，ただ1回でちょうど1人の勝者がきまることになる．3人で'ジャンケン'をして，負けた人は次の回に参加しないことにして，ちょうど1人の勝者がきまるまで，'ジャンケン'をくり返すことにする．

このとき，k 回目に，はじめてちょうど1人の勝者がきまる確率を求めよ．

(1971年　理科)

94

コンピュータの画面に，記号○と×のいずれかを表示させる操作を繰り返し行う．このとき，各操作で，直前の記号と同じ記号を続けて表示する確率は，それまでの経過に関係なく，p であるとする．最初に，コンピュータの画面に記号×が表示された．操作を繰り返し行い，記号×が最初のものも含めて3個出るよりも前に，記号○が n 個出る確率を P_n とする．ただし，記号○が n 個出た段階で操作は終了する．

(1) P_2 を p で表せ． (2) $n \geqq 3$ のとき，P_n を p と n で表せ．

(2006年 文理共通)

95

A，B，C の3つのチームが参加する野球の大会を開催する．以下の方式で試合を行い，2連勝したチームが出た時点で，そのチームを優勝チームとして大会は終了する．

(a) 1試合目でAとBが対戦する．
(b) 2試合目で，1試合目の勝者と，1試合目で待機していたCが対戦する．
(c) k 試合目で優勝チームが決まらない場合は，k 試合目の勝者と k 試合目で待機していたチームが $k+1$ 試合目で対戦する．ここで k は2以上の整数とする．

なお，すべての対戦において，それぞれのチームが勝つ確率は $\dfrac{1}{2}$ で，引き分けはないものとする．

(1) ちょうど5試合目でAが優勝する確率を求めよ．
(2) n を2以上の整数とする．ちょうど n 試合目でAが優勝する確率を求めよ．
(3) m を正の整数とする．総試合数が $3m$ 回以下でAが優勝する確率を求めよ．

(2016年 文科)

96

N を 1 以上の整数とする．数字 1, 2, ……, N が書かれたカードを 1 枚ずつ，計 N 枚用意し，甲，乙の 2 人が次の手順でゲームを行う．

(i) 甲が 1 枚カードを引く．そのカードに書かれた数を a とする．引いたカードはもとに戻す．
(ii) 甲はもう 1 回カードを引くかどうかを選択する．引いた場合は，そのカードに書かれた数を b とする．引いたカードはもとに戻す．引かなかった場合は，$b=0$ とする．$a+b>N$ の場合は乙の勝ちとし，ゲームは終了する．
(iii) $a+b \leqq N$ の場合は，乙が 1 枚カードを引く．そのカードに書かれた数を c とする．引いたカードはもとに戻す．$a+b<c$ の場合は乙の勝ちとし，ゲームは終了する．
(iv) $a+b \geqq c$ の場合は，乙はもう 1 回カードを引く．そのカードに書かれた数を d とする．$a+b<c+d \leqq N$ の場合は乙の勝ちとし，それ以外の場合は甲の勝ちとする．

(ii) の段階で，甲にとってどちらの選択が有利であるかを，a の値に応じて考える．以下の問いに答えよ．

(1) 甲が 2 回目にカードを引かないことにしたとき，甲の勝つ確率を a を用いて表せ．
(2) 甲が 2 回目にカードを引くことにしたとき，甲の勝つ確率を a を用いて表せ．ただし，各カードが引かれる確率は等しいものとする． (2005 年 文理共通)

97

正四面体の各頂点を A_1, A_2, A_3, A_4 とする．ある頂点にいる動点 X は，同じ頂点にとどまることなく，1 秒ごとに他の 3 つの頂点に同じ確率で移動する．X が A_i に n 秒後に存在する確率を $P_i(n)$ $(n=0, 1, 2, ……)$ で表す．$P_1(0)=\dfrac{1}{4}$, $P_2(0)=\dfrac{1}{2}$, $P_3(0)=\dfrac{1}{8}$, $P_4(0)=\dfrac{1}{8}$ とするとき，$P_1(n)$ と $P_2(n)$ $(n=0, 1, 2, ……)$ を求めよ．

(2000 年 文科)

98

図のように，正三角形を9つの部屋に辺で区切り，部屋 P, Q を定める．1つの球が部屋 P を出発し，1秒ごとに，そのままその部屋にとどまることなく，辺を共有する隣の部屋に等確率で移動する．球が n 秒後に部屋 Q にある確率を求めよ．

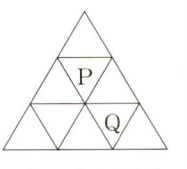

(2012年 文理共通)

99

投げたとき表と裏の出る確率がそれぞれ $\frac{1}{2}$ のコインを1枚用意し，次のように左から順に文字を書く．コインを投げ，表が出たときは文字列 AA を書き，裏が出たときは文字 B を書く．更に繰り返しコインを投げ，同じ規則に従って，AA, B をすでにある文字列の右側につなげて書いていく．例えば，コインを5回投げ，その結果が順に表，裏，裏，表，裏であったとすると，得られる文字列は，AABBAAB となる．このとき，左から4番目の文字はB，5番目の文字はAである．

(1) n を正の整数とする．n 回コインを投げ，文字列を作るとき，文字列の左から n 番目の文字が A となる確率を求めよ．

(2) n を2以上の整数とする．n 回コインを投げ，文字列を作るとき，文字列の左から $n-1$ 番目の文字が A で，かつ n 番目の文字が B となる確率を求めよ．

(2015年 文科)

100

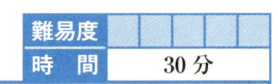

さいころを振り，出た目の数で17を割った余りを X_1 とする．ただし，1で割った余りは0である．更にさいころを振り，出た目の数で X_1 を割った余りを X_2 とする．以下同様にして，X_n が決まればさいころを振り，出た目の数で X_n を割った余りを X_{n+1} とする．このようにして，X_n ($n=1, 2, \cdots\cdots$) を定める．

(1) $X_3=0$ となる確率を求めよ．

(2) 各 n に対し，$X_n=5$ となる確率を求めよ．

(3) 各 n に対し，$X_n=1$ となる確率を求めよ．

(2003年 文科)